U0172806

住房城乡建设部土建类学科专业"十三五"规划教材

高等学校城乡规划专业系列推荐教材

城市更新理论与方法

阳建强 著

中国建筑工业出版社

审图号：GS（2021）4020 号

图书在版编目（CIP）数据

城市更新理论与方法 / 阳建强著 . —北京：中国
建筑工业出版社，2020.12（2024.6重印）
住房城乡建设部土建类学科专业"十三五"规划教材
高等学校城乡规划专业系列推荐教材
ISBN 978-7-112-25823-9

Ⅰ.①城…　Ⅱ.①阳…　Ⅲ.①城市规划—高等学校—
教材　Ⅳ.① TU984

中国版本图书馆 CIP 数据核字（2021）第 002018 号

　　《城市更新理论与方法》是我国第一部根据全国高等学校城乡规划专业培养目标和城市更新课程教学要求编写的教材。教材基于让学生全面了解城市更新的基本概念、历史发展、基础理论、实质内容、原理方法、类型模式与知识技能点，熟悉掌握城市更新规划的目标原则和编制方法，综合培养学生应对复杂城市更新问题的思维分析能力、空间设计能力与实际操作能力的目的编写而成。教材适用于高等学校城乡规划专业，也可作为建筑学、风景园林、城市管理、城市地理等相关专业的教学参考书。

　　为更好地支持本课程的教学，我们向使用本书的教师免费提供教学课件，有需要者请与出版社联系，邮箱：jgcabpbeijing@163.com。

责任编辑：杨　虹　尤凯曦
责任校对：张惠雯

住房城乡建设部土建类学科专业"十三五"规划教材
高等学校城乡规划专业系列推荐教材
城市更新理论与方法
阳建强　著
＊
中国建筑工业出版社出版、发行（北京海淀三里河路 9 号）
各地新华书店、建筑书店经销
北京雅盈中佳图文设计公司制版
建工社（河北）印刷有限公司印刷
＊
开本：787 毫米 ×1092 毫米　1/16　印张：$19\frac{3}{4}$　字数：395 千字
2021 年 1 月第一版　2024 年 6 月第二次印刷
定价：**59.00** 元（赠教师课件）
ISBN 978-7-112-25823-9
　　　（37082）

前言

　　《城市更新理论与方法》是我国第一部根据全国高等学校城乡规划专业培养目标和城市更新课程教学要求编写的教材。城市更新是一项综合性、全局性、政策性和战略性很强的社会系统工程，其主要目标是改善人居环境、保障和改善民生、促进城市产业升级、提高城市功能、调整城市结构、增强城市活力、传承文化传统、提升城市品质、推动社会和谐发展以及促进城市文明。目前，我国进入以提升质量为主的城市转型发展新阶段，城市更新已然成为城市可持续发展的重要工作。学习掌握城市更新规划的基础理论和技术方法，对新时期城乡规划专业建设和人才培养具有举足轻重的关键性作用。

　　本教材编写的主要目的是让学生全面了解城市更新的基本概念、历史发展、基础理论、实质内容、原理方法、类型模式与知识技能点，熟悉掌握城市更新规划的目标原则和编制方法，综合培养学生应对复杂城市更新问题的思维分析能力、空间设计能力与实际操作能力。具体编写原则为：①基于现代城市更新系统性、综合性和政策性发展趋向，广泛吸收人文学科的营养，强调物质空间规划与社会学、经济学、管理学等人文学科的有机结合；②立足城乡规划专业本科生整体培养目标设定城市更新讲授内容，突出基础理论和方法讲授，合理安排原理、方法和案例分析的内容；③除介绍城市更新的一般工作方法和编制过程外，还增加了城市更新教程与学生作业介绍，力求为教学提供简明示范。

　　本教材适用于高等学校城乡规划专业，也可作为建筑学、风景园林、城市管理、城市地理等相关专业的教学参考书。

　　本教材编写工作前后历时四年多，书稿结构、内容安排、全书统稿等经反复斟酌确定。

　　由于编写人员水平有限，时间仓促，书中仍存在诸多不足，殷切希望读者对本教材多提宝贵意见，以便今后进一步修改完善。

目录

第 1 章

概述

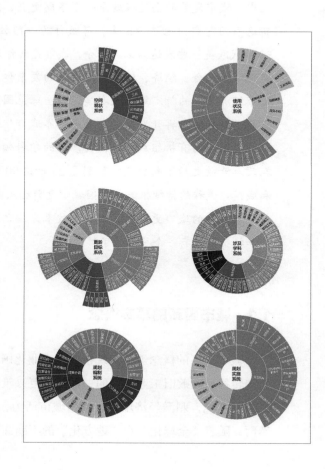

导读：自城市诞生之日起，城市更新就作为城市自我调节机制存在于城市发展之中。城市发展的全过程就是一个不断更新、改造的新陈代谢过程。真正使城市更新这一问题突出地显示出来，并被作为一门社会工程学科提出，也是始于20世纪50年代欧美一些发达国家。如今，城市更新作为振兴城市产业经济，复兴城市功能，实现城市社会、经济、环境良性发展的复杂体系和周期性活动，从最初西方旧工业城市经济复兴的特定策略逐渐演变为全球范围内各地区不同城市化发展阶段即将或正在进行的城市再开发活动。随着世界城市化进程的加速，城市更新已被看作是整个社会改造的有机组成部分，其涉及的学科领域亦日趋广泛。我国的城市更新进程在改革开放之后不断加速，特别是20世纪90年代之后，随着经济社会制度的改革和城镇化进程的持续推进，中国城市更新已然成为城市可持续发展的重要主题之一。在介绍具体的城市更新基础理论和技术方法之前，十分有必要对城市更新的基本定义和特征属性有一个总体的了解。

1.1　城市更新的基本概念

　　城市更新的概念最早出现在西方工业化国家，指西方尤其是英国在经历全球产业链转移后衰败旧工业城市的一种城市复兴策略，以及其他改善内城及人口衰落地区城市环境，刺激经济增长，增强城市活力，提高城市竞争力的城市再开发活动。然而，随着"全球化"和"地方化"的不断深化，与城市更新相关的各类再城市化运动引起了世界更广泛国家和地区的关注（严若谷，等，2011）。城市更新一词并没有统一的概念。一方面，城市更新具有多学科交叉的属性，涵盖了城市规划、城市设计、建筑学、地理学、经济学、社会学、环境学等不同的学科；另一方面，城市更新具有鲜明的地域性，不同政治经济背景下的城市更新具有差异化。虽然对城市更新的概念迄今没有公认一致的看法，但一般而言，不同学科和地域的学者对城市更新有一些共同认可的属性和要点。教材对城市更新定义的梳理，分为广义的城市更新理论化概念和狭义的实践化的概念，同时也分为代表理论化和实践化的城市更新概念。

1.1.1 广义的城市更新

广义的城市更新，涵盖了西方国家自第二次世界大战结束至今的一切城市建设，代表西欧国家城市更新的不同发展阶段。因时代和侧重点的不同，城市更新的中英文有多种表述，包括：城市重建（Urban Reconstruction）、城市复苏（Urban Revitalization）、城市更新（Urban Renewal）、城市再开发（Urban Redevelopment）、城市再生（Urban Regeneration）以及城市复兴（Urban Renaissance）。与城市更新类似的词语还有城市改造、旧区改建、城市再开发、旧城整治等。这些术语通常在媒体、政府，甚至是学术界被视为相互可以替换，但在特定的学界和政策讨论背景下，有一些细微的差别（Lees，2003）。

《城市更新手册》（*Urban Regeneration: A Handbook*）对城市更新的定义是"用一种综合的、整体性的观念和行为来解决各种各样的城市问题；应该致力于在经济、社会和物质环境等各个方面对处于变化中的城市地区作出长远的、持续性的改善和提高"（Roberts，2000）。

在《人文地理词典》（*Dictionary of Human Geography*）中，城市更新（Urban Renewal）被定义为"为重塑城市景观和解决城市内部衰败社区（邻里）的社会经济问题而采取的一系列战略措施"。这些战略通常是由政府机构和商业利益推动，并常常受到城市中心区居民的质疑或直接反对。尽管如此，城市更新通常带来大规模的景观变化以及大量现有居民的流离失所。与皮特·罗伯茨的定义相比，这一版的定义更加强调城市更新带来的影响。

从国家政策的层面，城市更新起步较早的英国在1977年公布的关于城市更新的《城市白皮书：内城的政策》（*The Urban White Paper: Policy for the Inner City*）中指出：城市更新是一种综合解决城市问题的方式，涉及经济、社会、文化、政治与物质环境等方面，城市更新工作不仅涉及一些相关的物质环境部门，亦与非物质环境部门联系密切。法国2000年颁布的《社会团结与城市更新法》则将城市更新解释为：推广以节约利用空间和能源、复兴衰败城市地域、提高社会混合特性为特点的新型城市发展模式（刘健，2004）。

随着人们对城市更新的日益关注和城市更新问题的日益突出，各国学者对于城市更新也有了更为深刻的认识与理解。1990 年，库奇（C. Couch）将城市更新定义为"在经济和社会力量对城区的干预下所引起的基于物质空间变化（拆除、重建、修复等）、土地和建筑用途变化（从一种用途转变为另一种更能产生效益的用途）或者利用强度变化的一种动态过程"。该定义透过传统的物质空间领域，把城市更新看成物质空间、社会、经济等诸方面共同作用的结果。

1992 年，普里默斯（H. Primus）和梅特塞拉尔（G. Metselaar）提出了一个关于城市更新的更为广义的理解：为了保护、修复、改善、重建或清除行政范围内的已建成区而采取的作用于规划建设、社会、经济、文化等领域的一种系统性的干预，以使该区域中的人们达到规定的生活标准。这一定义不仅把城市更新理解为传统的物质空间规划、住房政策以及建设领域的一部分，更描述了一个来自社会、经济、文化等多领域的背景，将研究对象扩大到大都市、大城市、小城镇乃至乡间的集镇、村落。

同年，伦敦规划顾问委员会的利奇菲尔德（D. Lichfield）女士在她的《1990 年代的城市再生》（*Urban Regeneration for 1990s*）一文中将"城市再生"一词定义为"用全面及融汇的观点与行动为导向来解决城市问题，以寻求一个地区可以获得在经济、物质环境、社会及自然环境条件上的持续改善"（吴晨，2002）。

在中国城市更新的背景下，阳建强和吴明伟（阳建强，吴明伟，1999）认为，"城市更新改造是整个社会改造的有机组成部分，就其物质建设方面而言，从规划设计到实施建成将受到方针政策、行政体制、经济投入、组织实施、管理手段等诸多社会因素影响，在人文因素方面还与社区邻里等特定文化环境密切相关，其涉及的学科领域极广"。

1.1.2 狭义的城市更新

狭义的城市更新特指 20 世纪 50 年代以来，以解决内城衰退问题而采取的城市发展手段，是从城市规划与设计的具体手段对城市更新进行定义。这一概念最早由 1954 年美国艾森豪威尔（Duight D. Eisenhower）成立的某顾问委员会提出，并被列入当年的美国住房法规中；而对其较早亦较权威的界定则来自 1958 年 8 月在荷兰海牙召开的城市更新第一次研讨会，其对城市更新的阐述如下："生活于都市的人，对于自己所住的建筑物、周围环境或通勤、通学、购物、游乐及其他生活有各种不同的希望与不满；对于自己所住房屋的修理改造以及街道、公园、绿地、不良住宅区的清除等环境的改善要求及早施行；尤其对土地利用的形态或地域地区制的改善、大规模都市计划事业的实施以形成舒适的生活与美丽的市容等，都有很大的希望；所有有关这些的都市改善就是都市更新（Urban Renewal）。"（朱启勋，1982）。比较具有代表性的还有比森克（John D. Buissink）的说法："城市更新是旨在修复衰败陈旧的城市物质构件，并使其满足现代功能要求的一系列建造行为"（Buissink J D，1985），其中包括小块修复、大面积修缮、调整建筑内部结构以及全拆重建等多种行为。随着中国不少城市开始城市更新规划体系的建设，学术界对城市更新体系的定义认为，城市更新实际上与新区开发、历史保护一样，都是基于城市空间的一种规划发展手段。与传统城市规划不同的是，城市更新的对象为存量建设用地，主要回答如何将现有资源通过最小的成本转移给为城市贡献最大的使用者（周俭，等，2019）。

1.1.3 对城市更新的理解与定义

借鉴各国城市再开发、城市再生与城市复兴的理论和实践，同时对照中国城市建设的现状、突出问题及存在矛盾，对城市更新的基本定义可综合理解如下：

城市发展的全过程是一个不断更新、改造的新陈代谢过程。城市更新作为城市自我调节或受外力推动的机制存在于城市发展之中，其主要目的在于防止、阻止和消除城市的衰老（或衰退），通过结构与功能不断地相适调节，增强城市整体机能，使城市能够不断适应未来社会和经济发展的需要。在科学技术和人民物质文化生活水平不断提高的今天，伴随城镇化进程的加快，城市更新成为城市发展工作的重要组成部分，涉及内容日趋广泛，主要是面向改善人居环境，促进城市产业升级，提高城市功能，调整城市结构，改善城市环境，更新陈旧的物质设施，增强城市活力，传承文化传统，提升城市品质，保障和改善民生，以及促进城市文明，推动社会和谐发展等更长远的全局性目标。

城市更新问题逐步突显并作为一门社会工程提出，始于20世纪初西方一些发达国家。第二次世界大战后，美国、英国等许多西方大城市中心地区的人口和工业出现了向郊区迁移的趋势，原来的中心区开始衰落——税收下降，房屋和设施失修，就业岗位减少，经济萧条，社会治安和生活环境趋于恶化。为解决这个城市问题，提出了城市更新计划。在方法上，城市更新运动经过了一个以大规模拆除重建为主转向小规模、分阶段，适时、谨慎而渐进式地以改善为主的发展过程。更新规划本身亦由单纯的物质环境改善转向社会、经济和物质环境相结合的综合性的复兴。中国旧城市过去普遍存在布局混乱、房屋破旧、居住拥挤、交通阻塞、环境污染、市政和公共设施短缺、名胜古迹和绿地遭受破坏等严重问题。1978年底中国实行改革开放以来，这些问题得到了不同程度的改善。现阶段很多旧城除了仍然存在的一些物质性老化问题外，还交织存在着结构性和功能性衰退，以及历史人文环境的保护和合理利用等重要问题，更新改造同样是十分重要的任务。

在城市建设实践中，城市更新是一项长期而复杂的社会系统工程，面广量大，综合性、全局性、政策性和战略性强，必须在城市总体规划指导下有步骤地进行。一般情况下，城市更新主要有整治、改善、修补、修复、保存、保护、复苏、再开发、再生以及复兴等多种方式。在20世纪后期欧洲一些国家提倡城市复兴，内容更为广泛，旨在利用多种有效手段及由全社会广泛参与的行动促使城市在停滞中重新走向繁荣。一般内容包括：①调整城市结构和功能；②优化城市用地布局；③更新完善城市公共服务设施和市政基础设施；④提高交通组织能力和完善道路结构与系统；⑤提升城市公共开放空间；⑥整治改善居住环境和居住条件；⑦维持和完善社区邻里结构；⑧保护和加强历史风貌和景观特色；⑨美化环境和提高空间环境质量；⑩更新和提升既有建筑性能。

城市更新的整个过程应建立在城市总体利益平衡和社会公平公正的基础上，要注意处理好局部与整体的关系，新与旧的关系，地上与地下的关系，单方效益与综合效益的关系，以及近期与远景的关系，区别轻重缓急，分期逐步实施，发挥集体智慧，加强多方的沟通与合作，保证城市更新工作的顺利进行和健康发展。与此同时，城市更新改建政策的制定亦应在充分考虑旧城区的原有城市空间结构和原有社会网络及其衰退根源的基础上，针对各地段的个性特点，因地制宜，因势利导，运用多种途径和手段进行综合治理、再开发和更新改造。

1.2 城市更新的特征属性

虽然不同学者对城市更新的定义和解读有不同，但大都有相互关联的几个共同特征属性。根据城市更新学者罗伯兹（Roberts，2000）的总结，城市更新的关键特点包括：一种干预主义的活动；一种跨越公共、私人和志愿者及社区部门的活动；一种根据经济、社会、环境和政治因素的变化而可能随着时间在组织结构上发生巨大变化的活动；一种动员集体努力并为寻找恰当解决方案的谈判提供基础的手段；一种确定能改善城市地区环境的政策和行动，并发展出制度性结构为具体建议的预备活动提供必要支持的方法。从中我们可以看到城市更新的几个特征属性，包括复杂性、系统性和政策性。了解城市更新的本质，有助于认识规划方法论并制定科学合理的城市更新政策。

1.2.1 复杂性

城市更新的复杂性与城市发展过程本身的属性密不可分。城市是一个多元复杂的系统，在物质空间发展演变之下，是政治、经济、社会、人文、环境不断交织和改变的结果；同时，城市更新的参与者也包括了政府、私人开发者、民众等不同的角色。"城市区域是个复杂、动态的系统，能够反映经济、社会、物质和环境等很多变化过程。城市更新可以看作是上述很多过程相互作用的结果，也可以视为是对城市衰退中出现的机遇与挑战的一种反应（Roberts，2000）"。城市更新的复杂性主要表现在两个方面：城市更新属性的复杂性和更新参与者的复杂性。

1.2.1.1 城市更新属性的复杂性

城市更新与宏观经济社会发展背景息息相关。纵观古今中外，城市更新往往是对于新的生产方式、社会结构以及文化思潮的变化的一种政策或实践的反应。例如，西方国家 19 世纪末的城市更新的典型案例豪森曼的"大巴黎改造"是对于新的产业发展和社会阶层结构的应对。其中所倡导的大规模的推倒重建，一方面为适应资本主义新的生产方式的需要，另一方面则是新的资本主义生产方式改变的城市空间应对。20 世纪 50 年代，第二次世界大战后大规模的城市更新则表现为对于战后衰退物质空间的修复和重建，在此背景下产生了现代主义的建筑，快捷高效地进行住房和其他公共设施的建设。而在之后的 20 世纪 70 年代至 90 年代，城市化更新的运动开始受到自由主义复兴和民权运动以及城市郊区化倾向的影响，人本思想复苏，政府开始关注社会问题。20 世纪 90 年代之后，随着全球化国际形势变化，新自由主义思想诞生，促使旧城更新由多元主体导向，开始实现多元价值观，旧城更新也更多地关注政治、经济、社会、文化等多重关系（李云燕，等，2020）。对于我国城市更新而言，20 世纪 90 年代北京、上海等大城市出现的大规模的城市更新，旧居住区改造以及城市中心区的更新，也是我国改革开放之后土地和住房政策的改变、不断开放的私有化经济以及中产阶级的形成所催生的结果。研究城市更新的动力机制，制定城市更新的政策，都离不开对于其背后复杂性的理解。具体看来，城市更新的复杂性属性来自于以下几个方面。

首先是城市更新与产业经济发展模式的关系。城市物质环境承载经济活动，在不同的工业生产方式下，城市形态呈现不同的面貌。从农业社会、工业社会到后工业社会，城市空间形态、土地利用模式以及交通体系都有着巨大的差别。在资本主义生产方式之前，城市的规模、交通模式、居住模式，都有很大的不同。大规模的城市更新往往发生在产业转型的时期，现代城市更新的开始便是工业化的结果。其次是城市更新与社会结构的关系。社会结构包括人口规模、年龄结构、社会阶层、种族构成等因素，都在一定程度上影响城市更新的政策制定和实施。例如，第二次世界大战之后的西方国家的城市更新，一方面是出于战后重建的目的，另一方面也是对于人口出生潮的应对，需要建设更多的住宅来应对这一问题。再次，城市更新还受到文化思潮的影响。20 世纪 60 年代美国出现的逆郊区化以及中心城区的绅士化，是后现代主义思潮影响下的一代人的城市空间选择的结果。年轻一代对于一成不变的郊区生活产生厌倦，继而纷纷搬离郊区，带来了中心城区的更新和再开发。

1.2.1.2 城市更新参与角色的复杂性

城市更新的复杂性也体现在参与主体的多样性上。城市更新突出特征之一在于它是一种包括公共、私人和社区部门的活动。城市更新中多元角色的互动使城市更新涉及到多元利益主体。根据 Roberts（2000）对城市更新的定义，城市更新的两个最主要的推动力量来自于政府和商业机构。在图罗克（Turok，2005）对城市更新特点的概括中，也体现出了参与者的多样性：①城市更新的目的在于改变某个地方的现状，并在这一过程中，让社区和其他行动者为了该地的共同未来而参与其中；②城市更新包括多个目标和活动，根据不同地区的特殊问题和潜在问题，由中央政府发挥其主体功能性职责；③城市更新通常由在不同的利益相关者之间活动的不同形式的参与者构成，但是合作形式可以多种多样。这里的"不同的利益相关者"不仅包括了政府和私人行动者，也包括了社区；且不同主体之间的合作形式也具有一定的复杂性。在对中国城市更新的研究中，学术界也普遍认为，政府、市场和社会是城市更新中三个主要的参与主体，三种力量之间的相互影响（包括了政府和市场，政府和社会，以及市场和社会）推动城市化和城市更新（He & Lin，2008；He，et al，2015）。

刘昕（2011）将城市更新中公共部门和私人部门等各种团体之间复杂多变的相互联系与作用称为"角色关系"（Actor System）。政府（部门）、开发商和业主（和租户）是城市更新活动中的主体构成。城市的城市更新历程，可以归纳为一个关于各种团体如何通过有限资源的分配来实现自己的既定目标，决定城市未来的过程。各种参与者围绕着资金、决策和利益分配的责权关系而形成的角色关系很大程度上决定着城市更新的内容和结果。政府、市场与公众这三者对于城市更新的诉求虽然不尽然一致，但成功的城市更新必须依靠三者的合力。其中需要特别注意的是，政府作为社会整体利益的代表，在其中需扮演积极、公正和诱导性的角色，而不是"趋利"的一方。城市更新是政府为了提升城市公共利益所做的特殊作为。因此，政府应当主导城市更新朝促进地方经济发展、城市机能提升、创造长期性就业机会的方向发展（程大林，张京祥，2003）。

在市场经济的现实状态下，城市更新是一个非常复杂与多变的综合动态过程。一方面，市场因素起着越来越重要的作用，城市更新不能脱离市场运作的客观规律，而且需要应对市场的不确定性预留必要的弹性空间；另一方面，城市更新体现为产权单位之间以及产权单位和政府之间的不断的博弈，体现为市场、开发商、产权人、公众、政府之间经济关系的不断协调的过程，在政府和市场之间需要建立一种基于共识、协作互信、持久的战略伙伴关系。无论是对工业区、居住区还是对城中村的更新，都面临着产权关系的问题，在城市更新规划的编制和实施过程中，需要认识并处理好复杂的经济关系，处理好房地产的产权关系，加强经济、社会、环境以及产权等方面的综合影响评价，只有这样，城市更新才会真正落到实处，才能适应新形势的发展需求。

1.2.2　系统性

城市更新的第二个特征是系统性，是对于复杂性的概括和延伸。城市本身就是个不断生长的多元复合的系统，它的发展演化是在社会力、政策力、经济力等多种力综合作用下更新和生长的过程。因此，城市更新是一个常变常新的系统工程，需要关注社会、政治、经济和文化等问题，城市各部分实现时间和空间上的协调（李建波，张京祥，2003）。

城市更新是一项宏观性、系统性极强的工作。城市更新涉及城市社会、经济和物质空间环境等诸多方面，是一项综合性、全局性、政策性和战略性很强的社会系统工程（图1-2-1）。从城市更新复杂的空间系统看，随着对土地资源短缺认识的不断提高和对增长主义发展方式的反思，我国城市发展从"增量扩张"向"存量优化"的转型已得到政府及社会各界的广泛重视。规划工作的主要对象不再是增量用地，而是由功能、空间、权属等重叠交织形成的十分复杂的现状城市空间系统：功能系统涉及绿地、居住、商业、工业等方面，空间系统包括建筑、交通、景观、土地等，权属系统主要有国有、集体、个人等，在耦合系统方面则包括功能结构耦合、交通用地耦合、空间结构耦合等（图1-2-2）（阳建强，2017）。

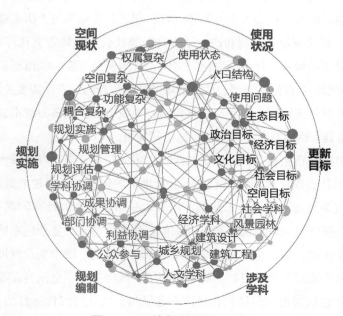

图1-2-1　城市更新的复杂系统
资料来源：阳建强. 走向持续的城市更新——基于价值取向与复杂系统的理性思考 [J].
城市规划，2018，42（06）：68-78.

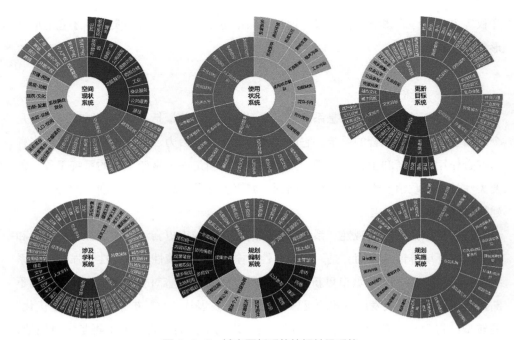

图 1-2-2　城市更新系统的相关子系统

资料来源：阳建强. 走向持续的城市更新——基于价值取向与复杂系统的理性思考 [J].
城市规划，2018，42（06）：68–78.

　　就物质建设方面而言，从规划设计到实施建成将受到方针政策、法律法规、行政体制、经济投入、市场运作、基础设施、土地利用、组织实施、管理手段等诸多复杂因素影响，在人文社会因素方面还与社区邻里、公众参与、历史遗产保护、社会和谐发展、相关利益者权利和产业结构升级等社会经济特定文化环境密切相关，反映出城市更新的经济、社会、文化、空间、时间多个维度。城市更新需要适应国家经济发展转型和产业结构升级，注重旧城的功能更新与提升，需要关注弱势群体，同时也需要重视和强调历史保护与文化传承，为城市提供更多的城市公共空间、绿色空间，塑造具有地域特色、文化特色的空间场所。

　　随着新时期城市更新目标趋向更长远、更多元和更全局，以及城市更新成为当前和未来中国社会现代化进程中矛盾突出和集中的领域，人们越来越清楚认识到，城市更新不仅是极为专业的技术问题，同时也是错综复杂的社会问题和政策问题，任何专业、任何学科和任何部门都难以从单一角度破解这一复杂巨系统问题。由于城市更新的系统性，城市更新的策略应当站在城市系统、城市生长发展的角度，确立多元复合分步实现的更新目标。对城市环境、城市历史、空间特征等宏观因素进行研究，确立包括城市空间结构、经济产业结构、文化延续性、自然景观等社会、经济、文化多元复合分步实现的城市更新目标体系，指导城市有序更新。

　　因此，城市更新学科领域不仅需要注重物质环境的改善，更应置于城市政策、经济、社会、文化等的整体关联之中加以综合协调，尤其需要基于新型城镇化背景聚焦当代中国城市更新的重大科学问题和关键技术，通过城乡规划学、建筑学、风景园林学、地理学、社会学、经济学、行政学、管理学、法学等多学科、多专业的渗透、交叉和融贯，构建城市更新的基础理论和方法体系：一方面，城乡规划学、建筑学、风景园林、建筑工程作为城市更新的主干学科，需要从城乡、建筑、房屋、道路、交通、市政工程等方面完善自身学科框架；另一方面，应广泛吸收人文学科的营养，加强传统的城市规划学科和经济学、社会学、法律学的有机结合，使城市更新更加符合经济和社会规律，从而提高城市更新的科学理性与现实基础（图 1-2-3）。

同时值得注意的是，由于城市更新是一项复杂的系统工程，涉及各方面的法律问题，需要有科学的规划和健全的管理体制。我们既要看到解决这个问题的迫切性，也要认识到这个问题的复杂性和长期性。要尽早对城市更新改造进行立法，或在《城市规划法》中充实和完善关于城市再生活动的法律条款，明确城市更新改造的法律地位以及与相关法律之间的关系，使城市历史文化遗产得到有效保护；更重要的是保障社区居民的利益，规范开发商、市民、企事业单位的微观开发与改造行为，减少城市改造中的盲目性和投机性（张平宇，2004）。

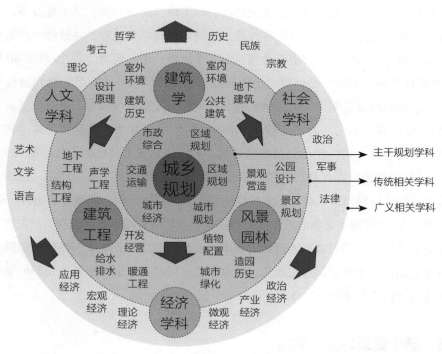

图 1-2-3　城市更新涉及的相关学科

资料来源：阳建强 . 走向持续的城市更新——基于价值取向与复杂系统的理性思考 [J].
城市规划，2018，42（06）：68-78.

1.2.3 政策性

城市更新的另一个重要属性是它的政策性。一方面，城市更新是城市政策，尤其是城市规划政策的重要的组成，通过它来实现城市的经济、社会和物质空间建设目标；另一方面，城市更新很大程度上是通过城市政策来实现。正如前文所述，政府是主导城市更新的重要角色。从豪森曼主持的大巴黎改造，到英国的《格林伍德住宅法》（1930 年），再到我国的《深圳城市更新办法》（2009 年），以及《上海城市更新实施办法》（2015 年），各个国家和城市都在通过城市公共政策的制定和实施来实现城市更新目标。可以说，城市更新是"城市政策"这一更宽泛概念的重要组成部分。在本书的第 2 章中，将详细介绍西欧、美国、日本、新加坡以及中国城市更新发展的历程。从各个国家和地区城市更新政策的演变，从中可以看到城市更新作为公共政策不断发展和完善的历程，以及各国城市更新政策的差异及背后的原因。

我国城市更新的实践也伴随着城市更新政策的发展和完善。对于政府政策在城市更新的中的作用，何深静（2007）概括为：政府从"生产"和"消费"两个方面对中心城区的房地产市场发展进行推动。在生产方面，国家通过环境提升，土地购置的资金支持以及解决产权分散的问题，促进了私人开发；在消费方面，国家推动了内城住宅和商业房地产市场发展以满足中产阶级对更好住房的需求。这其中主要有三个方面的政府干预：①财政和行政权力下放，将决策权下放给地方政府，并激励他们积极参与向私有部门的土地转让，以实现高经济回报；②土地改革，允许私人开发商参与城市重建；③住房改革，促进住房商品化进程，并鼓励中产阶级拥有住房。以广州为例，城市更新政策分为几个阶段：第一轮发生在 20 世纪 80 年代至 90 年代之间，其特征是针对"危险和破旧的住房区域"的零星和高密度住房重建。这一轮的城市更新主要由国家实施，房地产开发商很少参与。第二波更新发生在 2005 年左右，形式是通过公私合作进行大规模的再开发。随着城市住房和房地产开发的私有化，这一轮的更新浪潮导致工人阶级和城市贫民的大规模流失（He，2012）。随着用地资源稀缺，环境约束加大，城市问题日益突出，广州、深圳、上海等城市率先从城市公共政策的角度推动城市更新制度的建立和政策的出台（唐燕，等，2019），根据城市更新的具体要求和挑战设立相应的城市更新机构，制定规划体系和更新办法。我国的城市通过制定城市更新政策和法规，从城市整体层面统筹规划城市更新，城市更新制度正规化，有章可循。同时也保证了更新中受到影响的社会主体的利益（阳建强，2018）。

1.3 城市更新的价值导向

因着城市更新的公共政策属性，更新的政策一旦付诸实施，就会产生巨大而广

泛的影响。因此，在城市更新政策制定中，在对其价值导向的讨论就十分必要。随
着城市更新进程的推进，实践的积累，对城市更新的反思，催生了对其价值导向的
重新定位的思考。其中包括以人为本、城市公平以及可持续发展的价值导向。

1.3.1 以人为本

以人为本的价值导向主要从空间尺度和空间形态的角度展开。李建波和张京祥
（2003）将西方近现代城市更新根据理论指导思想大体分为两个主要阶段，即在以形
体规划（Physical Design）为核心的近现代城市规划思想影响下，大规模、激进式城
市更新，主要是第二次世界大战前期至西方后工业化前夕非理性阶段；在"人本主
义"，可持续发展思想影响下，以强调功能的小规模、渐进式更新，表现为社区规划，
多元参与为主要特征和方式的后工业化时期理性阶段。提出注重城市更新同城市建
设、经济发展的内在联系机制。加强对城市更新中微观个体的行为研究。

以人为本价值导向的提出源于对"二战"后城市更新的反思。城市更新运动起
源于西方第二次世界大战后大规模的城市推倒重建式的更新活动，由于这种机械的
物质环境更新破坏了城市原有社会肌理和内部空间的完整性，而受到广泛的质疑和
反思。城市更新（Urban Regeneration）一词最早是指西方尤其是英国在经历全球产
业链转移后衰败旧工业城市的一种城市复兴策略，以及其他改善内城及人口衰落地
区城市环境，刺激经济增长，增强城市活力，提高城市竞争力的城市再开发活动。
（严若谷，等，2011）。

面对日益激烈的社会冲突和文化矛盾，许多学者从现实出发，敏锐地觉察到了
用传统的形体规划和用大规模整体规划来改建城市的致命弱点，纷纷从不同立场和
不同角度进行了严肃的思考和探索，担负起了破除旧观念的任务。社会学家简·雅
各布斯（Jane Jacobs）、赫伯特·甘斯（Herbert Gans）等人认为大规模的城市重建
是对地方性社群的破坏，并揭示解决贫民窟问题不仅仅是一个经济上投资与物质上
改善环境的问题，它更是一项深刻的社会规划和社会运动[3]。雅各布斯在《美国大
城市的死与生》中，对大规模改建进行了尖锐批判，主张进行不间断的小规模改
建，认为小规模改建是有生命力、有生气和充满活力的，是城市中不可缺少的。芬
兰著名建筑师伊里尔·沙里宁（Eliel Saarinen）提出"有机疏散理论"，倡导一种疏
导大城市的规划理念[4]。罗·科林（Rowe Colin）和佛瑞德·凯特（Fred Koetter）的
《拼贴城市》认为，西方城市是一种小规模现实化和许多未完成目的的组成，那里
有一些自足的建筑团块形成的小的和谐环境，但是总的画面是不同建筑意向的经常
"抵触"，提出以一种"有机拼贴"的方式去建设城市[5]。而美国著名城市理论家刘
易斯·芒福德（Lewis Mumford）则十分深刻地指出："在过去一个世纪的年代里，特
别在过去30年间，相当一部分的城市改革工作和纠正工作——清除贫民窟，建立示

范住房，城市建筑装饰，郊区的扩大，'城市更新'——只是表面上换上一种新的形式，实际上继续进行着同样无目的集中并破坏有机机能，结果又需治疗挽救。"

1.3.2 城市公平

随着城市更新中不断深入的私人部门的参与、特别是私人开发商的参与，城市公平问题逐渐成为城市更新中的一个关注点。以追逐资本利益为目的的城市更新带来了城市中心区的阶层置换，资源分配的不公平以及公共空间不足等城市问题。马克思主义学者提出，城市更新所造成的阶级分化，随着城市中心区环境升级，租金上涨，带来了社会阶层的置换，曾经的工人阶级无法承受高昂的租金而搬离中心区，取而代之的是中产阶级的进入。造成了拆迁以及资本的掠夺，以及原有社区的解体。这种现象首先在英国，美国出现，随后也扩展到全球。这种现象被称为中产阶级化（Gentrification），这个概念强调的就是城市更新带来的阶层置换的城市公平问题。

快速城市化的亚洲城市更新以及城市公平问题尤其受到了学者的关注。在研究亚洲城市更新中，学者认为剩余资本从工业生产领域向建筑环境的转移是引发亚洲城市化的主要原因。Shin 重新思考在西方后工业社会背景下发展出的城市理论和概念，并根据亚洲城市化的经验，总结出在全球不均衡发展，以及政府主导背景下的亚洲城市社会空间发展更新理论，揭示出了快速城市发展更新中日益显著的城市发展不均衡以及随之带来的不公平（Inequalities）问题。政府辅助私人开发商进行城市更新的主要是受到了中心区衰变地块的级差地租的推动。通过城市更新，地块功能的置换和使用强度的增加，创造出更大的土地租金和税收收益。

随着我国城市更新进程的加速，城市公平问题也日益凸显。20 世纪 90 年代，城市土地制度以及房地产制度的改革盘活了中心区的用地。北京、上海、广州等大城市纷纷启动了大规模的老旧居住区拆除，释放中心区的土地，用于建设新的房地产。例如，上海于 1992 年底启动的"365 成片危棚筒屋改造计划"，以及 2001 年提出的新一轮的改造计划等导致大量的居民动迁。虽然这些改造计划都是由政府提出，但私人房地产开发商才是主要的投资者，这些改造也不可避免的伴随着对低收入原居民的替代。虽然大部分项目都是以公共利益的名义施行，但实际上却是以中产阶级为开发目标人群，而并非当地的低收入居民。在地方政府的帮助下，这些改造项目大多开发成了商品房，旧城区房价急剧上涨，一般家庭无法支付。因此，大多数低收入者被安置到了城市边缘（何深静，刘玉亭，2010）。

在中心区更新中，不少历史居住区被改造成为商业街区，带来了原住民的搬迁，原有社会网络的破坏，以及消费阶层的置换。上海新天地的建造便是一个模板式的历史街区更新改造的案例，并引发了全国不少城市竞相效仿。2000 年之后的中国，由政府资助的社区更新项目（如危旧房改造）已逐渐由私人开发商投资和房地产主导的重建项目取代，其中一个典型的私人开发引导的更新案例是上海的新天地。对这个案例的研究揭示了房地产主导的重建的实际运作方式，包括政府和地产商之间的合作关系，私营部门如何受政府治理的影响，以及政府如何通过公共政策来引导城市更新的方向和步伐、并通过财务杠杆和土地租赁治理实现更新。文章认为，中国式的"房地产主导的再开发"受不同层级的城市政府动机的驱使；在此过程中，一些曾经的城市老社区居民因高价的房地产开发而流离失所（He，Wu，2005）。

过度商业开发造成人性化空间缺乏城市中心区"绅士化"更新特点开始出现，具体体现为高尚消费空间逐步取代公众参与场所，高收入群体的集聚取代不同阶层的融合，大量增加的商业商务功能代替了原有中心区的文化、体育等公共服务功能，造成中心区的功能相对单一、文化特色严重不足和活力大幅度下降，一些珍贵的历史文化遗产遭到破坏，城市传统风貌荡然无存。此外，面向市民的无差别、公益性设施场所减少，中心区活动多元化和丰富性大大减弱，缺乏人性活动空间和特色环境，造成中心区活力不足和品质不高。单一的利益导向导致产业结构雷同由于中心区土地效益较高，决策者和开发者往往以追逐利益为前提将各类项目尽皆向中心区集中，缺乏对自身城市禀赋和发展阶段的正确评估判断，局限于独立地段和个别商业项目开发，对城市中心组织系统的结构性调整和整体机能提升重视不够，忽视产业之间的内部关联、集聚效益和区位选择，造成中心区更新再开发目标定位与模式选择盲目、产业过度集聚、产业结构单一以及功能布局随意等问题。城市更新是为了通过级差地租获取更多的利益，还是为了满足公众的需求而进行空间资源的合理分配。

另外，在我国的城市更新中，城市更新中公平无法保证的原因之一是公众参与缺失。公众在城市中心区更新过程中往往处于"弱势群体"地位。大部分市民习惯于被动地接受项目策划及设计的结果，即便这些结果破坏了他们原有的生活空间和生活方式，这种本末倒置的现象直接造成城市中心区更新过程中的社会不公平和不公正。一方面，政府和开发商易受利益驱动结成政商同盟，极力压缩公众参与分配份额，使得公众成为中心区更新的牺牲品。另一方面，公众失声，导致中心区更新缺乏人性关怀，公共利益一再压缩，公共空间和基础设施严重不足，中心区空间权益失衡，社会的公平公正难以得到保障。

因此，城市学者呼吁，加强社会力量积极参与中心区的更新逐渐将"自上而下"的城市更新运营管理制度转变为"自上而下"与"自下而上"相结合式的更新机制，更多地兼顾以产权制度为基础、以市场规律为导向、以利益平衡为特征的城市更新内涵，将利益协调、更新激励、公众参与等新机制纳入既有的城市更新运行管理体系。在实际操作上，加强政策引导与宏观调控，强调政府主导、公众参与和市场运作齐头并进，实现政府目标、公众诉求、企业需求的充分协调，实现由经济主导向以人为本的转变。其中尤其要大幅提高公众参与的重要性，将其作为判断更新路径可行性与合理性的关键因素，促进政府决策能够充分兼顾多元利益主体诉求，在城市中心区更新与再开发中营造良好的投资、发展和生活环境，建设属于广大市民的城市中心区。

值得一提的是，近年来国内外兴起的"微更新"是实现城市更新，特别是对于老旧社区改造中的公平问题的一个有效手段。微更新，强调公众在更新过程中的诉求和参与，提出社区更新提出要"共建、共治、共享"（马宏，应孔晋，2016）。也是对于城市更新政府—市场主导的反思和检视，通过民众参与到更新目的的讨论，更新规划的制定，和更新策略的实施，真正实现城市更新成为改善民众生活的规划设计政策工具。以上海为例，"多方参与、共建共享"是《上海城市更新实施办法》提出的工作原则。在此原则指导下，2016年上海市规划和国土资源管理局组织开展了"行走上海——社区空间微更新计划"，通过激发公众参与社区更新的积极性，实现社区治理的"共建、共治、共享"。社区空间微更新计划每年选取11个试点进行实践，以志愿设计师和公益活动的形式推进，涉及的空间包括小区绿地、广场、活动空间、公共艺术品、街道沿线等。这一计划搭建起了社区居民、专业人士与师生等参与微更新，探索出一条社区微更新新路径，推动了空间重构和社区激活，生活方式和空间品质提升（杨燕，等，2019）。同时，社区公共空间的"微更新"为突破口和实验，推动建成环境物质条件提升和社区成员的情感融入，实现有机更新。

1.3.3　可持续发展

继1976年在加拿大温哥华召开的"人居一"和1996年在土耳其伊斯坦布尔召开的"人居二"会议，2016年在厄瓜多尔基多举办"人居三"大会并通过了一份具有里程碑式的政策文件《新城市议程》（*New Urban Agenda*）。与之前的《人居议程》相比，《新城市议程》更加包容和全面，涉及经济、环境、社会、文化等多个不同的问题领域；同时，《新城市议程》的内容与可持续发展目标密切关联，提出通过良好的社会治理、优良的规划设计和有效的财政支撑，应对气候变化、社会分异等全球性挑战，并倡导社会包容、规划良好、环境永续、经济繁荣的新的城市范式，对全球的城市规划和城市更新工作提出了新的要求。

随着可持续发展的理念逐渐成为世界发展的主流价值观，城市更新中也开始更多地引入绿色更新的概念。在美国，持续的城市蔓延与郊区化造成了严峻的土地浪费和生态危机，为了有效控制城市蔓延，由马里兰州率先提出"精明增长"策略，后逐步推广为美国全国范围的一种"城市增长控制"规范。纽约、西雅图、波特兰等大城市纷纷开展了以"绿色、低碳、可持续"为主题的总体规划编制与指标评估，在传统城市更新领域开始融入绿色主线。在欧洲，环境的可持续发展理念在整个欧洲地区逐渐达成了共识，城市更新围绕城市再生和可持续发展理念，聚焦城市物质改造与社会响应、城市机体中诸多元素持续的物质替换、城市经济与房地产开发、社会生活质量提高的互动关系、城市土地的最佳利用和避免不必要的土地扩张以及城市政策制定与社会协调等内容。此外，城市复兴的资金更加注重公共、私人、志愿者之间的平衡，强调社区作用的发挥，同时更加注重文化的传承和环境的保护。

可持续更新的策略早期多用于"棕地"再开发过程中被污染土地的环境整治，强调对植被及生态系统的恢复，即从环境生态的角度提出可持续发展的思考。随着城市更新目标多元化的演进，可持续发展的内涵逐渐延伸到环境、社会、产业发展等多个方面，对更新项目的评判不仅仅关注其物质更新的成效，也开始关注其正外部性的效果，多大程度上能够带动地区的经济复兴及持久增长。目前流行的可持续发展城市更新策略主要是针对内城衰退等问题，提出通过发展住宅提高城市生活多样性，尤其是利用夜晚的休闲、娱乐产业促进市中心夜晚经济活力，使市中心更新呈现社会生活多样化的可持续复兴。但从当前已完成的更新案例来看，可持续发展策略多停留在理念认知层面，在实际更新过程中，仍然缺乏有效的介入途径，或因为与更新的经济利益相左，而存在实施困难（严若谷，等，2011）。

现阶段，我国城市可持续更新面临的问题主要在于以下两点。一是粗放式更新造成空间资源浪费严重由于片面追求经济目标的导向，导致盲目的房地产热和市场的过度开发，忽略中心区成长规律与市场培育周期，采取粗放和简单的"大拆大建"方式，远远超出城市实际消化能力，造成空间资源的严重浪费。一方面表现为存量居高不下形成的空间浪费，另一方面是储备用地成本升高与市场需求减弱造成的用地出让停滞，大量已完成拆迁的净地闲置，随着时间的推移反而进一步增加了中心区更新的成本，加剧了更新的难度。第二个方面的问题是高强度开发导致整体环境品质下降在强大的资本力量影响下，由于政府干预失灵和妥协退让，中心区的更新再开发常常只屈从开发商的个体项目和超大商场建设，大体量、高强度、高密度满铺开发，造成了城市中心尺度的巨型化。特别在交通、市政、公共等基础设施的营建上，一方面基础设施的开发落后于项目开发，导致基础设施与建筑内部功能结构的脱节；另一方面土地成本及取利空间作用下，空间开发规模盲目扩大，从而造成中心区人口规模过度集中，交通等基础设施压力加大，以及生态环境进一步恶化，中心区土地利用综合效益失衡，最终导致中心区整体环境与空间品质的下降。

从我国经济发展政策看，国家"十三五"规划纲要强调"贯彻落实新发展理念、适应把握引领经济发展新常态，必须在适度扩大总需求的同时，着力推进供给侧结构性改革，使供给能力满足广大人民日益增长、不断升级和个性化的物质文化和生态环境需要"。具体而言，经济发展方式转变的实质在于：在内涵上既要实现经济增长由粗放型向集约型、外向型向内生型转变，也要求实现需求结构、产业结构、要素结构的优化升级。这些变化将直接或间接影响城市发展的路径和城市空间的扩展形式，这无疑对城市更新提出了新的任务和要求。

思考题

1. 请结合中国新型城镇化的发展情况谈谈你对城市更新的理解？
2. 城市更新有哪些基本属性特征？
3. 请结合实际阐述城市更新的主要价值导向。

参考文献

[1] A. Tallon. Urban Regeneration in the UK[M]. Routledge，2013.

[2] Buissink J D Ed. Aspects of urban renewal：report of an enquiry by questionnaire concerning the relation between urban renewal and economic development [M]. The Hague：International Federation for Housing and Planning，1985.

[3] D. Gregory，R. Johnston，G. Pratt，M. Watts，S. Whatmore. The Dictionary of Human Geography，5th Edition [M]. Wiley-Blackwell，2009.

[4] He，S. J.，Wu，F. Property-led redevelopment in post-reform China：A case study of Xintiandi redevelopment project in Shanghai[J]. Journal of Urban Affairs，2005，27（1）：1-23.

[5] I. Turok. Urban regeneration：what can be done and what should be avoided?[M]//Istanbul 2004 International Urban Regeneration Symposium. Workshop of Kucukcekmece District. Istanbul：Kucukcekmece Municipality Publication，2005：57-62.

[6] Jacobs Jane. The Death and Life of Great American Cities：The Failure of Town Planning[M]. Penguin Books，1984.

[7] L. Lees. Policy（re）turns：gentrification research and urban policy—urban policy and gentrification research [J]. Environment & Planning A，2003.

[8] Roberts P，Sykes H. Urban regeneration：a handbook[M]. London：SAGE Publications，2000.

[9] Roberts，P. The evolution，definition and purpose of urban regeneration[M]//P. Roberts，H. Sykes. Urban Regeneration：A Handbook，London：Sage，2000：9-36.

[10] S. J. He & G. C. S. Lin. Producing and consuming China's new urban space：State，market and society[J]. Urban Studies，2015（15）：2757-2773.

[11] S. J. He，L. Kong，& G. C. S. Lin. Interpreting China's new urban spaces：state，market and society in action[J]. Urban Geography，2017（5）：635-642.

[12] S. J. He. New-build gentrification in central Shanghai：Demographic changes and socioeconomic implications[J]. Population，Space and Place，2010（16）：345-361.

[13] S. J. He. State-sponsored gentrification under market transition：The case of Shanghai[J]. Urban Affairs Review，2007（43）：171-198.

[14] 程大林，张京祥 . 城市更新：超越物质规划的行动与思考 [J]. 城市规划，2004（28）：70-73.

[15] 董玛力，陈田，王丽艳 . 西方城市更新发展历程和政策演变 [J]. 人文地理，2009（5）：42-46.

[16] 何深静，刘玉亭 . 市场转轨时期中国城市绅士化现象的机制与效应研究 [J]. 地理科学，2010（8）：496-501.

[17] 李建波，张京祥 . 中西方城市更新演化比较研究 [J]. 城市问题，2003（5）：68-71.

[18] 李云燕，赵万民，朱猛，等 . 我国新时期旧城更新困境、思路与基本框架思考 [J]. 城市发展研究，2020（1）：57-66.

[19] 刘健 . 20 世纪法国城市规划立法及其启示 [J]. 国外城市规划，2004，19（5）：16-21.

[20] 刘健 . 20 世纪法国城市规划立法及其启示 [J]. 国外城市规划，2004（19）：16-21.

[21] 刘昕 . 深圳城市更新中的政府角色与作为——从利益共享走向责任共担 [J]. 国际城市规划，2011（26）：41-45.

[22] 严若谷，周素红，闫小培 . 城市更新之研究 [J]. 地理科学进展，2011（30）：947-955.

[23] 唐燕，张东，祝贺 . 城市更新制度建设——广州、深圳、上海的比较 [M]. 北京：清华大学出版社，2019.

[24] 吴晨 . 城市复兴的理论探索 [J]. 世界建筑，2002（12）：72-78.

[25] 阳建强，吴明伟 . 现代城市更新 [M]. 南京：东南大学出版社，1999.

[26] 阳建强 . 西欧城市更新 [M]. 南京：东南大学出版社，2012.

[27] 阳建强 . 走向持续的城市更新——基于价值取向与复杂系统的理性思考 [J]. 城市规划，2018（6）：68-78.

[28] 张京祥，胡毅 . 基于社会空间正义的转型期中国城市更新批判 [J]. 规划师，2012（12）：5-9.

[29] 张平宇 . 2004 城市再生：我国新型城市化的理论与实践问题 [J]. 城市规划，2004（28）：25-30.

[30] 周俭，阎树鑫，万智英 . 关于完善上海城市更新体系的思考 [J]. 城市规划学刊，2019（1）：20-26.

[31] 朱启勋 . 都市更新：理论与范例 [M]. 台北：台隆书店，1982.

第 2 章

国内外城市更新的
发展历程

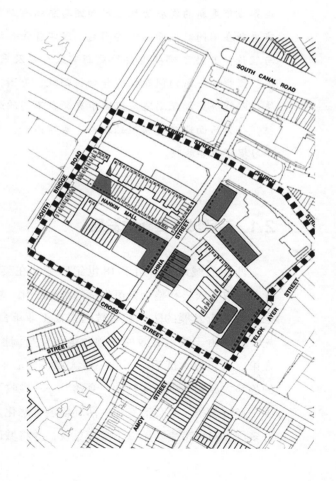

：城市更新自工业革命兴起发展至今，内涵日益丰富，外延不断拓展，对世界城市更新的发展历程进行回顾与总结有助于把握城市更新的总体概貌。各国城市更新在不同时期面临哪些问题？现实背景如何？出现了哪些城市更新的规划思想与理论？开展了哪些重要的更新实践？以及采取了哪些措施？制定了哪些更新政策？围绕这一系列问题梳理与分析西欧、美国、日本、新加坡和中国的城市更新发展，以能够更加深刻地认识城市更新在不同的政治经济发展背景下呈现出的不同特征，并为后面城市更新基础理论、实质内容、实践类型以及城市更新规划与设计的学习提供重要参照。

2.1 西欧城市更新的发展

西欧的城市更新始于 18 世纪后半叶在英国兴起的工业革命。工业革命的巨变，导致了农村和整个城市生活的深远变化，城市的功能与结构开始出现转型，原来影响城市发展的防卫和宗教因素在工业革命之后开始减弱，而经济力量逐渐领先，当时由于缺乏有效的规划政策引导与调控，许多问题与矛盾不断涌现。尤其在第二次世界大战后，西欧一些大城市中心地区的人口和工业出现了向郊区迁移的趋势，原来的中心区开始"衰落"——税收下降，房屋和设施失修，就业岗位减少，经济萧条，社会治安和生活环境趋于恶化，面对这种整体性的城市问题，西欧许多国家对城市更新予以了高度重视，并将城市更新纳入城市发展与建设的重要议事日程，纷纷兴起了城市更新运动。这一城市更新运动发展至今，其内涵与外延已变得日益丰富，由于不同时期发展背景、面临问题与更新动力的差异，其更新的目标、内容以及采取的更新方式、政策、措施亦相应发生变化，呈现出不同的阶段特征。纵观西欧城市更新的历史发展，可大致分为20世纪40~50年代的城市重建（Urban Reconstruction）、20世纪60年代的城市复苏（Urban Revitalization）、20世纪70年代的城市更新（Urban Renewal）、20世纪80年代的城市再开发（Urban Redevelopment）、20世纪90年代的城市再生（Urban Regeneration）以及近年来提出的城市复兴（Urban Renaissance）（表2-1-1）。

西欧城市更新的发展阶段　　　　　　表2-1-1

时期 政策 类型	20世纪40~50年代城市重建 （Urban Reconstruction）	20世纪60年代城市复苏 （Urban Revitalization）	20世纪70年代城市更新 （Urban Renewal）	20世纪80年代城市再开发 （Urban Redevelopment）	20世纪90年代城市再生 （Urban Regeneration）
主要策略倾向	根据总体规划设计对城镇旧区进行重建与扩展郊区的生长	延续20世纪50年代的主题郊区及外围地区的生长 对于城市修复的若干早期尝试	注重就地更新与邻里计划 外围地区持续发展	进行开发与再开发 实施旗舰项目 实施城外项目	向政策与实践相结合的更为全面的形式发展 更加强调问题的综合处理
主要促进机构及其作用	国家及地方政府私营机构发展商的承建	在政府与私营机构间寻求更大范围的平衡	私营机构角色的增长与当地政府作用的分散	强调私营机构与特别代理 "合作伙伴"模式的发展	"合作伙伴"模式占主导地位
行为空间层次	强调本地与场所层次	所出现行为的区域层次	早期强调区域与本地层次，后期更注重本地层次	20世纪80年代早期强调场所的层面，后期注重本地层次	重新引入战略发展观点 区域活动日渐增长
经济焦点	政府投资为主，私营机构投资为辅	20世纪50年代后私人投资的影响日趋增加	来自政府的资源约束与私人投资的进一步发展	以私营机构为主，选择性的公共基金为辅	政府、私人投资及社会公益基金间全方位的平衡
社会范畴	居住与生活质量的改善	社会环境及福利的改善	以社区为基础的活动及许可	在国家选择性支持下的社区自助	以社区为主题
物质更新重点	内城的置换及外围地区的发展	继续自20世纪50年代后对现存地区类似做法的修复	对旧城区更为广泛的更新	重大项目的置换与新的发展旗舰项目	比20世纪80年代更为节制 传统与文脉的保持
环境手段	景观美化及部分绿化	有选择地加以改善	结合某些创新来改善环境	对于广泛的环境措施的日益关注	更广泛的环境可持续发展理念的介入

资料来源：Roberts P., Sykes H. Urban Regeneration: A Handbook[M]. London: SAGE Publications, 2000.

图 2-1-1　伦敦老街区的环境状况

资料来源：Hohenberg P M., Lees L H. La formation de L'Europe Urbarine 1000–1950[M]. Paris：Presses Universitaires de France，1992：347.

2.1.1　第二次世界大战前的城市更新

　　早期的城市更新始于工业革命发源地——英国，直至第二次世界大战结束，英国城市更新运动依然十分活跃。这一时期突出的城市问题是城市人口迅速增加，农业区的人口大量迁至郊区，城市内大量建造工厂和住宅，引起城市向外膨胀。人口的急剧增长造成住宅的短缺和居住条件的过分拥挤，从而导致城市的高密度发展，并带来了不卫生的生活环境（图 2-1-1）。恶劣的生活条件在引发工人普遍不满的同时亦带来其他社会问题，如社会犯罪率增高，经济发展速度缓慢，非就业人口比率增高，城市居民贫富悬殊等。至于各类传染疾病的蔓延，大量的城市居民，特别是婴儿的死亡率不断上升，更成为政府颇为棘手的问题。于是英国中央政府于 1875 年颁布《公共卫生法》（*Public Health Act*），同年还颁布《住宅改善法》（*Dwelling Improvement Act*），第一次提出关于清除贫民窟的法律规定。1890 年，皇家工人阶级住房委员会颁布了《工人阶级住宅法》（*The Housing of the Working Class Act*），要求地方政府采取具体措施改善不符合卫生条件的居住区的生活环境。

　　第一次世界大战后英国城市人口增长有所减缓，但城市外向蔓延现象依然存在，城市间的边界线亦开始变得模糊不清。在政府采取措施向外疏散城市人口后，城市边缘地带的土地开发压力逐渐增大。同一时期，英国的工业结构也在发生变化，纺织业、采掘工业、重型机械工业和造船业等传统工业逐渐被电子工业、服务业、汽车制造业和建筑业等新兴工业所取代，不少地方出现了明显的失业现象。1931 年，英国中央政府制定了"政治经济计划"（Political and Economic Planning，简称 PEP），开始全面干预经济发展问题；随后提交的《巴罗报告》（*Barlow Report*）又提出了有关重新进行区域性人口分配和工业分配的政策；田园规划理论被应用于大型住宅区的开发；区域规划也在逐渐展开，以曼彻斯特区域规划及伦敦区域规划为代表。

图 2-1-2 奥斯曼对巴黎进行的城市改造计划
资料来源：Hohenberg P M., Lees L H. La formation de L'Europe Urbarine 1000–1950[M]. Paris：Presses Universitaires de France，1992.

　　拿破仑三世时代（1852~1870 年）是巴黎城市规划和建设史上的一个重要时期，这位君主命 G.E. 奥斯曼实现了其雄心勃勃的城市建设计划（图 2-1-2）。其目的除了改善交通和居住状况以及发展商业街道之外，还企图把可供炮队和马队通过的大路修通到城市各个角落，消除便于起义者进行街垒战的狭窄小巷。到了 20 世纪初，法国则在工业革命的推动下，不断加快城市化发展，无政府主义的城市建设愈演愈烈。1915 年，议员科尔尼代（Cornudet）起草了一份法案，提出人口超过 1 万的所有市镇都应在 3 年期限内编制完成"城市规划、美化和扩展计划"（Project d'aménagment, d'embellissement et d'extension des villes）。第一次世界大战结束后，迫于人口大量涌向城市化密集区[①] 以及重建被毁城市的现实压力，科尔尼代的法案于 1919 年 3 月获得通过，成为法国有史以来有关城市规划的首部法律文件，被正式称为《城乡规划法》（Loi Cornudet）。

　　1901 年，荷兰颁布了《住宅法》，这一文件是其物质规划体系和开发控制体系创立的标志，当时荷兰的城市更新主要是针对城市向外膨胀的问题，20 世纪 30~40 年代间，才又逐渐提出了土地利用和城市长期战略发展的概念。1935 年前后完成的阿姆斯特丹城市总体规划便是在城市更新基础上的一项典型的城市规划实例。

2.1.2　第二次世界大战后的城市更新

　　在第二次世界大战期间和结束后的一段时间里，西欧各国城市更新的重点放在战后的重建与恢复工作上，规划是为许多城市的重建和重新发展做好准备，其中一些规划对于问题有着非常好的把握，解决方式亦十分大胆。之后，随着经济的不断恢复，人们普遍认识到国家面临着严重的住房短缺，于是西欧各国关注的焦点转移

① 在法国，如果若干市镇围绕某个城市极核形成一片连续的区域，其中 40% 的居民在城市极核工作，那么这片区域就被称为"城市化地区"；如果城市化地区的居住人口超过 20 万，则被称为"城市化密集区"。这两个概念只适用于城市规划领域，并不具有行政区划的含义。

到缓解居住拥挤、改善恶劣居住环境以及整个内城复苏的事务上面。这个阶段的城市更新又包括了战后重建和城市复苏两个时期。

2.1.2.1 城市重建（Urban Reconstruction）

（1）面临问题

第二次世界大战期间以英国为代表的西欧国家住宅建设突飞猛进，但许多城市内仍遗留了大量的非标准住宅需要修复，大量贫民窟一时也无法完全清除，城市内过分拥挤的现象依然存在。第二次世界大战结束后，鉴于战争对许多城市的严重破坏，毁于战火的城市与建筑亟待重建与再开发（图2-1-3）。大量住宅的破坏和人口在大城市的集聚以及迅速增长，引起城市快速膨胀，使得战后"房荒"问题亦变得十分严重。在当时的情况下，新住宅需要建造，旧住宅需要修缮，城市中规划布局不合理的地方或是年代过久而不能适应新生活标准的设施需要调整。此外，新的学校、商店需要建造，道路与交通设施需要修建，以及居住环境需要改善等问题接踵而至，由此使城市各类土地的开发再利用成为战后西欧诸国面临的重要问题。

（2）政策措施

第二次世界大战后，西欧诸国在百废待兴的情况下开始拟订、实施宏大的城市重建计划。为恢复遭到20世纪30年代经济萧条打击和两次世界大战破坏的城市，特别是为了解决战后住宅匮乏的问题，国家与地方政府、私人开发承包商共同参与，公共部门和私人联合投资，重点在于改善城市房屋破旧、住房紧张以及基础设施落后等严重的物质性条件。同时，对居民的居住生活条件改善和内城区的土地置换也予以了关注。

其中，英国的重建工作侧重于重建和再开发遭受战争毁坏的城市和建筑、新建住宅区、改造老城区、开发郊区以及城市绿化和景观建设等（图2-1-4）；法国则主要集中于生产性经济实体——市政基础设施、道路、交通通信设施和住宅区重建；

图2-1-3 伦敦巴比肯（Barbican）地区的战后重建

资料来源：朱启勋. 都市更新：理论与范例 [M]. 台北：台隆书店，1982.

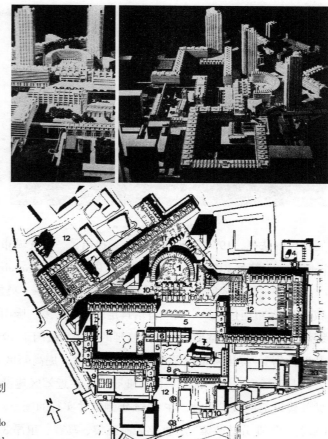

图 2-1-4　伦敦巴比肯重建规划
与模型

资料来源：（意）贝纳沃罗（Leonardo
Benevolo）. 世界城市史 [M]. 薛钟灵，
等译 . 北京：科学出版社，2000.

作为第二次世界大战时期主要战场的德国则是将重建工作集中于市中心和已有的城
市街区，主要应对住房短缺的大规模住宅建设和城市基础设施建设的问题，如交通、
供水、学校、医院的恢复等，在一定程度上扭转了城市的衰退，城市功能亦得以部
分恢复；而一向以文物保护作为发展重点的意大利，在城市重建的同时，更为强调
对历史建筑的恢复和对历史保留下来的城市肌理的恢复。

　　至于战后城市的土地开发，英国政府主要侧重于对城市内两类特殊土地的再开
发，其一是"被战争大面积破坏的土地"（Areas of Extensive War Damage，即 Blitzed
Land）（图 2-1-5），其二是"布局不良以及不符合发展条件的土地"（Areas of Bad
Layout and Absolute Development，即 Blighted Land），这是英国战后初期最重要、规
模最大的一次旧城区土地再开发运动，最为典型的便是当时伯明翰的综合规划。而
法国则为方便公共机构对新建建筑群体的选址与布局进行直接干预，于 1953 年颁布
了《地产法》，对特定地域范围内土地的征用获取、设施配套、销售等方面提出了一
系列规定，以便对新建建筑群体的选址与布局进行直接干预。1957 年颁布了有关房

图 2-1-5　经过战后重建后的伦敦巴比肯中心区
资料来源：作者拍摄.

屋建设的法律，1958年又颁布法令，提出了"优先城市化地区"（Zone à Ur-baniser par Priorité，简称 ZUP）和"城市更新"（Rénovation urbaine）的修建性城市规划制度。

此外，针对战后大城市内人口高度集聚的现象，英国政府于1946年制定了《新城法》，希望通过大城市周边自给自足的新城开发，吸引城市内人口外迁至郊区，以缓解当时大城市日益拥挤与无限蔓延的问题。法国于1950年编制了《巴黎地区国土开发计划》，提出降低巴黎中心区人口密度，提高郊区人口密度，积极疏散中心区人口和不适宜在中心区发展的工业企业，在近郊区建设相对独立的大型住宅区，在城郊建设卫星城。同时，在1954年制定并实行的国土治理计划中提出"疏散政策"（或称"工业分散政策"），严格限制巴黎、马赛、里昂3个地区以及法国东部和北部大工业区的人口和工业的继续集中。荷兰也采取了分散化政策，诸如工业分散政策等，以缓解大城市的压力，促进经济发展，1958年的《荷兰西部及其余地区》（*The West and the Rest of the Netherlands*）以及1960年的《空间规划报告》也集中体现了这一点。

（3）重要实践

1）大规模推倒重建

在当时由国际现代建筑协会（CIAM）倡导的城市规划思想指导下，许多城市都曾在城市中心拆除大量老建筑，取而代之的是各种被标榜为"国际式"的高楼，城市面貌虽已焕然一新，却使人们觉得单调乏味、缺乏人性，并且带来大量的社会问题，成为继第二次世界大战后的"二次破坏"。如西柏林科洛茨贝格地区在战后忽视历史的改造思想影响下，将路易斯城中心的奥郎宁广场周围建筑推倒拆平，予以修建东西向和南北向的高速路、巨大的立交桥和高层住宅，尺度过大的道路和体量过大的高层建筑对城市的历史形态和整体完整性造成了严重的破坏。

2）清理贫民窟

当时采用的是所谓"消灭贫民窟"的办法，即将贫民窟推倒，并将其居民转移走，然后以能够提供高税收的项目取而代之。1930年，英国工党政府制定《格林伍德住宅法》，采用当时颇有影响的"建造独院住宅法"与"最低标准住房"相结合的办法来解决贫民窟问题。例如，在清除地段建造多层出租公寓，同时在市区以外建造独院住宅村。此种做法在曼彻斯特这类贫民窟较多的大城市比较普遍。

3）城市中心区土地置换

经济增长导致对城市土地的需求高涨，这时期的城市更新运动从根本上来说是试图强化位于城市良好区位的城市中心区的土地利用，通过吸引高营业额的产业，如金融保险业、大型商业设施、高级写字楼等手段来达到使土地增值的目的。而原有居民住宅与混杂其中的中小商业则被置换到城市的其他地区。这种举措曾一度带来城市中心区的繁荣，但很快就出现了大量问题。由于中心区地价飞扬，带动整个城市的地价上涨，助长了城市向郊区分散的倾向，由此加剧的钟摆式交通的堵塞问题使中心区的吸引力逐渐下降。由于居住人口大量外迁，一些大城市的中心区在夜晚和周末成为所谓的"死城"或"城市沙漠"，带来治安、交通等一系列社会问题，而大量被迫从城市中心区迁出的低收入居民却在内城边缘形成新的贫民窟。

4）大伦敦规划

1937年，英国政府为了研究、解决伦敦人口过于密集的问题，成立了以巴罗爵士为首的巴罗委员会。在其1940年提出的《巴罗报告》中建议，通过疏散工业和人口来解决大伦敦的环境与效率问题。1942年，英国皇家学会MARS小组提出规划报告，建议将伦敦由封闭形态转变为一个开放的、由两个相互隔离部分组成的大伦敦，城市由一系列相互平行的、被绿地分割的城区组成。1944年，一份题为《伦敦市的重建》的研究报告发表，几乎在同一时间，伦敦城市规划也得以完成（图2-1-6）。阿伯克隆比的大伦敦地区规划吸收了霍华德田园城市理论中分散主义的思想以及格迪斯的区域规划思想、集合城市概念，采纳了昂温的卫星城建设模式，将伦敦城市周围较大的地域作为整体规划考虑。其主导思想是分散人口、工业和就业，采取的措施包括：内城需向外迁移工业，降低人口密度；介于郊区和农业区之间的绿带区是城市建成

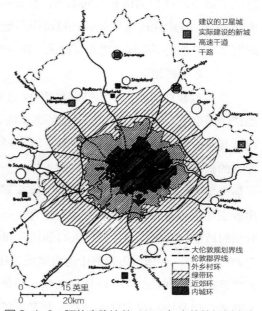

图2-1-6 阿伯克隆比的1944年大伦敦规划方案

资料来源：（英）彼得·霍尔（Peter Geoffrey Hall）.城市和区域规划 [M]. 邹德慈，李浩，陈熛莎，译.北京：中国建筑工业出版社，2008.

区的边界线；农业区内分布若干居住区，后又改为 8 个新镇，解决内城分散出来的人口和工业。这一规划提出了一个基本概念，即通过开发城市远郊地区的卫星城镇，分散中心城市的人口压力，伦敦一时间成为其他城市开发城区仿效的良好范式。

2.1.2.2　城市复苏（Urban Revitalization）

（1）面临问题

在经历了大量贫民窟清除、住宅区建设、城内土地开发再利用、人口重新分配以及新城开发等一系列城市规划实践后，20 世纪 50 年代后期，各国开始进入更加敏感的住房革新和整个旧城复苏提升的重要阶段。在英国，城市中心区衰退和城市交通拥挤混乱成为各大城市面临的极其严重的问题，区域经济问题与地价控制问题也愈发重要。在法国，高速发展的经济导致城市规模不断扩大，各地相继出现了集合城市（Conurbation，即中心大城市及卫星城镇构成的城市群），加上人口大量地从农村地区涌向城市地区，引起城市进一步地快速膨胀。同时，经济发展带来的富足供给在法国社会中培养了个人主义的消费倾向：过于追求郊区独立住宅或城市中心更新后的住宅，贬低甚至抛弃 20 世纪 50 年代曾一度代表社会进步的、由国家统一建设的大型集合式住宅区。至于德国，战后重建时期按照勒·柯布西耶有序、功能分区的现代主义城市设计原则建造的以新居住区为主的城市新区彻底瓦解了原来密集的城市空间。城市被划分为居住、工作、购物、休闲等不同功能区域后，带来了交通负荷不断增加的严重后果。同时，功能单一的居住区在建造时过分强调功能，忽视了城市的社会结构和空间品质，因缺少生活内容和吸引力而导致犯罪率飙升。而在荷兰，城市化迅速发展后，城市周围地区不断膨胀、私人小汽车激增引发交通问题以及工业化引起环境恶化等构成了这一时期的三项主要地区问题。

（2）政策措施

战后过渡性的城市重建措施到 20 世纪 50 年代后期逐渐引起人们的不满，单纯地铲除城市中心的贫民窟并同时向郊区扩散人口已不能解决内城发展的实质性问题，内城开发政策亟须调整。这一时期，城市经济振兴被看作是解决城市贫困、就业和冲突的根本性措施，而城市振兴的主体——公共部门和私有部门也在努力寻求某种平衡来加大私有部门的作用和影响，提高整体社会的福利水平。空间开发的特点突出表现在把城市开发与区域发展相结合，一些区域层面上的开发行动随之出现。尽管当时政府已开始注意内城区人口的居住和留守问题，郊区化趋势依然显著。20 世纪 60 年代末，各国城市发展中的内城问题日益严重，过度郊区化更引发了物质性表象之外的一系列社会、经济结构问题。于是，许多城市开始注重内城复兴，社会福利改善，以及中心商贸区的复兴，并且更新过程中的环境保护、文化继承以及保留历史悠久的街区和社会生活特色等问题逐渐成为人们关注的焦点（图 2-1-7）。

针对工业区的开发，英国于 1960 年提出《地方就业法》，设置开发区，涵盖了

图 2-1-7　德国慕尼黑中心历史街区复兴

资料来源：作者拍摄．

所有需要政府提供资金、协助完成某一地区开发的区域；1966 年的《工业开发法》
又提出"新开发地区"的概念，进一步扩大了开发地区的规模与覆盖面。在法国，
为实现区域经济协调发展，政府先后确定了西部、西南部、中央高原和东北老工业
区等经济发展比较落后的区域为优先整治地区，并先后制定了布列塔尼亚公路网建
设规划、中央高原开发计划、南方滨海地区旅游开发和生态保护计划、科西嘉地区
整治与开发计划、东北部诺尔—加莱和洛林老工业区结构改革计划等区域经济发展
远景规划。

　　针对住宅开发，英国政府采取了多种形式，包括重建地区的新住宅开发、郊区
的新住宅开发、旧住宅区的住宅改善等。1964 年的《住宅法》提出设定"改善地区"
（Improvement Area），集中对非标准住宅进行改造；1969 年的《住宅法》又进一步
扩大范围，提出了"一般改善地区"（General Improvement Area，指有成片非标准住

宅的地区）的概念；同时，规划决策的权力由中央政府下放到地方政府，强调规划的民主性，要求公众参与。在德国，政府则借助住宅工业化和继续大规模建造新住宅的政策，以高密度聚居的生活方式来实现理想中的都市文明，同时在大城市边缘地带兴建大型的城郊住宅区。1967年前侧重于集中修复现有的传统式住宅，1967年后开始制定修复和翻新大片住宅，包括整个街坊和街道的全面改建。而在荷兰，住宅、形态规划和环境部于1966年发表了《第二次空间规划报告》（*Second Report on Physical Planning*），针对当时居住环境恶化的现状提出"有集中的分散"原则，面对"城市化"的主要难题及矛盾，又提出了城市郊区化的概念，并对由此带来的问题作出了相应的对策。

（3）重要实践

1）住宅开发

在经历了一段时间的战后重建后，面对城市内依然严重的住宅紧缺问题，各国政府依旧致力于在城市内集中兴建大型住宅区（装配式结构的住宅）。以德国为例，在努力建造新住宅、重建和扩展现有城镇居住区的同时，各类旧建筑的开发亦在同步进行，以建设全新的居住街区为主题的"大规模的城市再开发"成为这一时期德国住宅建设的主要形式。

2）城市中心区恢复

20世纪60年代，经济和人口的上升促使各国政府开始关注到战争破坏而日渐萧条的城市中心区的恢复，并着力解决城市交通、基础设施建设和旧城整治的问题。以当时的法兰克福中心区建设为例，大片的街区、办公楼和银行林立在市内宽阔的道路两旁，现代化的商业区在市中心原有居住区的废墟上骤然而起，传统的老城区以现代化的全新姿态显现于人们面前（图2-1-8）。

3）巴黎大区的整治更新

1965年，法国政府制定了《巴黎大区国土开发与城市规划指导纲要》（*Schema Directeur d'Amenagement et d'Urbanisme de le Region Parisienne*，SDAURP），提出在

图2-1-8　法兰克福历史中心的恢复建设

资料来源：作者拍摄．

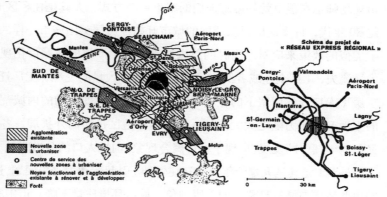

图 2-1-9　1965 年《巴黎大区国土开发与城市规划指导纲要》提出旧城疏散和新城建设的总体思路

资料来源：巴黎大区国土开发与城市规划指导纲要.

2000 年以前在巴黎四周建设 8 个有足够工作岗位和商业、公共服务设施的新城，新城布置在建成区南北两侧，呈两条从东南向西北平行发展的走廊，借以打破传统的环形集中发展方式往往会造成的绿地不足、交通拥挤的局面；1969 年，指导纲要作了修订，把 8 个新城改为 5 个新城，以促使巴黎的新城建设与外省的新城建设取得平衡（图 2-1-9）。

2.1.3　20 世纪 70~90 年代的城市更新

20 世纪 70~90 年代，西欧城市的变化比起以往任何时期的变化幅度都大得多。导致城市在结构方面发生如此巨大变化的原因有两个方面：一是作为城市基础的经济的快速重组，使得城市作为制造业中心的功能已经完结，而代之以服务业和消费中心；二是分散化的过程，把城市中心和内城的许多功能拉向了外围的卫星城镇。这两种趋势导致了大范围的土地和建筑的废弃、环境的退化、失业人口增加以及社会的急剧变化。这一时期城市更新的公共政策力图使废弃的土地和房子能够被有效的再利用，以能够创造新的工作机会，提高城市环境质量，解决一系列的城市社会问题。

这些趋势在老的工业地带尤为明显，如英国的南威尔士、北英格兰、苏格兰中部和北爱尔兰贝尔法斯特地区。在法国受影响的是洛林和诺德地区；荷兰的问题不是那么显著，但鹿特丹已经遭到了码头和工业重组的影响；在比利时的瓦隆地区，桑布尔河（Sambre）和默兹河（Meuse）工业地带已经受到了严重的冲击；在德国，萨尔兰德（Saarland）、鲁尔以及前民主德国的大部分地区正经历着剧变。

2.1.3.1　城市更新（Urban Renewal）

（1）面临问题

英国城市在欧洲最早经历这场经济重组和社会变革，部分原因是弱小企业的竞争、内城废弃的基础设施和社会压力，为此英国最早采取城市更新政策。荷兰的城市规划师也在很早就创造了他们的城市更新方式，尤其是住宅区的更新。到了 20 世纪 80 年代，许多法国以及德国的城市开始经历同英国城市一样的问题，并广泛采取了类似的政策来应对。当时的英国城市出现了严重的逆城市化现象——内城中人口大量流失，工厂企业或者倒闭或者迁往郊区，大量的废地（工厂迁移后留下的土地）、空房（人口迁移后留下的住宅）存在于内城中，即所谓的内城荒废现象。城市郊区的土地开发压力随之大大增加，城市边缘地区迅速向外扩展，各自扩展的边缘地区又趋向于"联片"发展，出现了城市聚合现象。内城人口的分散降低了内城的人口密度，人口外流（尤其是大量的年轻人迁往郊外）引起劳动力丧失问题，进而引起工厂倒闭，并由此造成内城日趋恶化的荒废现象：城市环境质量下降、市中心区商业活动萧条、大量的废弃住宅遗留在城市中心地带等。

在法国，20 世纪 60 年代末的城市危机随后引发了两场重要的社会运动：一是体现城市居民公众意识加强的"公众参与运动"，批评国家在落实公共政策时单纯追求数量而忽视质量的做法，呼吁城市建设日常决策中的民主化与参与性；二是反对技术政治型政府和消费型社会，开始了呼吁保护自然的"环境保护运动"。而在德国，1973 年的石油危机直接引发了城市内传统工业的衰退，人口的不断下降以及大片城市空地、工业废弃地的出现造成了城市的荒废景象。同时，新的工业用地在城市边缘地带发展，不断蚕食着农业用地，亦带来了环境的严重污染，鲁尔区便是其中的一个例证。

（2）政策措施

进入 20 世纪 70 年代，人们愈发意识到城市问题的复杂性：城市衰退不仅缘自社会、经济和政治的深刻变化，也源于区域、国家乃至国际经济格局的变化。故这一时期城市开发战略转向更加务实的内涵式城市更新政策，力求从根本上解决内城衰退，更加强调地方层面上的问题（张平宇，2004）。一系列城市更新政策由此纷纷展开，诸如制定优先教育区域，把资金分配到那些教育设施较差的内城，力求使贫困家庭的儿童接受良好的教育；设立城市计划基金，资助社区、社会和教育工程；进行旨在集中基金以解决社区问题的社区发展工程等。荷兰的反城市化运动和英国的内城更新成为这一时期城市更新实践的典型，保留城市结构、更新邻里社区、改善整体居住环境、恢复城市中心活力、强调社会发展和公众参与成为当时的主要目标（图 2-1-10）。

针对内城日趋恶化的荒废现象，英国政府采取了一系列强有力的干预政策，其中包括：制定强制性的法律和条例，加强对城市更新、恢复内城功能工作的监督管理；对内城功能衰退严重地区实行特殊的政府资助和减免税收政策，帮助内城开发经济；由中央政府或地方政府组建专门机构，进行内城的专项开发或专项课题研究。同时，各地方当局亦开始编制内城更新规划，以此作为控制内城开发的依据；而中央政府也在经济上给予内城更新以额外的资助和免除部分税收的优惠。

图 2-1-10 荷兰在旧城更新中开展的公众参与活动

资料来源：Physical Planning Department，City of Amsterdam.Planning Amsterdam：scenarios for urban development，1928–2003[M]. Rotterdam：NAi Publishers，2003.

而在法国，政府更注重城市管理和城市发展的关系，控制必需的城市化和道路用地，建设相适应的城市设施，组织、投资管理和建设必要的住宅，优化利用城市设施和交通系统。旧区改建、住宅更新、保护自然环境、限制独立式小住宅蔓延成为当时人们普遍关注的问题。1972 年的《行政区改革法》、1975 年的《土地改革法》、1976 年的《自然保护法》都分别提出了环境质量评价的概念，要求对全国各种形态规划增加关于环境保护的内容。之后，国家设立城市规划基金，专用于传统街区和城市中心改造。

至于德国，基于"保留周边、推倒内部"的旧城改造主题，居住区这个由住宅、邻里环境及居民之间社会联系共同组成的社区单元再度成为旧城改造的焦点，住宅恢复和住宅内部现代化运动成为城市规划政策的目标和任务。传统的居住与工业用地混合布置的方法亦被重新采用，生活综合区概念取代了 1933 年《雅典宪章》提出的四大功能分区概念。1971 年颁布了《城市更新和开发法》和《城市建设促进法》，到 1977 年又颁布了《住宅改善法》，这些重要法规分别针对住宅和旧城改造等相关问题提出了相应的更新政策与措施。

（3）重要实践

1）内城更新

英国在 1977 年颁布的《城市白皮书：内城的政策》是战后英国中央政府首次以最为严肃的态度分析城市问题的性质和原因，并针对内城荒废现象所提出的对应决策。在白皮书中将过去鼓励的城市扩散化转向城市内城更新，提出在内城区域中一些严重萧条的工业或商业区域建立产业改善区，以优惠政策吸引投资，活跃经济，增加就业机会。内城政策的根本目的是：增强内城的经济实力，开创当地居民的良好前景；改善内城物质结构，提高环境的吸引力；缓和社会矛盾；保持内城与其他地区的人口和就业结构的平衡。内城政策还认为工业的驱动力和工业地方政策的改变对内城复兴有积极作用。内城更新导致了"中产阶级化"（Gentrification ）—— 一些中产阶级家庭自发地从市郊迁回城市中心区，与低收入居民比邻而居。中产阶级家庭的迁入，增加了居住地区的税收并带来一些投资，改善了居住环境，平衡了城市交通的压力。加的夫城市中心区在这一时期的更新改造便是典型。政府投资建设了过境交通线路、城市中心环线以及市内步行商业系统，兴建了大量公共设施与住宅以吸引市民返城居住。同时，合理组织各类交通系统，创造更多就业机会，引导大规模的物质形态更新，大大改善了城市居住环境，为城市内部区域的更新以及经济的发展创造了有利条件。

2）反城市化运动

荷兰在 20 世纪 60 年代末城市化迅速发展后，为应对城市化所引发的诸多地区问题，集中化分散（Concentrated Deconcentration ）的规划模式以及振兴国家东南部和东北部经济发展以平衡全国经济的策略应运而生。随后，振兴边缘地区的经济发展政策以及城市地区土地利用重新分配的策略规划再次被用以应对城市化运动的影响和冲击，于是，目标规划（Destination Plan）作为城市地区土地利用重新分配策略规划的补充随之创立。20 世纪 70 年代的这一反城市潮流严重影响了荷兰国内以阿姆斯特丹为代表的大城市的人口发展，中等城市的居住形式渐渐成为人们的首选，邻里设计中的城市更新开始转向更加小心谨慎和尊重历史的做法。

2.1.3.2　城市再开发（Urban Redevelopment）

（1）面临问题

20 世纪 80 年代，许多城市传统的工业结构经历了剧变，失业和城市居民分异成为最主要的政治问题。传统工业的衰退带来了一系列的严重问题，诸如失业、土地荒废、社会隔离、种族歧视、环境恶化等。在英国，地方官员开始像中央政府那样与私人投资者联合，不断向边缘地区寻求解决方法。其他国家亦采取了不同的策略，如法国的解决方法是通过国家的大量资助探寻权力向地方社区的转移，而德国的富裕地区和地方政府则花费大量的财力以度过城市的危险期，这种状态一直到民主德国、联邦德国重新统一，才有所改变和好转。

在具体的措施上，英国新执政的保守党政府开始计划缩减公共开支，提高贷款利率，控制货币流通量，降低税率，撤销一些政府干预措施，提倡自由竞争，实行非国有化。在这些政策的影响下，人口集聚问题、城市边缘土地过量开发问题以及恢复落后地区的内城功能问题成为这一时期的关注焦点，内城更新和振兴成为当时英国城市土地开发工作的一项重要内容。在德国与荷兰，20 世纪 80 年代后期，随着经济结构的变化和后工业化的到来，服务型产业增长迅速，原有与制造业相配套的建筑已不能适应如写字楼等办公空间的需要，废弃建筑大量出现，加上城市交通的混乱以及各类空间使用的矛盾，内城衰退成为城市规划的中心议题。

（2）政策措施

20世纪80年代的城市再开发阶段部分延续了20世纪70年代的政策，但更多地表现为对前期政策的修改和补充，以一批大规模的"旗舰"（flagship）工程为标志，进入新一轮城市再开发的实施阶段。其突出特点是强调私人部门和部分特殊部门的参与，培育合作伙伴，以私人投资为主，社区自助式开发，政府有选择地介入。空间开发主要集中在地方的重点项目上，大部分为置换开发项目，对环境问题的关注更加广泛。公共参与的规划原则在此时已广泛地渗入城市更新运动之中，其主要目标为改善环境，创造就业机会，以及促进邻里和睦等。小规模并由社区内部自发产生的以自愿式更新为主的自下而上的"社区规划"成为20世纪80年代城市更新的主要方式。

这一时期，英国政府的城市更新政策有了重大的转变，地方权力机构的作用被中央政府借由财政、立法和行政等多种手段大为削减，私营企业慢慢成为城市开发公司的"旗舰"。根据1980年的《地方政府规划及土地法》（*Local Government Planning and Land Act*），地方规划局对内城现存的空地和废地实行土地注册政策，从侧面对内城的荒废地、空地加以数量控制，同时设立城市开发公司，建立土地情报制度和城市开发援助金制度。1982年的企业区（Enterprise Zone）以及之后相继出现的城市开发项目（UDG）、城市再生项目（URG）、城市补贴项目（City Grant）等更新计划便是此段时间城市更新策略的极好体现。1986年的《住宅与规划法》赋予了政府设置简化规划区的权力，通过采取与企业特区相同的区划式开发控制方法来检验简化规划程序是否有助于吸引投资并刺激经济发展。

在德国，根据当时的住宅现状，对城市内部的住宅区采取了如下改建措施：优先大修一切坚固耐用的建筑物；进行翻新的对象，只限于那些未来在规划中已经明确了的场地和项目；对那些完全破旧、即便修复和翻新亦无利可图的住宅，则按照城市发展的总体规划有计划地加以拆除，代之以新建住宅。20世纪80年代中期以后，德国的城市建设实践从大面积、推平头式的旧区改造转为针对具体建筑的保护更新，小步骤、谨慎的更新措施越来越受到重视，这一发展趋势在1984年的《城市建设促进法补充条例》中得到了很好的反映。1987年，在《联邦城市建设法》和《城市建设促进法》的基础上，德国颁布了新的《建设法典》（*Baugesetzbuch*），重点提出了城市生态、环境保护、重新利用废弃土地、旧房更新、旧城复兴等问题。

至于荷兰，1984年针对内城衰落，政府颁布了《城市和村镇更新法》（*The Town and Village Renewal Act*）。1985年又重新修订了《形态规划法》，增加了相关法令，修订了建筑规划，以立法的形式提出了更新内城的方针政策。1988年的《第四次空间规划报告》开始特别强调日常生活环境质量的提高和空间结构的改善，重新开始强调兰斯塔德地区的重要性以便提高荷兰的国际地位，增强其国际竞争力，开始重视中央、省和地方政府间以及公营部门与私营部门间的合作。

（3）重要实践

1）保护性更新

面对 20 世纪 60 年代大规模整治旧城所导致的对传统城市空间结构的破坏及其产生的负面影响，德国的城市建设开始侧重"保护性更新"——谨慎地对待建筑的修缮和城市骨架及街道网络的改造，步行优于汽车交通考虑，并在许多城市的中心地带规划建设了步行区域。城市改建的目标十分明确，即保护老的城市结构，对建筑进行维修，改造现有城市街区、道路、休憩用地，使之更适于人的居住。这段时间内，对城市中心的再开发在联邦德国许多地方亦同时发生，虽各地开发的重点及手法各不相同，但都比较重视老城的保护和恢复传统城市中心活力（图 2-1-11）。如在奥格斯堡（Augsburg），老城被加以整修，并插建新的建筑，以增加城市的活力。在法兰克福，沿莱茵河岸建造了一系列引人注目的博物馆，加上历史中心的改建和银行区附近会展城的建设，使历史城市获得了新的活力（图 2-1-12）。而汉堡在改建中通过中心区商业、办公、居住等功能的混合亦更新了其逐步衰退的老城（朱隆斌，2001）。

2）紧凑型更新

荷兰在 20 世纪 80 年代针对旧城功能振兴、旧城区改造的开发控制，开始重点加强旧城区特别是中心车站和中央商业区的改造。集中化政策在城市复兴运动中有具体体现，在旧城更新中也面临新的挑战：对一些丧失原有功能的城市地区（如工业和码头区）加以再开发，同时尽可能地整合现有地区（如福利住房、工厂和码头等），在此基础上规划新的居住和工作社区。研究现有建筑的城市肌理在城市再开发和内填式开发中愈显重要，保持城市空间联系性、保留地方特色和历史见证再度引起人们的广泛关注。此种更新形式以鹿特丹城市中心的更新改造最为典型（图 2-1-13）。

图 2-1-11　德国法兰克福莱茵河沿岸的城市建设

资料来源：作者拍摄．

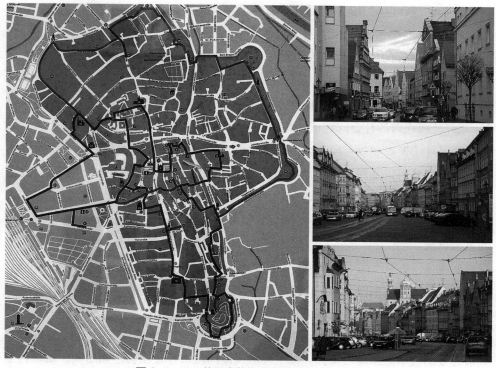

图 2-1-12 德国奥格斯堡老城的保护性更新
资料来源：作者拍摄．

图 2-1-13 荷兰鹿特丹中心地区的更新改造
资料来源：作者拍摄．

2.1.4　20 世纪 90 年代后的城市更新

进入 20 世纪 90 年代，由于社会经济的变化，各国各城市中心地区都不同程度地出现了明显的内城功能衰退现象。城市中心区不但人口大量流失，工业大量外迁，而且商业区和办公区也开始往外迁移至郊区，各大城市的郊区都星罗棋布地开辟了大量大型的超级市场、休闲娱乐区、行政办公中心。同时，包括贫富差异、族群歧视在内的社会问题依然是 20 世纪 90 年代城市发展中的主要问题。此外，环境的可持续发展和改善现有城市已成共识，城市环境绿皮书（CEC, 1990）认为，全球环境保护可以通过城市政策加以提升，就像"为居民提供富有吸引力的环境"以及"强调混合使用和高密度发展"等城市发展的基本目标那样开始为人们所熟悉。在所有政策层面，城市更新如何作为城市可持续发展的一种手段，成为西欧城市的重大挑战。

20 世纪 90 年代的"城市再生"理论是在全球可持续发展理念的影响下形成，并在面对经济结构调整造成城市经济不景气、城市人口持续减少、社会问题不断增加的困境下，为了重振城市活力、恢复城市在国家或区域社会经济发展中的牵引作用而被提出来的。城市开发开始进入寻求更加强调综合和整体对策的更新发展阶段，城市开发的战略思维得以加强，基于区域尺度的城市开发项目不断增加。城市再生涉及已失去的经济活力的再生和振兴，恢复已经部分失效的社会功能，处理那些未被人们关注的社会问题，以及恢复已经失去的环境质量或改善生态平衡等。在组织形式上，建立明确的合作伙伴关系成为其主要的形式，并且更加注重人居环境和社区可持续性等新的发展方式，更加侧重对现有城区的管理和规划。目前主要集中在六个主题上：城市物质改造与社会响应；城市机体中诸多元素持续的物质替换；城市经济与房地产开发、社会生活质量提高的互动关系；城市土地的最佳利用和避免不必要的土地扩张；城市政策制定与社会惯例的协调；城市可持续发展。在城市复兴基金方面注重公共、私人和志愿者三方间的平衡，强调发挥社区作用。这一时期较前一阶段更注重城市文化历史遗产的保护和可持续发展。

1991 年，英国政府开始启动城市挑战（City Challenge）政策，试图将规划及更新决策权交还地方，鼓励地方权力机构与公共部门、私人部门和自愿团体建立伙伴关系联合投标，加强了中央对计划实施的控制以推动部门间的竞争，使更新目标更具社会性。1993 年，国家环境部提出单一更新预算（Single Regeneration Budget, SRB）政策，希望能够跨越传统部门界限，充分协调，有效聚拢各方预算；由于放宽了政策的广度和深度，专项再生预算（SRB）成为 20 世纪 90 年代英国城市更新政策的新旗舰。

针对大型居住区，法国于 1991 年通过了《城市指导法》（*Loi d'orientation pour La ville*，LOV），主要关注居民的生活质量、服务水平、公民参与城市管理等；

1993 年发起了"城市规划行动"（GPUL），目的在于恢复 12 个最困难街区的活力；1995 年的《规划整治与国土开发指导法》（*Loi d'orientation pour L'amènaement et le développement du territoire*）加强了"城市计划"行动，开辟了"城市重新恢复活动区"（ZRU）。同年与次年又颁布了有关住宅多样性和重新推动城市发展的法律文件，鼓励在各个城市化密集区、市镇乃至街区发展多样化住宅，以扭转社会住宅不断集中的趋势，避免居住空间的社会分化。2000 年颁布的《社会团结与城市更新法》（*Loi relative à la solidarité et au renouvellement urbains*，SRU）以更加开阔的视野看待土地开发与城市发展问题，在探讨城市规划的同时，还涉及了城市政策、社会住宅以及交通等内容，意在对不同领域的公共政策进行整合。

在重大事件上主要是 1990 年德国统一之后带来的巨大变化，柏林作为新的首都开始了大规模的建设（图 2-1-14）。面对东部地区的内城衰退、住房紧缺、大量施工设施荒废及基础设施落后等一系列问题，长久以来在联邦德国不断发展的城市更新实践与经验开始在这些城市逐步推广。于是，这些城市首先迅速修缮城市的历史地段，建设文化体育设施，在解决住房紧缺问题时也遵循"内向发展"的原则，以在城市内部解决为主，对现有建筑和地块，如废弃的工业用地，加以改造利用，避免城市过度扩张，保护自然环境，同时对民主德国时期新建的一些大型居住区进行更新改造，并且采取城市土地功能混合使用的措施来增加居住区的活力，提高居民的生活质量。

随着经济全球化的发展和欧盟体制的逐步完善，欧洲城市的发展焦点开始从内向型转向外向型，并且将城市工作重点转向充分挖掘城市在地区、国家乃至在国际经济中的发展潜力。因此，区域复兴越来越成为提升国家与城市竞争力的积极重要手段（图 2-1-15、图 2-1-16）。大巴黎地区规划、大伦敦发展战略规划、兰斯塔德地区规划、柏林/勃兰登堡统一规划等都一致强调了在更大区域范围内加强整体联系，以极大的热情来寻求广泛的国际合作，以应对国际经济秩序重组所带来的政治、经

图 2-1-14　东西柏林合并之后的城市重构
资料来源：作者拍摄.

图 2-1-15 法国巴黎副中心拉·德·方斯
进一步西扩以增强城市在全球的竞争力
资料来源：作者拍摄.

图 2-1-16 进入 21 世纪，伦敦开始了泰晤士
河南岸的整体复兴计划，以进一步提升城市的国
际中心功能
资料来源：作者拍摄.

图 2-1-17 英国曼彻斯特老工业区的转型
资料来源：作者拍摄.

图 2-1-18 德国鲁尔地区区域性环境整治
资料来源：作者拍摄.

济和环境的压力，实现共同繁荣、社会公平与环境改良的目标。

进入"后工业化时代"，制造业开始从城市中分离出来，城市中的传统制造业比重日趋下降，新兴产业逐渐取代传统的产业门类，这一趋势导致过去在制造业基础上发展起来的大部分城市出现不同程度的结构性衰落。像英国伦敦、伯明翰、曼彻斯特和格拉斯哥（图 2-1-17），德国鲁尔区、汉堡（图 2-1-18），荷兰鹿特丹，以及法国东北部等一些曾经强盛无比的传统工业中心在逐渐解体和衰退。为了给老工业区注入新的活力，获得经济上的复兴，人们不遗余力地进行了大规模的更新改造与再发展。

2.2 美国城市更新的发展

美国大规模的城市更新项目开始于 20 世纪 30 年代的贫民窟改造，与美国的人口、社会、经济发展以及城市化进程密切相关，伴随着美国城市更新政策相关法案、政策、计划的颁布实施，美国的城市更新在经历了由市场调节到政府干预，由大规

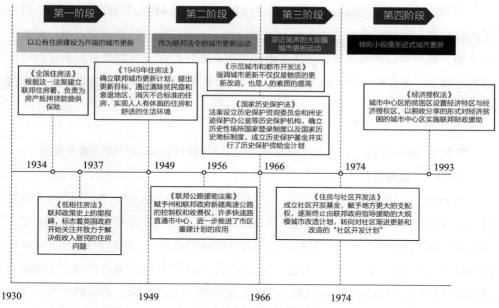

图 2-2-1 美国城市更新的阶段划分
资料来源：作者绘制.

模市区重建计划到小规模渐进式的转变。根据美国的城镇化进程和更新宏观政策的变化，将美国城市更新划分为相应的四个重要发展阶段（图 2-2-1）。

第一阶段（1930~1948 年），为应对经济危机背景下的内城衰败、贫民窟等问题，美国政府开始干预城市住房建设，住房政策由原来的市场调节向政府干预转变。1937 年《低租住房法》的颁布，是联邦政策史上的里程碑，标志着美国政府开始关注并致力于解决低收入居民的住房问题，为战后大规模的城市更新奠定了基础。

第二阶段（1949~1965 年），1949 年国会通过的《1949 年住房法》（*Housing Act of 1949*）中，确立了联邦城市更新计划，开启了以清除贫民窟、消灭不合格住房为目标的美国各大城市大规模的城市更新运动。这一时期的更新运动在一定程度上改善了城市的基础设施和环境，为内城的新兴产业提供了发展空间，但并没有解决城市的根本问题，反而进一步加剧了居住隔离，激化了社会原有的阶级和种族矛盾。

第三阶段（1966~1973 年），长期的隔离与不平等最终导致了美国 20 世纪 60 年代普遍的城市危机，迫使联邦政府意识到仅靠单一物质手段的城市更新，并无法完全解决城市中的诸多问题。1966 年国会颁布《示范城市和都市开发法》，强调城市更新不仅仅是物质的更新改造，也是人的素质的提高。"向贫穷宣战"这一"伟大社会"的施政计划，最终由于计划与资金的巨大缺口，以及收效甚微而逐渐终止，至此美国大规模的城市更新实践也渐近尾声。

第四阶段（1974 年至今），1974 年美国国会通过了《住房与社区开发法》，终止了由联邦政府指导援助的大规模城市改造计划，逐渐弱化了联邦政府在城市更新中的作用，私人部门的投资成为城市更新的主流。相应的基于大规模拆除重建的"市区重建规划"也逐渐让位于小规模渐进式的"社区规划"，转向对社区渐进更新和改造的"社区开发计划"。

2.2.1　第一阶段（1930~1948 年）：以公有住房建设为开端的城市更新

2.2.1.1　现实背景

1929 年，美国爆发了历史上最为严重的经济危机，20 世纪 30 年代的大危机时代，美国经济面临崩溃，失业增加，尤其是建筑工业几乎完全瘫痪，其失业工人占全国失业工人的 1/3 左右。美国住宅市场受到猛烈的冲击，其新房建设由 1929 年的 100 万套下降到 1930 年的 9 万套。与此同时，相对集中在内城的传统产业逐渐衰退并向外迁出，导致内城日益衰败。其突出表现除就业率下降、税收减少外，还包括大量贫民窟的存在。美国城市的贫民窟多集中在城市中心区，居住人口以有色人种为主。此时，伴随着科学技术的进步，美国的新兴产业开始萌芽，在城市中寻求发展空间，原本适宜新兴产业发展的城市中心区，由于衰败带来的种种问题，并未成为新兴产业扎根的理想空间。

经济危机、内城衰败，穷人高密度聚集的贫民窟问题突出，城市内部居住环境日趋恶化，这些问题已经严重影响到了美国的城市发展和社会稳定，解决这一矛盾已经迫在眉睫。

2.2.1.2　制度建设

为了缓解危机、增加就业、振兴建筑业，解决严重的住房短缺矛盾，美国政府的住房政策开始发生重大变化，即由市场调节向政府干预转变（李艳玲，2004）。美国联邦政府开始干预城市住房建设，初期通过调整与住房建设有关的金融保险政策入手，后期建立起公有住房政策，面向城市低收入居民，这一系列关于公有住房建设的干预政策的制定，拉开了以贫民窟改造为起始的城市更新运动的序幕。

早在 1932 年，联邦开始关注住房问题，当时胡佛总统签署了干预私有住房市场的《联邦住宅贷款银行法》，该法的出台解决了在大危机时代，每年近 25 万家庭因不能偿还抵押贷款而丧失住宅的问题。1933 年 5 月，美国设立第一个负责住房建设的行政部门，在它的主持下，开展小规模的公有住房建设，此时仅仅是作为整个社会复兴计划中的一个次要部分来实施的，主要目的是增加就业。1934 年，罗斯福政府出台了《全国住房法》，根据这一法案新建立的联邦住房署（Federal Housing Administration）负责为房产抵押贷款提供保险，刺激近乎停止的建筑业，鼓励修理和建造私人住宅。1937 年，出台第一部公有住房建设法案，即《低租住房法》

（*Wagner-Steagall Low Rent Housing Bill*），这一法案将住房问题从联邦政府为摆脱经济危机而实施的公共工程和复兴计划中分离出来，针对解决低收入居民的住房问题，反映了罗斯福政府为应对社会稳定而解决住房问题的决心。可以说1937年《低租住房法》的颁布，是联邦政策史上的里程碑，标志着美国政府开始关注并致力于解决低收入居民的住房问题，并为战后的城市更新奠定了基础。

2.2.1.3 更新实践

20世纪30年代，纽约市的贫民窟改造，由于起步早，规模大，对美国政府制定的住房政策以及其他城市的住房改造都产生了一定的影响，具有典型代表性。

纽约是美国最大的工商业城市，拥有全球金融中心，联合国总部。繁华的另一面是拥有全美国最大的贫民窟，位于曼哈顿北部的哈莱姆地区，一半以上的房屋是1911年前后建成的4~6层建筑，破损严重，居民几乎全部是黑人。以黑人居民为主的哈莱姆河住宅小区（Harlem River Houses）工程是纽约三大贫民窟改造之一，另外两处为布鲁克林区以白人居民为主的威廉斯堡住宅小区（Williams-burg Houses）工程和曼哈顿下东区的弗斯特住宅小区（First Houses）工程。纽约贫民窟三大改造工程中，哈莱姆河住宅小区因原址地价极为昂贵，且邻近白人区，没有考虑在原址就地改造；另外两处工程均是在比较了原址改造与新选址之间的地价之后，做出原址进行改造的决定，其中弗斯特住宅小区的住房工程，还经历过原本考虑在原有住房基础上进行修缮的计划，因修缮费用高于重建费用而放弃。

纽约市早期的三处公有住房建设虽然在选址规划、施工建造等方面各不相同，但仍然存在一些共性特征，主要体现在：首次进行公有住房建设，从联邦政府到市政部门均对设计水准和工程质量提出很高的要求，甚至把这一工程当作重塑城市形象的机会；规划选址方面存在的分歧，表明了不同阶级对待城市更新改造上的利益冲突；租住使用方面，存在严重的种族隔离和对低收入者的排斥。

这一时期的公有住房建设，作为清理贫民窟的补充手段，一直持续到战后的更新运动中。因此，这一时期的公有住房建设实践与经验，为战后美国的城市更新奠定了基础。

2.2.2 第二阶段（1949~1965年）：作为联邦法令的城市更新运动

2.2.2.1 现实背景

美国的郊区化在第二次世界大战前已经启动，但是整体上内城人口仍多于郊区人口，就业岗位仍集中于城市中心，大多数工商业活动也在内城进行。第二次世界大战后郊区化得到了更为突飞猛进的发展。在第二次世界大战前后的几十年中，美国经济一直处于快速发展时期。科技进步带来的新兴产业开始兴起；现代技术的发展解决了能源及交通问题后，传统制造业开始大量向郊区转移；由于郊区地价低、居住环境好，社区构成几乎全是白人，很多中上层人士纷纷搬离内城，迁往郊区；同时联邦政府实施的有关住房的优惠政策，也为中产阶级住宅郊区化创造了有利条件。来自科学技术进步、联邦政策、社会思想观念、经济结构等各方面的因素共同推动了美国现代城市郊区化进程，大大改变了美国城市的空间结构，对美国的政治、经济、生活等都产生了深远影响。郊区化的快速发展进一步加剧了内城衰败，具体表现在税收减少，福利负担加重，作为税收最大来源的中产阶级不断外迁，公共福利主要享用者贫穷阶层不断迁入。导致内城贫困化，郊区富人化，种族歧视与居住隔离现象日益加剧，社会矛盾更为激化。

第二次世界大战前后，美国政府所面临的最尖锐的问题仍然是住房短缺，当时美国有 500 多万户家庭住在贫民区。据联邦房管部门估计，1946 年美国各大城市大约有 39% 的住房没有达到健康和安全的最低标准（李艳玲，2004）。美国城市住房短缺的因素主要归结于大量的移民涌入、经济危机带来的建筑业停滞、战后复员军人的回城安置等。住房短缺已然成为制约美国城市经济和社会发展的瓶颈，解决这一问题便成了战后城市更新的一个重要动因，而此问题的解决涉及征地动迁等诸多问题，仅仅依靠私人的力量和开发规模是远远不够的，此时资本主义的市场经济对城市开发与住宅建设的调节难以奏效，亟需政府力量的介入，进行宏观调控与干预。

2.2.2.2 制度建设

战后美国城市中心区大规模的重建和复兴首先从清除贫民窟和公有住房建设开始。1949 年国会通过《1949 年住房法》（*Housing Act of 1949*），住房法中确立了联邦城市更新计划，更新计划的首要目标包括：通过清除贫民窟和衰退地区，消灭不合格的或不符合标准的住房；刺激住房建设和社区发展，缓解住房短缺现象；实现人人有体面的住房和舒适的生活环境的目标（马丁·安德森，2012）。根据住房法建立的城市更新署（Urban Renewal Administration），作为全国更新运动的领导机构具体负责审批社区更新规划、具体的拆迁和工程计划等。此外，联邦政府还成立了负责住房抵押保险的联邦住房局（Federal Housing Administration）及负责对各地的城市更新提供资金援助和技术指导、并给予公有住房补贴的住房援助局（Housing Assistance Administration），地方政府则设立专门的公共机构负责具体规划的制定和实施。

1949 年早期制定的城市更新政策，对房地产开发商的吸引力不足，很多更新工程因此搁浅，导致拆迁大于建设。同时由于联邦对地方更新给予资助所附加的限制过多，使得支持的力度大打折扣，影响到工程的进度和规模。为逆转这一局面，必须对联邦的更新政策做出重大调整，为此，国会通过了《1954 年住房法》，这一法案的实施使更新运动的重心由以清理贫民窟、建设低收入住宅为主向以城市中心区商业开发为主转移,用词也从"城市再开发"(Urban Redevelopment)转向"市区重建"(Urban Renewal),1956年,《联邦公路援助法案》(Federal-Aid Highway Act)赋予州和联邦政府新建高速公路的控制权和收费权,许多快速路直通市中心,进一步推进了市区重建计划的应用(周显坤,2017)。国会从更新规模扩大的实际需要出发,随后的近10年间,对住房法又先后进行了若干次修订,其中一些重要修订如下:在加大非住宅建设方面,1959年住房法将联邦用于非住宅建设的拨款比例提高到20%,此后,这一比例不断提高,到1961年提高为30%,1965年则已升至35%;在加大资金扶持方面,1957年住房法在原来9亿美元基础上再追加3.5亿美元拨款。1959年住房法又新增拨款6.5亿美元用于贫民窟的拆迁和城市更新。到1961年住房法颁布时,联邦用于更新的拨款比以往增加了一倍,达40亿美元;在住宅建设方面,1955年住房法规定在此后的两年中,政府将增建4.52万套公有住房。1961年住房法扩大了政府对城市动迁居民异地重新安置的费用支出。1965年住房法规定联邦可以贷款给低收入个人用于私人住房购买和建造。

美国的住房法及其以后的修订法案,对城市更新运动的发展方向产生了重大影响,在扩大了城市更新运动规模的同时,更新的重心也在不断转移,非住宅建设的比例不断加大,更新的重点从清除贫民窟和公有住房建设,转向以商业开发为主的城市中心区的再开发和重建。

2.2.2.3 更新实践

初期的更新活动主要涉及贫民窟地区的大规模征地、清理拆迁和安置,以及住宅开发。这一阶段的更新工程按照联邦政府的统一规划,大多选址于内城的贫民窟地带或废弃的工业区。其中芝加哥梅多斯湖(The Lake Meadows)开发和底特律拉法耶特公园(Lafayette Park)开发便是在清理贫民窟的基础上进行的,匹兹堡市下山区(the Lower Hill district)占地95英亩的更新工程也是在黑人贫民窟原址上进行清理建设的,同是匹兹堡,赫赫有名的市中心区"金三角"(Golden Triangle)改造工程,也是在清理废弃的工业区、铁路货场、仓库和贫民窟之后开始建设的。在费城,1952进行了当时美国最大的更新项目——东威克(Eastwick)地区的开发,工程占地2500英亩,这里原是一大片低洼地,到处是破旧住房、废品、垃圾及废弃的汽车,按照综合开发的更新计划,这里将建设一处"城中城",其中包括中等收入住房、购物中心、工业园区等,预计建成后将提供2万个就业机会。此外,辛辛那提、芝加哥和纽瓦克等其他一些城市也通过拆迁破败的贫民窟,来代之以低租住宅、工厂、商店、停车场和写字楼等。

上述许多工程虽然都在这一阶段开始实施,但却全部竣工于后续阶段,因此其建设周期常常是跨越更新运动阶段的,其成就也往往体现在后一时期,这反映出此一阶段更新工程规划多、实施少、清理大于建设、进展缓慢的特点(表2-2-1)。

1950~1962 年城市更新工程数量及进展情况　　　　表 2-2-1

年份（年）	工程总数（个）	计划中的工程（个）	实施中的工程（个）	竣工工程（个）
1950	124	116	8	0
1951	201	192	9	0
1952	259	232	27	0
1953	260	199	61	0
1954	278	191	87	0
1955	340	230	110	0
1956	332	199	132	1
1957	494	301	189	4
1958	645	354	281	10
1959	689	298	365	26
1960	838	353	444	41
1961	1012	429	518	65
1962	1210	536	588	86

资料来源：Housing and Home Finance Agency，16ch Annual Report（Washington 25，D. C.，1962），Tables VI-2，p. 295.

　　此外，《1949 年住房法》虽然强调住房建设，但实际情况却很不理想，除了上述工程进展缓慢、清理大于建设外，公有住房的建设也因资金问题而未能按计划完成，例如《1949 年住房法》计划在 6 年内完成 81 万套公有住房，实际却花费了 20 年时间。具体情况可从表 2-2-2 中看出。

15 个大城市在 1949~1957 年更新运动中的住宅增减情况　　　　表 2-2-2

城市	拆毁住宅（套）	新建住宅（套）	差额（套）
纽约	43869	50462	6593
芝加哥	27929	24479	-3450
洛杉矶	5801	5819	18
费城	19279	12471	-6808
底特律	12063	3301	-8762
巴尔的摩	13229	5314	-7915
休斯敦	0	348	348
圣路易斯	9860	5430	-4430
华盛顿	8505	6909	-1596
旧金山	8591	4142	-4449
波士顿	11767	5871	-5896

续表

城市	拆毁住宅（套）	新建住宅（套）	差额（套）
辛辛那提	10421	2404	−8017
明尼阿波利斯	7669	2825	−4844
匹兹堡	7862	4771	−3091
亚特兰大	8264	3794	−4470

资料来源：Matthew D. Edel, Market, Planning, or Warfare?—Recent Land-use conflicts in the United States, 1969.

《1954年住房法》及其以后的相关修订法案，允许城市更大限度地使用联邦资金进行非住宅建设，从而刺激了私有资本对更新的积极参与，使更新运动呈现出以商业性开发为主的特点，同时，通过将开发、修缮和保护等有机地结合在一起，使城市更新的范围也由贫民窟扩大到了整个城市，更新工程的数量由此迅猛增加，各大城市重点实施了中心商业区的综合开发建设，文化艺术中心、教育科研中心和工业园区等的规划建设，并在更新中开展了修缮及保护工程。

中心商业区的综合性开发工程有纽约市的基普斯湾广场（Kip Bay Plaza）的开发，波士顿中心区的更新计划，匹兹堡查塔姆（Chatham Center）中心的更新规划，圣路易斯中心商业区的改造，明尼阿波利斯市位于中心商业区和密西西比河之间的滨水区（Waterfront）改造，布法罗市中心商业区改造计划等。这一时期，许多城市还兴建了文化艺术中心、体育中心、歌剧院、公园和广场等大型公共活动场所，如纽约的林肯艺术中心、匹兹堡的市中心体育场、波士顿的查尔斯公园、阿拉巴马州伯明翰市的医疗中心工程等，麻省理工学院、芝加哥大学、宾夕法尼亚大学和哥伦比亚大学等院校开展的更新项目，为学校发展获得所需土地。同时作为复兴内城经济的措施之一，许多城市在一些贫民窟、废弃的场区进行了工业园区的开发，如辛辛那提的凯尼恩－巴尔（Kenyou-Barr）工业区、克利夫兰的格拉德斯通（Gladstone）工业园区等。同时，由于《1954年住房法》强调了政府和私人对城市旧建筑的修缮义务，并规定联邦政府对此给予一定的资金援助及技术指导，通常修缮工程费用的2/3由联邦支付，其余1/3由地方承担。各城市纷纷采取有效手段对还有维修价值的建筑，特别是历史建筑进行修缮保护。这时期著名的修缮工程有费城的社会山（Society Hill）、纽约的街区保护、圣刘易斯的修缮计划等。

这一时期更新运动的大规模展开，得益于联邦政府投资力度加大和政策放宽，以及房地产商和垄断资本的介入。此阶段的更新运动改善了城市的基础设施和环境，为内城的新兴产业提供了发展空间，但并没有从根本上解决城市内部问题，反而进一步加剧了社会原有的阶级和种族矛盾。

2.2.3 第三阶段（1966~1973年）：渐近尾声的大规模城市更新运动

2.2.3.1 现实背景

20世纪60年代，美国大规模城市更新运动的开展、内城的商业性开发并未能根除因贫困而导致的衰败，反而进一步加剧了居住隔离，美国社会原有的阶级和种族矛盾更为尖锐。正是这种长期的隔离与不平等导致了中心城市种族矛盾和贫富矛盾的不断积累，并最终酿成了20世纪60年代普遍的城市危机。大规模的种族骚乱发生在20世纪60年代，遍布在纽约、洛杉矶、底特律等地的贫民窟中和全国各地数以百计的黑人社区中。从1961~1969年，全美共发生各类暴力冲突达2500多起，其中大型种族暴力冲突主要集中在1964和1968年，达239次，有20多万人直接参与，结果造成约2000人死亡，8000多人严重受伤（梁茂信，2002）。动荡的20世纪60年代，城市中心区问题成为新闻媒体关注的中心，有关报道连篇累牍，"动荡的城市""美国的战场""贫民窟：我们城市心脏上的恶性肿瘤""城市危机"等标题比比皆是。对城市更新计划的反对也日益高涨，在芝加哥的伍德兰地区，伍德兰组织（Woodlawn Organization）开展了一场旷日持久的斗争，竭力反对城市更新计划，这一更新计划的共同倡议者是芝加哥大学和城市当局，为了大学的扩张将吞并一大片须清除原有社区的土地。1967年，旧金山的西部附加（Western Addition）地区的黑人居民为了反抗清除一个欣欣向荣的商业和住宅区，组成了一个广泛的社区组织，他们包围了旧金山再开发署的办公室，占据了听证会的讲台，躺倒在推土机的前面。1968年在波士顿，更新区的社区活动家们占据了城市再开发办公室。清除贫民窟后进行商业开发，大量贫民得不到再安置引起的强烈不满，已经成为更新开展的强大阻力，这不得不使联邦政府开始改变政策（李芳芳，2006）。

日益突出的社会问题，使得联邦政府意识到仅靠单一物质手段的城市更新，无法完全解决城市中的诸多问题。为此政府通过出台以"伟大社会"而著称的社会改革计划，对包括住房在内的城市政策加以调整，使城市更新与向贫困宣战相衔接，与扩大城市就业机会、教育机会等相结合。

2.2.3.2 制度建设

早在20世纪50年代，联邦政府便在纽黑文、匹兹堡、费城和加州的橡树园等地实施试验性综合计划，这些计划的成功实践为而后示范城市法的出台奠定了基础。1966年国会颁布了《示范城市和都市开发法》（*Demonstration Cities and Metropolitan Development Act*，简称《示范城市法》），该法强调城市更新不仅仅是物质的更新改造，也是人的素质的提高。《示范城市法》强调，联邦政府除继续执行之前已经批准的城市更新计划及其他拨款计划外，还有责任援助贫穷城市进行综合治理，以使这些城市在加大力度为中低收入居民提供公共住房的同时，也能提供教育、医疗、就业等社会服务，法案规定城市示范地区更新费用的80%由联邦政府承担，其余部分由地方承担（刘丽，2011）。

1966 年 10 月 15 日，美国国会颁布了《国家历史保护法》。法案设立了历史保护咨询委员会和州史迹保护办公室等历史保护机构，确立了历史性场所国家登录制度以及国家历史地标制度，成立了历史保护基金并实行了历史保护资助金计划。《国家历史保护法》第 106 条款要求，所有的联邦机构都必须考虑联邦政府资助项目对历史遗产的影响。

20 世纪 60 年代末，伴随约翰逊的离任和共和党尼克松政府的上台，"伟大社会"的政策被抛之脑后，示范城市计划也无果而终。随着越南战争的不断升级，城市更新进入低潮。1968 年，国会大肆消减约翰逊政府的 1969 年财政预算开支。1972 年，国会停止了示范城市计划，1973 年冻结了联邦对于住房和复兴计划的拨款资金。

虽然《示范城市法》收效甚微，但这一时期对城市综合治理的尝试却表明：联邦政府的城市更新理念已经开始从以往清除贫民窟，以新建建筑代替衰败建筑的简单想法转变为关注城市复兴的更深刻、更广泛的内涵，这一转变对此后的城市更新有很大影响。其中，将改造聚焦在贫困社区并吸收黑人和贫民参与的做法也为 20 世纪 70 年代的社区开发计划奠定了基石。

2.2.3.3　更新实践

这一时期，政府最初只拟定了少数几十个示范城市，国会将其扩大到了 147 个，由于扩大了城市数量，实际落到每个城市的资金非常有限。据统计，截至 1968 年，仅有 75 个城市获得了计划赠款。其中亚特兰大成为《示范城市法》颁布后，全国得到示范拨款的第一个城市，确定的示范街区有 4.5 万人，利用这一资金，亚特兰大开设了区间公共汽车、幼儿园、教育中心等，并重新平整了路面。

20 世纪 60 年代中期，美国西部和南部的部分城市中心区也程度不同地进行了重建。如诺福克进行了闹市区的开发建设，并试图在不久的将来成为"南方的曼哈顿"。夏洛特的市政领导及各界人士通力合作，清理市中心边缘地区破败的黑人街区，进行新的开发，目的是将该城改造成卡罗来纳的亚特兰大。尽管西部和南部城市因其自身特点不同更新有所侧重，但在更新过程中也出现了与东部类似的问题，即清理规模大于建设规模，商用建设多于住宅建设，贫民窟问题也没有得到彻底根除。如1957~1967 年，亚特兰大市拆毁 2.1 万套由黑人居住的住房，但却仅建 5000 套新的住房；夏洛特市在 1965~1968 年，平均每年拆毁黑人住房 1100 套，却在同期内仅建425 套新房。

"向贫穷宣战"这一"伟大社会"的施政计划,试图在政府的积极支持和干预下，对城市衰败区域进行综合治理，解决城市问题。但由于计划与资金的巨大差异，更新运动始终难以为继，政府庞大的开支收效甚微，因此联邦政府逐渐终止了对大规模城市改造计划的援助，至此美国大规模的城市更新实践也渐近尾声。

2.2.4 第四阶段（1974年至今）：转向小规模渐进式城市更新

2.2.4.1 现实背景

20世纪60年代以来，美国受到经济通货膨胀、越南战争升级、国内反战运动等影响，都不可避免地冲击到城市更新运动的实施，使其退居次要位置。而尼克松政府对城市问题有另外的看法，认为"伟大社会"时期联邦政府为干预地方事务投入了过多的精力，其代价过于昂贵。尼克松政府希望抑制联邦政府的权力增长，并推动更为有效的市政管理，他提出"新联邦主义"的施政纲领和"税收分享"计划。这个新办法试图把新政以来联邦政府对各州和地方政府的主要拨款方式"分类拨款"逐步改变为"整笔限额拨款"，以减少联邦政府对州和地方政府的过多干预。采纳"税收分享"之后，地方政府就会享有更多的决策权，从而充分发挥其主动性和积极性。同时，联邦政府干脆把一些耗资较大的项目移交给州和地方政府，从而大大削减了联邦开支（刘丽，2011）。至1980年，里根政府上台后进一步削减并最终结束了这一更新计划（李艳玲，2004）。

2.2.4.2 制度建设

1974年美国国会通过了《住房与社区开发法》（*The Housing and Community Development Act of 1974*），并成立了"社区开发基金"（Community Development Block Grants），赋予地方更大的支配权，终止了由联邦政府指导援助的大规模城市改造计划，转向对社区渐进更新和改造的"社区开发计划"。20世纪80年代开始，联邦政府在城市更新中的作用弱化，私人部门的投资成为城市更新的主流，"公私合作伙伴关系"（PPP）作为经济开发的公共政策被正式提出（黄静，王净净，2015）。

美国的城市更新从大规模的拆除重建逐渐转变为了小规模的渐进式更新，手段转变成了结合改造、选择性拆除、商业开发和税收激励的组合方式。相应的基于大规模拆除重建的"市区重建规划"也逐渐让位于小规模渐进式的"社区规划"（周显坤，2017）。

2.2.4.3 更新实践

这一时期社区渐进式更新和改造的"社区开发计划"实践，主要有发挥城市中心区优势进行的办公楼建设，步行街区的设计以及历史建筑的保护等。这些实践均为了增加城市税收，吸引中产阶级返回内城，从这一意义上来看，城市的确实现了某种程度的复兴。

首先是大量办公建筑的兴建，使得城市中心区从制造业中心向生产服务业和信息中心转变。20世纪80年代的城市政策刺激了私人资本对城市开发的渗透，大量办公楼和会议中心出现在城市中心区，从而推动了城市中心区产业结构的转型，其中曼哈顿就是一个典型例子。在1960~1980年间，曼哈顿中心区有142幢新的办公楼建成，包括7700万平方英尺的空间。这比休斯敦和达拉斯办公空间的总和还要多。

不仅如此，1980年以来又建了50多幢新的大楼，在20世纪80年代的最后5年新建的办公空间比整个70年代还要多。

其次是城市中心区步行交通街区的建设。为了应对郊区大型购物中心的吸引以及中心区商业功能的衰落，许多市政府通过设计步行交通区域，发挥市中心建设密集、土地功能多样等优势，重建中心区活力。例如，在弗吉尼亚的洛诺克复兴的市区，拥有一个博物馆、一个影剧院、一定数量的专卖店和一个小型的农贸市场，所有这些都被安置在步行街道上。所有这些都位于行人方便到达的地方，没有必要和边远的购物中心进行竞争。步行交通地区的设计缓解了各类交通的冲突，提高了城市的环境艺术质量，还提供了新型的有特色的城市公共空间，重新吸引了顾客，刺激了商业的发展。

再者是历史保护和文化中心建设。滨水老港区的更新复兴中，往往会看到历史保护的因素，如波士顿的滨水区、曼哈顿的南大街海港和巴尔的摩的内城海港，充分利用原有的港区建筑和构筑物，转变原有的航运功能，成为购物、文化和娱乐的滨水活力地区，成为吸引游客的魅力地区，并重新成为受年轻人和中产阶级欢迎的住区。曼哈顿作为商业和居住点最大的吸引力则是拆除几个旧街区后，建设的综合文化中心——林肯中心。

最后是社区开发中的公众参与。旧金山的Yerba Buena中心（87英亩）的社区开发就是一个公私合作和公民参与成功复兴的典型。Yerba Buena靠近海边，长久以来一直是工业区、码头区，环境破败、犯罪率高。与其一路之隔就是旧金山的金融区。综合协调各方意见，在兼顾商业利益与社区文化权利的前提下，该地区采取混合开发方式，跨越14个街区，耗资20亿美金，以会展中心、儿童教育文化园区、艺术文化园区、商业开发以及社区住宅为主，同时包含古迹保护等内容。由公私部门共同组成了Yerba Buena形象行销联盟，作为非营利性的团体，其目标乃是宣传Yerba Buena地区正面、具凝聚力的意象，打出"旧金山最新、最令人兴奋、最有发展之社区"的形象品牌。许多城市居民也纷纷成立自己的组织，诸如"街区俱乐部""反投机委员会""社区互助会议"等，通过居民协商，努力维护邻里和原有的生活方式，并利用法律同政府和房地产商进行谈判。

2.3 日本城市更新的发展

日本国土相对狭小，为节约土地资源，其经济发展高度重视城市更新工作。而城市灾难往往成为其实施城市更新计划的舞台。明治时期的大火导致了东京防火计划的诞生，传染病催生了东京市区改造计划，关东大地震唤出了东京震灾复兴计划。而自第二次世界大战后先后经历了经济快速发展时期和经济增长长期低迷时期，在快速发展期中城市更新为城市快速扩张提供土地供给，而低迷期中又成为刺激城市经济、调整经济空间格局的手段。

同时，土地是个人私有财产的观念在日本根深蒂固，因此往往是以街区、社区甚至单体建筑等小地块为更新改造对象，通过强化市政基础配套、提升公共服务等综合措施，提高土地空间利用率和土地空间价值，并特别注重传统历史建筑或者历史街区与现代化城市建设的融合协调。日本的城市更新，是土地所有者内部及与政府长期不断沟通协调，实现各方诉求平衡的结果，也是相关法律法规和制度不断完善的过程，因此一个城市更新项目往往需要十几年到二十几年的逐步演替发展（同济大学建筑与城市空间研究所，株式会社日本设计，2018）。回顾梳理日本城市更新100年来的发展历程，有利于更好地了解历史，把握当下，看清未来的发展方向。

日本从19世纪的明治维新开始，逐渐成为现代化发达工业国家。然而，城市火灾和震灾十分频繁。1872年东京银座地区和1879年东京日本桥地区发生的大火，烧毁了数万户木造房屋。这促使1881年政府提出"防火路线制度"，规定主要道路两侧的建筑物必须采用砖石构造。但日本真正全面性地建立防灾与更新法令制度，特别是对于防震和耐火建筑的建设促进方面的法令制订，是从1923年的关东大地震之后开始的。并在第二次世界大战后，面对战后重建、大规模人口迁移、泡沫经济崩溃、地震灾害等一系列挑战的过程中，逐渐发展出来一套都市更新计划体系和都市更新制度。根据日本城市更新法规制度与更新实践的发展，将其划分为相应的四个重要发展阶段。

第一阶段（1923~1944年），1923年发生的关东大地震，给东京市带来了惨重的损失，城市建设中积累的交通、住宅、公共卫生等诸多问题，亦因地震灾害的发生而暴露无遗。震灾发生后，日本朝野围绕着灾后东京是"复旧"还是"复兴"的城市重建方针问题展开了激烈争论，结果在整体改造、全面提升城建标准的方针下，以强力推行土地区划整理为前提，对城市街区、道路、上下水道、公园等基础设施重新规划并付诸实施。由此，东京地区的道路及公共卫生等基础设施改善，建筑物的抗灾标准提高，消防、救护等抗灾救灾体系趋于完备。地震灾害引发的危机，促使东京市政建设迈上新台阶（郭小鹏，2015）。

第二阶段（1945~1969年），由于第二次世界大战破坏严重，战后的日本政府为了加强安全及改善环境，对年久失修的建筑物进行清拆，系统性地清除贫民区。1946年，日本政府颁布了《特别都市计划法》，对老城区的市街地进行土地整理。为经济复苏、进一步改善市区基础设施、预防灾害奠定基础。1954年日本政府正式颁布了《土地区划整理法》，从而为日本的土地区划整理各环节的合法运作提供了法律依据。

第三阶段（1970~2000 年），1970 年以世界万国博览会在大阪举办为契机，日本进入了经济成长的巅峰时期，民间力量也开始觉醒。20 世纪 60~70 年代的高速城市化和造城运动之后，80 年代开始注重城市化质量和规划分权，开始对第一代新城和集中式住宅进行改造；90 年代建立了注重多主体协调合作的规划体制，将民间主体和资本引入城市再开发。

第四阶段（2001 年至今），自"泡沫经济"破裂以来，日本已逾十年经济增长放缓。日本政府为复苏经济及纠正不良问题，于 2001 起推出"都市再生"政策。从经济复苏着手，吸引城市房地产投资，这对结构改革来说无疑意味着挑战。体现出两个主要趋势：一是城市公共交通的便捷性不断提高；二是城市再开发项目转向务实和聚焦城市重点区域，以创造社会优质资产为导向。全球化进程不断深化，国际竞争愈加激烈，日本政府推出的市区复兴政策，透过强调市区发展的作用，对恢复日本整体竞争力与提高人民生活质量具有十分重要的战略意义。

2.3.1　第一阶段（1923~1944 年）：关东大地震后的灾后重建

2.3.1.1　现实背景

地震前东京的城市化已遭遇到严重瓶颈，城市问题丛生。东京的城市定位为日本的政治、经济和文化中心，不仅担负着首都职能，而且是京滨工业带的领头羊。而以城下町为胚胎、以封建城市为原型的东京市发展举步维艰，显然难以适应这样的定位目标。修修补补的低水平城市改造已经无法解决积重难返的城市问题，而大规模的城市建设必然涉及土地区划、街区整合及居民搬迁等一系列问题，按照当时的发展趋势可能需要十余年甚至数十年才能完成。在这种形势下，外力因素反倒成为城市实现跨越式发展的某种机遇（郭小鹏，2015）。

1923 年 9 月 1 日，日本关东地区发生了里氏 7.9 级的地震，即日本历史上著名的关东大地震。东京府、神奈川县、千叶县、静冈县等一府六县受到影响，其中尤以人口密集的东京和横滨损失最为惨重。此次地震造成 10 万多人丧生，其中仅东京市遇难者就多达 68660 人。地震引发的城市大火，把东京市近 3500hm^2 土地夷为废墟，东京和横滨的城市街区过火面积分别达到 44% 和 90% 以上。住宅的损毁也相当严重，东京市倒塌及烧毁房屋 16.9 万栋，房屋损毁率高达 45.3%。当时的报纸用"阿鼻叫唤的地狱"[①] 形容东京和横滨的惨状。

关东大地震固然把城市大部化为废墟，但也提供了城市重建的机会。然而灾后重建能否实现城市的升级改造，这取决于不同派别、不同利益集团博弈的结果。这

---

① 阿鼻地狱，梵语（Avīci Naraka），出自《法华经·法师功德品》。意译为无间地域，即痛苦无有间断之意。常用来比喻黑暗的社会和严酷的牢狱。又比喻无法摆脱的极其痛苦的境地。

图 2-3-1　后藤新平

资料来源：姚传德 . 日本城市史漫谈 [J/OL].
国际城市规划 .（2018-09-20）. 2016. https://
mp.weixin.qq.com/s/OkiYY-U4zpUfrlaI5lMuwQ.

一博弈双方由"复兴派"和"复旧派"组成。复兴派的代表人物是后藤新平[①]（图 2-3-1）等官僚政治家。他在灾后第一时间起草了城市重建方案《帝都复兴根本策》："反对迁都；采用西方最先进的技术，为日本营造新首都；对地主采取严厉措施以确保重建规划的顺利实施"。在复兴派看来，灾害是"建设理想首都的绝好机会"，灾后重建的目标不应是仅仅恢复到受灾前的水准，还应当以此为契机，对东京进行升级改造。复旧派的主张来自最大的政党"政友会"和军部。当时的政友会提倡紧缩型财政政策，军部担心灾后城市重建资金投入过大会影响军费的增长，因此均主张灾后实现复旧即可的立场。经过复杂的博弈，9 月 6 日召开的内阁会议确立了灾后的施政方针"第一救急，第二复旧，第三复兴"，表明政府灾后重建的最终目标是实现东京的城市复兴。9 月 12 日皇太子颁布了《帝都复兴诏书》："东京为帝国首都，乃政治经济之枢纽，国民文化之源泉，民众瞻仰。然突遭天灾，旧态尽失，虽如此，未失吾国首都之地位。善后策勿仅复原旧态，乃要图谋将来之发展，街巷须为之一新"。从而确定了灾后重建的方向。不过也需要看到的是，正是由于复旧派的存在，城市复兴更加理性和节制，在灾后资金紧缺的情况下避免了不必要的浪费。

2.3.1.2　实践探索

1930 年 3 月，历时 7 年的东京复兴事业终于完成。复兴事业使全部过火街区约 3000hm² 土地得到整理，形成了居住区、商业区和工业区分离的功能分区格局，在交通、住宅、公共卫生、防灾等方面取得显著成效，城市规划实现了质的飞越（表 2-3-1）。复兴事业使东京市交通状况大为改善，"道路率提高到 25%，与伦敦和巴黎的水平相当"，不仅解决了震前的交通问题，也为以后的城市规划打下良好的基础。国家建造的干线大道路面宽阔、车道明晰，配有绿化带和路灯，路面预留了电车轨道专线，路面以下也为地铁的建设预留了充足空间，体现出城市复兴的超前预见性。干线大道基本完成了路面铺设，还加强了道路与停车场、仓库、市场之间的联系，从而形成高效的交通系统。东京府完成的放射状和环状道路，奠定了东京外

---

① 后藤新平（1857~1929 年），被誉为现代东京的奠基人。关东大地震后兼任帝都复兴院总裁，提出了东京复兴计划，致力于大地震后的东京复兴工作。

东京城市复兴的主要项目　　　　　表 2-3-1

事业名称	国家实施	东京市实施
东京市实施	570hm²	2400hm²
道路	干线 52 条 119km	辅助线 122 条 139km
河川运河	改修 11 条、新凿 1 条	—
上水道设施	—	复旧及扩张（和田堀净水池，山口贮水池等）
下水道设施	—	复旧及过火街区全铺设
垃圾处理设施	—	处理所 27 处，处理工厂 4 所
公园	隅田、滨町、锦系（共 22hm²）	51 所小公园（共 15.5hm²）
小学	—	钢筋混凝土小学 112 所

资料来源：郭小鹏．从灾害危机到复兴契机：关东大地震后的东京城市复兴 [J]．日本问题研究，2015，29（01）：45-54.

围道路交通网的骨架，加强了市中心和郊区之间的联系，促进了郊区的发展，有利于改善中心城区过分拥挤的问题。东京市实施的辅助道路系统也取得极大的成就，无论从宽度、延长还是总面积上都比震前有了飞速的提升。水运事业也取得长足的进步。复兴河道最宽处达 55m，水深平均在 1.8~2.1m，通航能力比起震前有了显著的提升，为日后东京工业的发展提供了重要支撑。

复兴事业还在一定程度上缓解了灾前的住宅问题。复兴住宅建设和社区的恢复主要依靠民间力量。在东京市政府的财政补贴和政策引导下，1924 年日本政府利用世界各国的赈灾捐款设立公共法人"同润会"，以提供"卫生的、优质的、不燃的"住宅为目标，促进了日本集合住宅的发展。同润会之后历经发展从"日本住宅公团"到"住宅·都市整备公团"，再到"都市基盘整备公团"，发展为今天的"都市再生机构"（也被称为"UR 都市机构"），成为日本城市更新领域国家层面的重要机构（同济大学建筑与城市空间研究所，株式会社日本设计，2018）。

在公共卫生方面，上下水道和垃圾处理设施取得引人瞩目的成就。新修了贮水池和净水厂，增加了配水管道，使供水能力从之前的每日每人 4 立方尺提高到 6 立方尺[①]。下水道和垃圾处理场的建设亦成果斐然，基本解决了城市的卫生顽疾。经过复兴事业的改造，东京的城市防灾能力有了提高。复兴建筑严格执行了《城市街区建筑物法》规定的抗震标准，主要以钢筋混凝土为材料，同时实现了城市的不燃化。新建筑的层数普遍提升，在单位面积内可以建造更多住宅。因此下町地区建筑密度过大的问题得到了根本整治，由 1920 年的每公顷 110~165 栋下降到 1935 年的每公顷 70~120 栋。政府还吸取震前缺少隔离带和公共避难场所的教训，大力兴建公园

① 1尺等于 1/3 米，1 立方米 =27.027027 立方尺。

和广场。东京市建造的 51 所小公园都在小学附近，形成了一个惠及小学生和附近居民的防灾体系。除此之外，复兴事业还兴建了职业介绍所、托儿所、医院、公共食堂等社会福利事业设施，以及中央批发市场等经济设施。这表明灾后的城市复兴不仅是公共基础设施等物质上的提升，更是社会事业的进步，全方位多层次实现了城市的升级。不仅给东京带来干净整洁的市容市貌，还为东京的产业发展提供了平台，是社会经济的全面复兴。

2.3.1.3 制度建设

明治维新后日本建立了近代土地所有权，也由此带来了私人产权和公共事业之间的矛盾。因此，如何理顺土地产权关系是复兴决策能否顺利实施的关键。在土地整理方面，社会各阶层的利益诉求不尽相同：大地主关心灾后土地的保值升值；灾前已遭遇"住房难"的中产阶级则希冀借此进行宅地整备，以改善住宅环境；而无产者没有房屋产权的利益纠葛，只希望尽快得到栖身之所。后藤新平曾提出"烧毁街区的土地由国家收买，待复兴事业完成后再出售"的一揽子计划，这引起大地主阶层的不满。伊东已代治作为大地主在政府内部的代言人，提出"宪法保护所有权不可侵犯，强制收买土地乃违背宪法精神"。复兴院不得不妥协，将土地方案改为区划整理，具体由土地利益相关者组成事业机构，费用由受益者负担。这样做的目的是让整个社会都参与到灾后复兴，从而扩大复兴事业的群众基础。土地区划整理，是通过对土地的分割、合并、交换以及区划形状、用途的变更，从而对用地进行的规划整备。

日本在早期城市化过程中即对土地整理进行了初步探索，在名古屋、大阪等地组织利益相关者组成土地整理事业组合，以"让地"的形式进行规划整备，通过资金交换和权利让渡解决所有权问题。1919 年引进德国的区划整理手法，并在《城市规划法》中加以规定。关东大地震后日本政府总结了之前土地区划整理的经验，参照欧美国家的先进测量和区划技术，并结合灾后日本的国情，从而颁布了《特别城市规划法》，确定了灾后土地区划整理政策。灾后的土地整理政策有三个特点：设置土地区划整理委员会和补偿审查会，指定"换地预定地"以及规定"一成让地"。土地区划整理委员会是受灾地土地整理事业的领导机构，具有半官半民的性质，在吸引公众参与的同时也便于政府进行指导和管控。补偿委员会则负责土地价值的评估和核算，以保障私人权利。"换地预定地"使得原先的土地所有者和使用者不必等到复兴事业全部完成，即可临时借用指定的土地。由于复兴住宅建成需要较长时间，在此期间灾民可以在"换地预定地"搭建简易房屋，从而解决了普通灾民的基本生活需求，减轻了复兴事业的阻力。"一成让地"原则上要求所有地主无偿提供 1/10 的土地，以解决复兴资金不足的问题。东京市预料到可能会发生大规模的反对运动，因此提前宣传和疏导，发行了《区划整理速览》等通俗易懂的宣传册，普及区划整理的理念。通过宣传和科普，东京市约两千名大地主对整理后地价上升表示欢迎，并积极参加区划整理委员会，中小地主也随之加入。由此可见，只有协调社会各阶层的利益，复兴事业才能顺利进行。土地区划整理的顺利实施为复兴事业的执行扫清障碍。土地产权问题的解决为街区整备、功能分区等大规模、系统性的城市规划奠定了坚实的基础，推动了道路、建筑、防灾等城市复兴子项目的顺利实施。

2.3.2 第二阶段（1945~1969年）：第二次世界大战后的城市重建

2.3.2.1 现实背景

1945年8月15日，日本宣布无条件投降，日本的侵略战争除了给中国、朝鲜等国家造成了巨大的伤害，自身也受到了巨大的打击。除了冲绳以外，有超过215个城市受到了美国空军的空袭而遭到了破坏。其中有115个城市受到严重的破坏，灾区面积达到63153hm^2，受灾人口超过969.9万，失去住宅的户数达到了420万。损失严重的城市主要有东京、名古屋、大阪、神户等大城市，特别是遭到原子弹袭击的广岛市和长崎市，整个城市几乎遭到毁灭（王振声，2012）。

同年11月5日，日本政府仿照关东大地震时的帝都复兴院体制，设立了同各省同级的战灾复兴院，该院后来演变为建设省。战灾复兴院着手规划，以重建各城市。12月30日，日本内阁通过了《战灾地复兴基本方针》，主要内容有复兴计划区域、复兴计划的目标、土地利用计划、主要设施、土地整理、疏散地的措施、建筑、事业的实施、复兴事业费等。基本目标是"抑制大城市的发展，振兴中小城市"。对大城市工厂的复原以及新增予以限制，高等教育机构向地方疏散，限制大城市周边的建筑工程，振兴地方工业、农村工业以及农业等。当时政府的预算分配也优先照顾地方城市。这改变了战前和战时发展成为特大城市计划的理念。也有人提出反对意见，如西山卯三发表《新国土建设的大城市理论》一书，批判和否定了限制过大城市论和地方分散论，他认为发展大城市对经济发展具有极大的好处，未来大城市一定是城市发展趋势和大城市如何发展等内容。

2.3.2.2 实践探索

第二次世界大战后日本的城市规划主要集中于灾后的重建和复兴工作。各地方城市都开始迅速制定复兴计划，到1946年底，各地的复兴计划基本制定完毕。所以如此迅速，主要是各地在此前对于震灾恢复已经有一定的设想，甚至制定了初步的计划。富山市在1945年8月1日就开始着手制定复兴都市计划；8月27日东京都计划局就发表了《帝都再建方案》；还有些城市，如爱知县在此前已经开始着手进行土地区划整理的调查等。另外，还有很多地方，像高知、长冈、佐世保、丰桥、桑名等，在政府决定之前，就已经成立了从事复兴计划调查的委员会。

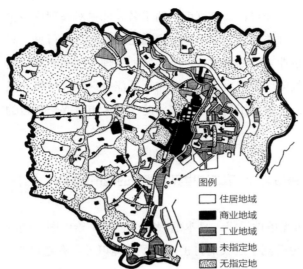

图例
☐ 住居地域
■ 商业地域
▤ 工业地域
▦ 未指定地
⬚ 无指定地

图 2-3-2　东京战灾复兴都市计划之土地利用计划

资料来源：（日）石田赖房 . 日本近代都市计画の百年 [M]. 自治体研究社，1987.

　　如东京的战灾复兴都市计划（图 2-3-2）拟将东京的人口限制在 350 万内，以"母都市—绿化带—卫星城"的结构，在 40~50km 范围内发展卫星城市。东京都的母都市中，以 20 万 ~30 万人为一个单元，其间由楔状绿化带、内环绿化带互相分隔，每个单元的中心都规划了商业区。近一些的卫星城市如横须贺、厚木、千叶等，人口控制在 10 万左右。更远的水户、前桥、高崎等，人口控制在 20 万左右，而这些城市也附带更小一点的卫星城市。但是，这个设想两三年后便被证明不现实。1946年东京人口即达 323 万人，到 1947 年超过 382 万人。

　　有很多著名的城市规划专家参加了各地方城市的战灾复兴工作，如高山英华（长冈市）、丹下健三（广岛市、前桥市）、武基雄（长崎市、吴市）等。当然，这些规划曾被批评过于整齐划一，丧失了地方特色等。事实上由于经济等方面的原因，这轮城市重建仍主要按照土地区划整理事业法规开展。特色商业街区的路网和基础设施提升也是通过这一轮重建实现的。而战争中有幸未遭空袭的地区则大多仍保持着道路狭窄、木结构建筑鳞次栉比的状态，防灾能力一直没能提升，成为今天"木结构建筑密集地区改良事业"等国库补贴计划的资助对象，等待城市再开发机会（同济大学建筑与城市空间研究所，株式会社日本设计，2018）。

2.3.2.3　制度建设

　　为了适应战后城市发展的需要，战后日本开始制定新的城市法律。1946 年，日本政府颁布了《特别都市计划法》，内容同 1923 年的关东震灾复兴计划类似，对老城区的市街地进行土地整理。经过长年的实业开发，日本政府得出城市发展应该是基于土地政策之上的，对土地调整和规划不能操之过急。战后城市重建就土地调整制定出了"土地规划调整是依据土地的买卖以及发行地券"的方法。这样一套方法在整个战后重建区域得到施行。

随着战后大量军民返乡，庞大的住宅需求成为当时日本重要的社会问题，为此日本先后制定实施了"都市再开发三法"，即《住宅地区改良法》（1960年）、《市街地改造法》（1961年）、《防火建筑街区造成法》（1961年）。随着战后经济的不断复苏，为适应现代化的商业需求，日本又相继制定实施了《商店街振兴合作法》（1962年）和《中小企业振兴事业团法》（1967年）等，更新改造了商店街、站前广场等部分市中心商业区。此外，日本还陆续修订颁布了《首都圈整备法》（1956年）、《近畿圈整备法》（1963年）、《中部圈整备法》（1966年）、《住宅建设计划法》（1966年）和《都市再开发法》（1969年）等城市更新改造的相关法令（白韵溪，等，2014）。

2.3.3 第三阶段（1970~2000年）：石油危机后的城市更新

2.3.3.1 现实背景

到1970年，日本城市人口比重超过70%，大部分人口移居到城市，城市已经成为国家生产生活的重心所在，也成为人民的生活重心所在。从国家生产重心的角度，日本经济深度参与全球化，步纽约和伦敦之后，成为世界金融中心之一，开始名副其实地被称为"世界大都市"。很多日本企业都需要在东京建立总部，同时跨国企业的进入也需要大量的办公空间，使城市中心区对建设用地的需求进一步扩大。从人民生活的角度，由于城市周边地区土地利用混乱、地价高涨、各种团体之间在开发方面产生的矛盾和冲突日趋激烈。除了开发无秩序造成岩岸崩塌与水害之外，还有住宅质量差，缺乏公共公益设施如幼儿园、学校、医院等。围绕着都市计划和地域开发产生的多种问题，居民运动日趋高涨，很多专家也投入了这些居民运动。诸如反对区划整理和道路公害，保护日照权，开发自然与文化财运动等。很多地方都产生了自治性质的革新自治组织（姚传德，2017）。

正当城市化趋于稳定和社会矛盾激化时期，1973年发生了世界范围的石油危机，对日本经济造成了深刻的影响。首先是日本的石油价格一举涨了4倍，接着引起全面的物价上扬，由于资财和劳动力成本上涨，经济增长不得不减速。由此造成许多规划的开发项目被中止，在一些地区开发的方式也不得不调整，可以说高度的经济增长撞上了内外资源紧缺的壁垒。在这样的背景下，日本于1977年编制了"第三次国土综合开发规划"。其基本目标是：以有限的国土资源为前提，依据地域的特性，扎根于历史与传统的文化，有计划地营造人与自然协调、具有安定感的、健康且有文化品位的综合人居环境（吕斌，2009）。

因此，此阶段中日本的都市更新逐渐出现了"都市再生"和"地域再生"的分野。"都市再生"是为应对全球化趋势下的城市间竞争，进行的大都市都心地区的

图 2-3-3　东京站地区的城市更新

资料来源：东京都. 东京写真馆 [EB/OL]. https://www.koho.metro.tokyo.lg.jp/PHOTO/contents/sp3/index.html.

再开发，可以进一步分为大规模再开发，如东京的六本木地区；新旧混合的再开发，如东京秋叶原地区；以及建成区的顺次更新，如东京车站前更新、福冈天神地区更新。"地域再生" 则是为了应对人口减少、城市收缩，以社会的多元价值观为导向，进行一定地域范围内的社区活化和管理（张宜轩，2015）。

2.3.3.2　实践探索

1970 年以世界万国博览会在大阪举办为契机，日本进入了经济成长的巅峰时期。此时办公大楼、大型商场、百货公司等大规模兴建。日本政府加大对城市更新项目的融资、资助，民间多方联合的城市更新开发也开始大规模盛行。代表性案例如东京车站周边的丸之内、大手町、有乐町（简称 OMY）（图 2-3-3）地区共 110hm² 的用地，划定为 "东京站周边都市更新诱导地区"，由此地区最大的土地和物业持有者三菱地所主导组织再开发。三菱地所及该地区的其他合作者，为这一地区制定了再开发规划，被称为 "曼哈顿计划"。从 1980 年开始，日本陆续开展了一系列大规模的城市更新项目，如东京六本木六丁目地区再开发、汐留地区再开发、有乐町地区再开发（图 2-3-4），以及赤坂方舟山、晴海道顿广场和惠比寿花园广场等城市更新改造项目（白韵溪，等，2014）。

同时伴随着日本城市从增长到成熟，城市发展由大规模开发转向更新和运营管

图 2-3-4 东京汐留、有乐町地区的城市更新

资料来源：东京都 . 东京写真馆 [EB/OL]. https://www.koho.metro.tokyo.lg.jp/PHOTO/contents/sp3/index.html.

理，城市规划管理的重心从政府规范私人开发行为，逐渐转向了居民主导的"社区营造"「まちづくり」。社区营造可以大体分为硬性的物质空间营造和软性的社区活动策划和社会目标的达成。从日本国土交通省的分类来看，依照目的的不同，社区营造可以有景观社区营造、历史社区营造、促进中心城市化区域活性化的社区营造等不同种类。进入 20 世纪 90 年代中期后，每个地区就各自面临的课题，创设不同的社区营造主题，例如：衰退商店街的重整、密集老朽住宅区的环境改善、交通路网的改善、防灾及降低犯罪率、解决居民高龄化所产生的问题等，都可以作为社区营造的主题。

2.3.3.3 制度建设

种种矛盾和问题使日本社会逐渐在修订都市计划法体系方面形成了一致意见，要求加强土地利用管理方面的制度和法律建设，并加大地方自治体在城市规划中的作用等。新《都市计划法》主要由 1968 年颁布的新的《都市计划法》和 1970 年改订的《建筑基准法》构成。同 1919 年老版《都市计划法》相比，主要变革有：区域区分制度、开发许可制度、细化用途地域制度、下放城市规划权、建立市民参与制、实行地区规划制度。其中地区规划是针对某个特定城市区域的规划，于 1980 年出台，最初是为了保护和改善居住区环境设立。20 世纪 80 年代后半期，为了转让日本国铁附属土地和推进大规模再开发，多利用地区规划进行土地利用性质转换，并对大规模再开发提出道路和开放空间等方面的规划要求。中曾根康弘首相推行"都市再开发政策"，允许私有部门参与日本都市中心区的规划和开发，并于 1988 年将此政策写入更新法。

为了应对日本地价大暴涨的局面，从 20 世纪 70 年代初开始，日本逐步建立了地价公示制度、都道府县地价调查制度和土地交易前的价格审查制度。另外，为了集约化利用土地资源，缓解用地紧张的局面，《建筑基准法》修改了建筑容积率和限高的标准，从而更有利于高层住宅的建设。1974 年，日本政府又制定了游休土地制度，该制度的目的是促进闲置土地的利用。

2.3.4 第四阶段（2001 年至今）：泡沫经济之后的都市再生

2.3.4.1 现实背景

进入 21 世纪后，受泡沫经济影响，政府为拉动经济发展及解决城市问题，开始注重地域价值提升的可持续都市营造。"活化都市是日本 21 世纪活力的来源。"原日本首相小泉纯一郎于 2001 年上任后即成立了都市再生本部，且由小泉本人亲自担任本部长，提出了强化都市魅力与提升国际竞争力的"都市再生政策"。一方面，以举国战略推动城市更新，另一方面，持续鼓励自下而上的"造街"活动和小型更新项目，聚焦街区、社区甚至单体建筑的更新改造。

都市再生的基本方针明确了都市再生的基本意义在于应对急速信息化、国际化、少子高龄化等社会经济形势变化，提出提升城市作为国民生活、经济活动、国家活力、生产力源泉、国际竞争据点的活力与魅力。并从传承历史文化、打造宜居城市、为后代建造可持续发展的国际化都市等角度出发，制定以下 5 点作为都市再生的目标：①控制城市扩张，向集约型城市转换；②减少抗震能力差地区、慢行交通堵塞等"20世纪的负面遗产"；③创造具有国际竞争力的城市、安全美丽宜居城市、可持续发展型社会、自然友好型社会等"21 世纪新型都市"；④正确评价城市资产价值，应对将来发展合理运用；⑤完善城市承载先进产业活动和人民生活的功能。可见日本政府将城市建设重点定位于提高国民生活品质、增强经济活力两方面，旨在通过推进都市再生创造舒适的生活环境，进而增加城市魅力、引进资源和人才、提升产业的国际竞争力（孔明亮，等，2018）。都市再生策略作为日本 21 世纪城市更新的再生计划，综合环境保育、防灾、国际化等要素，成为振兴日本经济的重要政策手段之一。

2.3.4.2 实践探索

在实际的都市再生策略推行过程中，日本政府首先指定东京、横滨、名古屋及大阪四大都市为优先都市再生地区，随后又公布了全国 14 个大都市为都市再生地区（图 2-3-5）。东京都中包括东京市中心、滨海前沿区以及品川、新宿和涩谷站等副中心被选为"都市再生紧急整备地区"（图 2-3-6）。引入了各种用于城市更新的放松管制的工具，如大手町更新项目中的"连锁型"土地整备和再开发模式

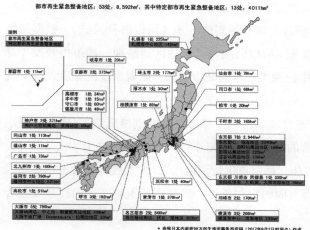

图 2-3-5 日本都市再生紧急整备地区和特定都市
再生紧急整备地区分布图

资料来源：孔明亮，马嘉，杜春兰. 日本都市再生制度研究 [J].
中国园林，2018，34（08）：101–106.

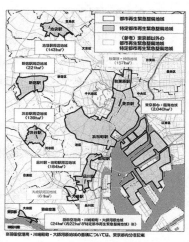

图 2-3-6 东京都市再生紧急整备
地区分布图

资料来源：东京都都市整备局. 都市再
生 [EB/OL]. https://www.toshiseibi.metro.
tokyo.lg.jp/seisaku/toshisaisei/toshisaisei_
suishin.html.

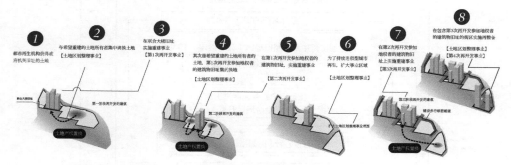

图 2-3-7 "连锁型"土地整备和再开发模式

资料来源：根据 UR 都市再生机构. 大手町连锁都市再生 [EB/OL].
https://www.ur–net.go.jp/produce/index.html 改绘而成.

（图 2-3-7），以及可以获得中央政府和地方政府的相应补助。

　　日本都市再生的核心并非仅局限于单一建筑物的更新，而是通过提出具体的行
动方案，将都市再生与都市结构改造紧密结合。行动方案有四项重要目标：①建构
广域资源循环的都市，即在大都市圈的临海地区，以广域、综合性整理方式兴建废
弃物处理、资源回收等设施，建构 21 世纪资源循环都市；②建构防灾安全都市，即
改善以防灾公园为核心的大型防灾据点及避难路径，强化防灾构架；③充实交通基
础，即改善环状道路、都市铁道、首都国际机场、国际海港等交通基础设施；④建
构都市据点，即运用大规模低度使用土地，开发都市据点，妥善更新老旧公有住宅，
创造舒适居住环境，建构资讯化的都市据点（施媛，2018）。

2.3.4.3　制度建设

进入 21 世纪后，日本频繁修订《城市规划法》和《城市再开发法》。根据《城市规划法》的界定，所有的城市开发可以归结为"土地区划整理、都市再开发（都市再生）、新建开发"三类，其中前两类都指向城市更新，有着系统的制度设计（城所哲夫，2014）。

日本首相及其内阁于 2002 亲自推动出台《都市再生特别措施法》，成立中央层级的都市再生本部，使中央政府的政策意见凌驾于地方政府条例之上（图 2-3-8）。新增"都市再生紧急整备地区"和"都市再生特别地区"。大大放宽了可进行更新区域、再开发项目主体和容积率等方面的限制条件，尤其支持重要区域的高强度复合

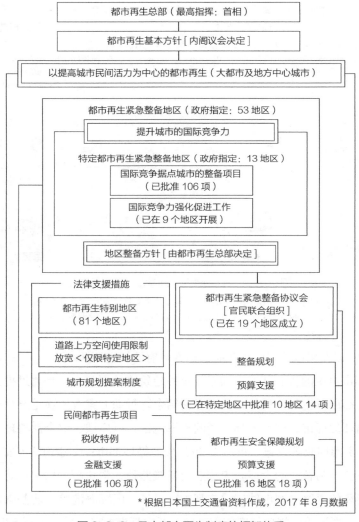

图 2-3-8　日本都市再生制度的框架体系

资料来源：孔明亮，马嘉，杜春兰 . 日本都市再生制度研究 [J]. 中国园林，2018，34（08）：101-106.

功能更新升级。"都市再生紧急整备地区"可以不受既有规划中关于定位、功能、容积率和建筑高度等规划条件的限制,有较大的自由度,再开发项目具体规划条件由政府部门根据具体情况确定。

2014年,日本政府主导在内阁官房下设特别机关"地方创生推进事务局",将原有都市再生本部的职能纳入其中,该部门不仅聚焦于城市地区尺度的更新建设,还将视野放到更大尺度的大都市圈和区域层面;同时更新活化的对象也从土地和物质空间,扩大到了基础设施、生态环境、人力资源等问题,力图从宏观层面改善日本全境的国土空间布局。无论是都市再生本部,还是当前的地方创生推进事务局,都是国家层面领导城市更新工作的最高机关,起到了跨部门协调、战略原则制定、资金统筹安排的作用。而具体项目中的操作则是以地方行政部门为主导,是多元主体共同参与的过程(唐燕,等,2019)。

2.4 新加坡城市更新的发展

在城市规划理论发展史中,城市更新是战后西方现代主义思潮发展的结果,主要表现为建筑形式的巨大转变和功能的更新,以及对土地的重新评估并实现收益最大化。对于新加坡而言,城市更新始于英殖民统治时代的20世纪初期,其目的是应对战后移民涌入带来的中心区拥挤和功能衰退问题。20世纪60年代,新加坡建立独立政权之后,政府通过建立并完善双重城市规划体系以及一系列土地政策,展开了更大规模和强度的城市更新:在新加坡城市更新的初期,拆除重建是主要的形式;20世纪70年代,城市保护第一次在概念规划中体现;80年代开始,保护规划体系逐渐建立。本书简要介绍了新加坡城市更新和保护机构的建立和制度的形成,并以中国广场和新加坡河两个典型案例来探讨新加坡城市更新保护的制度经验和实践成果。

2.4.1 城市更新政策:机构的建立和制度的形成

2.4.1.1 城市更新机构的建立

在新加坡城市更新的进程中,建屋发展局(Housing and Development Board,HDB)和城市重建局(Urban Redevelopment Authority,URA)是两个关键性的政策制定和实施部门。HDB主要通过公共住房及居住新城配套的建设疏散中心区人口,创造宜居的环境;URA则负责城市概念规划和总体规划的制定和实施,并通过引导私人开发商参与城市建设,控制并塑造城市物质景观。这两个部门的源头都可以追溯到英国殖民政府时期。

(1)从SIT到HDB

在英国殖民政府时代,负责新加坡城市更新的机构是新加坡信托基金会

图 2-4-1　20 世纪中期新加坡中心区拥挤的居住状况

资料来源：Chua B H. The Golden Shoe，Building Singapore's Finacial District[M].
Singapore，Urban Redevelopment Authority，1989.

（Singapore Improvement Trust，SIT）。SIT 面临的首要问题是解决当时（中心区）居住空间的更新和拓展。20 世纪初期和第二次世界大战之后，新加坡分别经历了两次大规模的移民潮。随着大量的移民进入，城市面临着严重的城市拥挤和恶劣的居住环境等问题，中心区尤甚。占全岛 1.2% 面积的区域集聚了大约 15% 的人口，其中大多以贫民窟的形式存在（图 2-4-1）。

1927 年，面对中心区拥堵、居住空间不足的问题，英国殖民地政府成立了新加坡信托基金会（SIT）负责城市居住生活环境的改善。20 世纪 30 年代，SIT 建设了第一个公共住房社区中巴鲁居住区（Tiong Bahru Estate），今天已经成为城市居住建筑遗产的一部分。在此后的 39 年间，SIT 共建造了 30000 套的低收入公共住房，并设立了住宅设计原则以及提供卫生舒适的标准。这些住房标准，被其后的 HDB 继承下来，实施批量生产机制，以生产出快速建造和廉价的住房。

1959 年，新加坡通过民主选举的政府获得了自治权。新成立的政府面临的城市更新问题，首先也是最紧迫的是解决严重的住房短缺问题。因此，1960 年成立了一个名为建屋发展局（Housing and Development Board，HDB）的新机构来取代 SIT。为快速增长的人口提供住房。政府赋予 HDB 征收土地、清理贫民窟、市镇规划和建设、基础设施管理等权限。通过半个世纪的建设，如今已有 100 万个公寓单位散布在全岛 23 个新市镇中，超过 80% 的人口居住在 HDB 公寓中，并有超过 90% 的居民对房屋有所有权（其余是租赁）。

（2）从 URD 到 URA

城市重建局（URA）的出现晚于 HDB，其成立源于 20 世纪 60 年代联合国城市专家的建议协助。新加坡成立之初，联合国开发计划署分别在 1962 年和 1963 年派两支城市规划专家组进入新加坡，协助城市更新问题。针对城市更新的要求，专家组提出在建屋发展局（HDB）中建立一个城市更新部门，这就是今天的城市重建局（URA）的前身。1964 年，HDB 成立了一个城市更新组（Urban Renewal Unit）。随着清除贫民窟和城市更新的重要性不断增强，城市更新组在两年后升级为 HDB 下

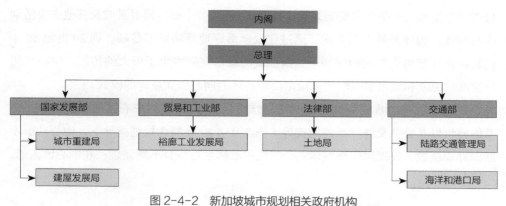

图 2-4-2　新加坡城市规划相关政府机构

资料来源：作者根据 http://app.sgdi.gov.sg/index.asp 绘制

属的城市更新部门（Urban Renewal Department，URD），负责土地征用、居民安置、城市更新、保护，以及出售私人发展用地。1974 年，随着经济的发展和城市空间的局限，城市更新问题变得更加紧迫，政府最终成立了独立的城市重建局（URA），作为国家发展部（Ministry of National Development，MND）下的独立职能部门，来负责新加坡城市规划的制定，通过规划控制新加坡物质空间和城市的更新及保护（图 2-4-2）。URA 至今仍是新加坡城市规划和更新的主要政策制定和实施部门。

2.4.1.2　城市更新政策的提出和发展

随着城市规划部门的建设，新加坡的城市规划体系逐渐发展完善，城市更新的政策体系也随之建立。自 20 世纪 70 年代起，新加坡借助概念规划和总体规划并行的双重规划体系，指导着这个城市国家的物质空间建设。并通过规划的实施，不断寻求着规划控制中确定性和灵活性之间的平衡，城市更新和保护之间的平衡，以及公私合作的新模式。

（1）新加坡双重规划体系的形成和发展

概念规划，城市更新的框架性指导。概念规划为新加坡长期的空间发展制定战略性的框架。概念规划的提出源于新加坡建国初期联合国专家的意见。20 世纪 60 年代，面对中心区的破败拥堵以及郊区的开发不完善的现状，在充分调研的基础上，联合国专家提出在城市总体规划之外，新加坡城市建设需要一个长期性战略性的规划，引导今后较长一段时间内的土地利用和重大项目的建设。

第一版概念规划是 1971 年概念规划，这是对新加坡当代城市建设具有奠基性作用的一版规划，特别是对城市更新的预备和城市保护概念的提出有重要的意义。1971 年概念规划又称为"环状概念规划"（图 2-4-3）。在此规划的引导下，新加坡由过去的单中心城市向多中心城市转变，中心区的功能不断疏散出去。规划中的几个重点包括：HDB 新镇和工业地产的建设，大大缓解了住房和就业问题；通过建立快速路系统和大运量公共交通系统（MRT），将城市中心区同卫星城及其他主要活动中心相连；构建开放空间系统，通过建设楔形绿地预防城市蔓延。到 20 世纪 80 年代初，在环状概念规划的引导下，新加坡的城市空间发生了极大的拓展。中心区用地功能的更新和城市空间增长呈现出由中心区的同心圆式蔓延的模式。

此后几版概念规划延续 1971 年概念规划的思路，进行中心区的更新，中心体系的建设以及公共交通体系的完善等（图 2-4-4）。在概念规划指导下，中心功能不断向外围疏散，外围居住新城建立，三级中心体系形成且不断完善；在中心区内部，

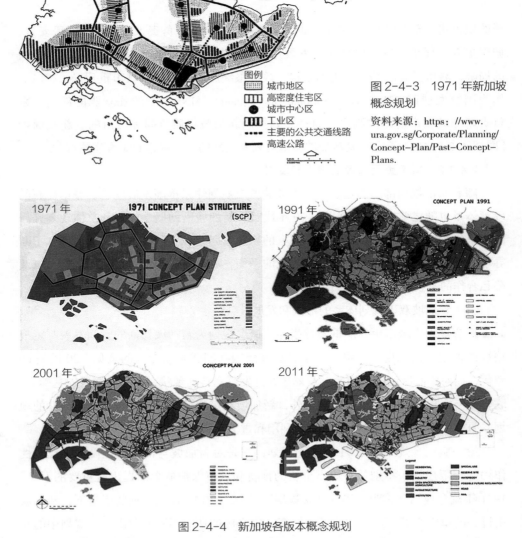

图例
▦ 城市地区
▥ 高密度住宅区
● 城市中心区
▥ 工业区
┅ 主要的公共交通线路
── 高速公路

图 2-4-3 1971 年新加坡概念规划

资料来源：https：//www.ura.gov.sg/Corporate/Planning/Concept-Plan/Past-Concept-Plans.

图 2-4-4 新加坡各版本概念规划

资料来源：https：//www.ura.gov.sg/Corporate/Planning/Concept-Plan/Past-Concept-Plans.

随着填海造陆，中心区向滨海湾新区拓展。概念规划为城市更新，特别是中心区的更新创造了土地条件和土地利用综合指导总体规划，城市更新的控制性和实施性指导。新加坡总体规划的建立深受英国城市规划体系的影响。1947年，英国颁布了《城乡规划法》（*Town and Country Planning Act*），这是英国第一次建立综合性、强制性且覆盖整个国家的规划体系。其中一个核心的理念是将土地的开发利用同城市发展政策相联系，并界定了公共部门在城市开发中的调整权和控制权。此后，英国的殖民地首当其冲地成为其新规划思想的实验田，新加坡便是其中之一。

在此背景下，新加坡出台了第一版总体规划，即《新加坡城市总体规划（1958年）》（图2-4-5）。这版总体规划与1944年的《大伦敦规划》有很多相似之处：两者都是利用发展新城来疏解中心城区功能，使用绿带来限制不断扩展的城市中心区。不同于以往的规划，它是一部法定的规划，其核心要素是发展控制。规划确定了土地利用的性质，并通过对土地进行区划分类和开发强度的引导进行发展控制。规划的目的在于促进新加坡有序的物质空间更新与再开发，为未来的土地优化使用提供了政策框架。

此后，总体规划是新加坡法定性的土地利用规划，每5年进行一次修订，引导新加坡未来10~15年的发展。其作用在于：通过详细的土地区划，将概念规划中的长期发展战略转换成为具体的实施策略；根据经济发展战略灵活调整土地使用；通过对出售土地进行基础设施配置，来实现总体规划中的意图。在此基础上，通过发展控制管理建筑和构筑物的开发和使用，使之满足总体规划中对于区划类型、容积率和建筑高度的规定，从而实现对于城市空间的塑造和管理。同时，总体规划提出未来10~15年的重点城市更新目标、更新计划等。例如，在最新一版的城

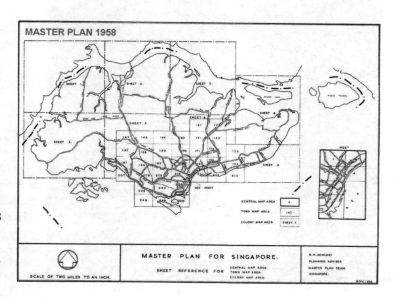

图2-4-5 《新加坡城市总体规划（1958年）》引导图

资料来源：https://www.ura.gov.sg/dc/mp58/mp58map_index.htm.

市总体规划（2019年）中，提出了未来一段时间重点的3个城市更新项目，包括以巴西班让发电厂（Pasir Panjang Power Station）为中心的南部滨海片区（Greater Southern Waterfront District）再开发，以原巴耶利峇空军基地（Paya Lebar Airbase）为中心的新镇发展计划，以及拆除后的新马铁路沿线的绿道规划（Rail Corridor）（图2-4-6~图2-4-8）。规划意在将原有的工业、军事、交通用地转化为休闲、居住、商业、绿化等功能用地，释放新的发展用地，创造更宜居的城市环境。

此外值得一提的是，总体计划的制定的工具是特殊和详细控制计划（Special and Detailed Control Plans，SDCP）。SDCP是针对某个地块制定的发展控制计划，其中包括主管当局发布的公园和水体，公共场所，有土地的房屋区域，街区，围护结构，建筑物高度和城市设计，保护区，自然保护区和纪念碑，连通性和地下计划等。与总体计划不同，SDCP是非法定计划。它们为特定的开发领域提供指导和控制，并辅助总体规划的制定和完善。

图2-4-6 巴西班让发电厂（Pasir Panjang Power Station）片区示意图

资料来源：https://www.ura.gov.sg/Corporate/Planning/Master-Plan/Urban-Transformations/Greater-Southern-Waterfront.

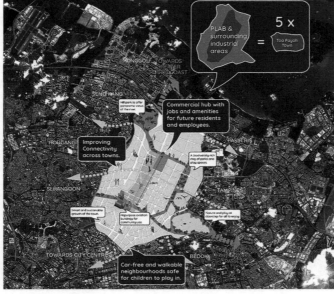

图2-4-7 原巴耶利峇空军基地规划探索（Former Paya Lebar Airport）

资料来源：https://www.ura.gov.sg/Corporate/Planning/Master-Plan/Urban-Transformations/Paya-Lebar-Airbase.

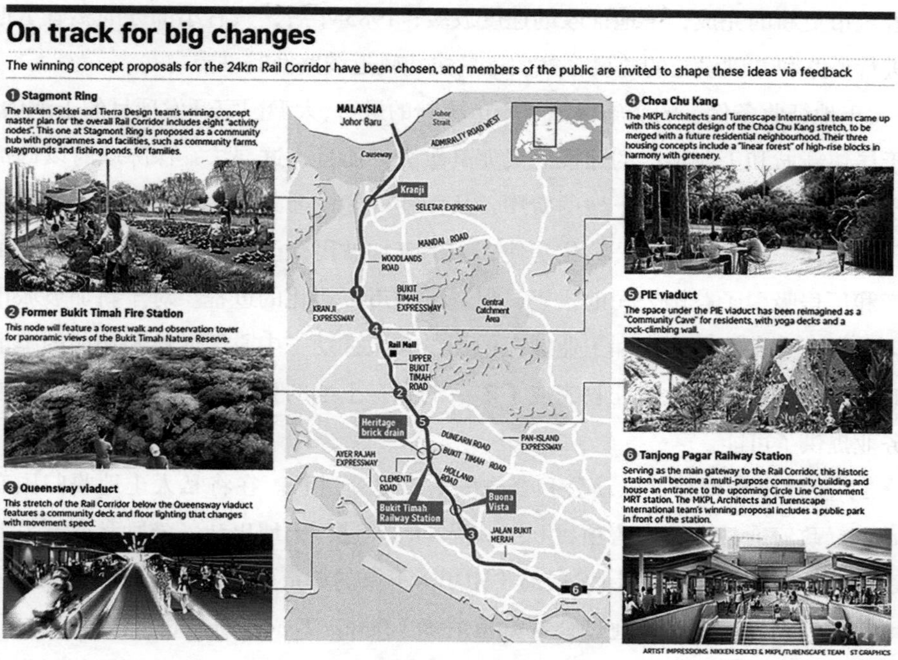

图 2-4-8 新马铁路绿道规划获奖方案

资料来源：https：//www.straitstimes.com/singapore/winning-concept-master-plan-chosen-for-rail-corridor.

（2）推动城市更新的其他相关政策

在概念规划和总体规划的指导下，新加坡政府借助其他相关政策，推动城市用地功能的置换和城市更新。具体看来，在城市更新的初期，政府通过土地收购计划将零散的私人土地收归国有；同时，借助土地销售计划鼓励私人开发商参与城市更新，并以城市总体规划和城市设计导则引导私人的开发，来塑造城市物质空间。

1）强制的土地征收政策：城市更新的用地支持。在 20 世纪 60 年代，新加坡城市发展的初期，高比例的私人土地所有权对快速的工业化和城市化（尤其是公共住房建设）造成了显著的阻碍。加之在早期的殖民地计划体系下，城市中心区许多土地被细分为由不同个人拥有的狭小地块，零散的所有权使土地购买和清理过程变得复杂。因此，1966 年，为加速土地的征收以促进城市更新，政府颁布实施了《土地征收条例》（Land Acquisition Act），赋予国家及政府部门为公共利益的建设（包括住房、商业和工业等）获取土地的权利。政府以对土地所有者进行市场价值补偿的方式收购私有土地。

在《土地征收条例》实施前后的几十年间，新加坡公共土地的比例不断上升：1949~1960 年间，新加坡的国有土地比例从 31% 增长到 44%，反映了第二次世界大战后新加坡的快速城市化进程；1965~1985 的二十年间，国有土地由 49% 迅速增长至 76%，主要用于新镇、公共交通和大型基础设施的建设；20 世纪 80 年代中期之后，随着城市更新的完成，土地征收的速度放缓；1985年后，只有小部分的私有土地用来进行道路和基础设施的建设，如大运量快速轨道线路及其站点。

《土地征收条例》的实施保障了城市更新的进行，大型国家开发项目的土地供应，对于居住新城和工业地产的建设意义尤其重大。而且，这部法案保障政府以低价获得土地，节省了政府购买土地的费用，从而使得建设公共住宅和工业地产的费用最小化。这样一来，低价的公共住房使广大的新加坡民众受益；同样的，低价的工业地产和厂房吸引了跨国公司的投资，促进了城市工业化的进程。对于新加坡城市中心区而言，全岛公共住房和工业地产的建设大大推动了中心区人口和功能的疏散；同时，中心区内部的土地征收完成了零散的私有土地的合并，为进一步发展高端的服务业提供了可能。

2）土地出售项目：推动公私合作的城市更新进程。在将私人土地收归国有的基础上，政府通过土地出售项目（Sale for Sites）进行土地出让，鼓励私人开发商参与建设。早在1967年，建屋发展局（HDB）下属的城市更新部门（URD）就引入了土地销售计划，允许私人通过公共竞租系统（Public Tender System）获得建设用地。通过这一项目，政府定期向市场投放土地，满足私人部门开发的需要，从而实现新加坡的发展规划目标。土地出售的政府主体不仅包括了城市重建局（URA）和建屋发展局（HDB），也包括裕廊工业局（JTC）以及土地管理局（LTA）等机构。如今，土地出售项目更名为政府土地出售（Government Land Sales，GLS）计划。依据概念规划和总体规划的指导，城市建设和土地管理部门通过GLS计划将土地出售给开发商。

土地出售计划推动了公私合作的城市更新，特别是中心区的更新。首先，政府部门根据城市发展的需要向市场投放土地；随后，私人开发商通过政府部门的土地出售计划参与土地竞拍，并通过具体的开发活动参与到中心区的物质空间建设中来。这一计划促进了城市中心区按照市场规律和城市战略目标进行开发。几十年来，伴随着新加坡城市的经济增长，土地出售项目为居住、商业、酒店和工业等发展提供了稳定而充足的土地供应，满足了国家和私有开发商的发展需求。截至2005年，共计1360块土地通过这一项目出售，为新加坡的城市空间增长提供了35%的商业用地、39%的旅店用地和26%的私有住宅用地。新加坡的商务中心——珊顿大道（Shenton Way）、来福士坊（Raffles Place）及丝丝街（Cecil Street）片区——的建设，即后来的金靴地区（Golden Shoe）便是一个通过土地出售计划进行土地出让和城市化建设的实例。

通过土地出售项目进行土地的分配，被视为新加坡土地利用规划实施的主要方式之一。土地出售项目是在概念规划和总体规划等城市土地利用规划和相关设计引导下进行的。在出售过程中，待售地块的空间模型及控制引导将作为出售文件的一部分，为地块未来的物质空间发展提供设计指导。因此，政府通过土地出售计划实施土地利用规划，有效地控制着城市更新的步伐，塑造出丰富多样的城市空间形式和功能组团。以中心区为例，土地出售项目其对空间发展的作用体现在：对特别规划区进行规划控制，如新加坡河（Singapore River）和中国广场（China Square）；在历史街区和建筑遗产的保护和更新中，引入了私人开发商，既控制了整体的景观，又实现了活力的复兴，如中国城（Chinatown）、小印度（Little India）等的更新改造；通过土地的再分，使得个人和小的土地开发商参与到私有住宅的开发中，为新加坡居民提供更为多样化的居住选择；实现传统商业中心的商业空间去中心化，推动商业功能向区域中心和边缘中心转移；严格控制资产价值和租赁价值，维持土地市场的稳定等。

2.4.1.3 城市保护机构和政策

随着新加坡独立之后快速的城市化和工业化发展，很多老的建筑景观消失。城市规划部门 URA，以及住房部门 HDB 进行的大规模城市的再开发，为人们改善了经济和住房条件，但同时使很多建筑遗产被遗忘甚至被清除。以居住景观为例，曾经住在村庄（Kampong）中的人被安置到邻近的新城中，地方的社会文化价值随之丢失了，社会交往的模式发生变化。同时，对于街头小贩的取缔和统一安置，带来了街巷文化的消失。虽然早在 1971 年概念规划中，城市保护就已经被提出，但直到 20 世纪 80 年代早期才开始纳入城市规划实施中。1989 年，政府出台了《城市保护总体行动规划》（Conservation Master Plan for Action），开启了城市保护的序幕。

（1）URA 城市保护政策体系的建立和发展

1971 年的概念规划中第一次提出了关于城市保护的内容，规划将城市保护的目的归纳为"规划师有意识给予新加坡一种亚洲城市的身份"（Asian Identity）。保护的首要目的是保留新加坡多元文化遗产，来获得新旧的和谐混合。提出在主要的城市保护区如中国城（Chinatown）、小印度（Little India）和马来村（Kampong Glam）中，保护那些展示新加坡丰富、多种族起源的历史建筑。

从 20 世纪 80 年代中期，城市保护逐渐被认为是规划中必不可少的部分。1989 年 3 月进行修订的规划法案（Planning Act）第一次赋予城市保护以法定性，并规定强调了保护内容：保护区的特征和外观，保护区内的传统活动的进行，如贸易、手工业者和顾客等。随着同年 URA 中保护机构（Conservation Unit）的成立，政府开始了对保护区的物质调研。同时，拟定一个综合的指标体系，用来评估和决定建筑或是片区是否被保护。其中评价标准主要有建筑特色、历史重要性、稀有性以及对物质环境的贡献。

也是在 20 世纪 80 年代，URA 被正式任命为负责国家（城市）保护的政府部门，负责制定保护规划，划定保护区和保护建筑，并公布了《保护总体计划》（Conservation

Master Plan）。根据新加坡城市保护总体规划，四类拥有保护区分别予以制定保护导则及法律，包括历史片区（Historic Districts），历史居住片区（Residential Historic Districts）次级聚集区（Secondary Settlements）和别墅（Bungalows）。每个区域都制定详细的指导规划，并提出对于保护技术上的意见。其中，保护的建筑包括传统两到三层的店屋和有着独特风格的公共建筑。

自从 20 世纪 80 年代政府开始实施城市保护，至今已经有超过 44 个保护区，有着 7000 余座历史保护建筑。在中心区范围内，有大约 127hm² 的保护区，占中心区面积（2600hm²）的 4%。1995 年，URA 开设了"建筑遗产年度大奖"（Architectural Heritage Awards），评选在保护和改造上有卓越表现的遗产，奖励修缮保护历史建筑和古迹的案例和设计师（评奖的三个类型：修复奖，Award for Restoration；保存和创意奖，Award for Restoration & Innovation；遗产语境下的新设计奖，Award for New Design in Heritage Contexts）。

对新加坡城市保护政策的批判者所持的意见主要是：在经济优先的模式下，历史保护的地段只是被规划为潜在的增长单元。这些场地或是纪念物并不是保留为文化或是历史资产，而首要是打造旅游景点。保护地段被转换成为一种消费的建成形式，来支持商业需要和旅游产业。如今，历史保护区多成为热门旅游区；城市保护中的"亚洲身份"也被作为旅游特色来标榜，带来了历史街区的过度商业化和修旧如新的状况。

（2）古迹保存局与城市保护

在 URA 之外，国家遗产委员会（National Heritage Board，NHB）也参与制定和实施建筑（遗产）保护政策。事实上，在新加坡，对建筑单体的保护先于街区的保护规划。从 1972 年开始，古迹保存局（Preservation of Monuments Board，PMB）就开始对有建筑遗产价值的建筑进行指定、评估及审查。PMB 当时是国家发展部（MND）下属的法定委员会，负责根据历史、文化、传统、考古、建筑、艺术或象征意义和其他国家重要性的标准，确定值得保存的古迹；早期大部分建筑都采取了复原（rehabilitation）的手段，这为随后的城市保护奠定了一定的基础。

1997 年，古迹保存局（PMB）成为信息与艺术部（Ministry of Information and the Arts，后称信息、传播与艺术部 Ministry of Information，Communications and the Arts）下的独立法定委员会。2009 年 7 月 1 日，该部门与 NHB 合并。2013 年 7 月 1 日，PMB 更名为国家遗产委员会（NHB）下的遗址和古迹保护部门（The Preservation of Sites and Monuments Division）。它以《保护古迹法》（Preservation of Monuments Act）为指导，规定"保留和保护国家古迹"。遗址和古迹保护部门的角色和职责涵盖四个主要领域：①识别，研究和推荐具有国家重要意义的遗址或建筑物作为国家古迹；②通过确定和发布标准和准则，支持修复和检查宪报公布的古迹来保护国家古迹；③促进和激发公众对国家古迹的支持和认识；④就有关国家古迹的事项向政府提供建议。

2.4.2 城市更新的重要实践和发展

2.4.2.1 中国广场（China Square）保护性更新实例

中国广场（China Square，图2-4-9、图2-4-10）被 URA 定义为"新加坡最早城市化的地区"，它的历史可以追溯到1822年。当时殖民政府官来福士制定城镇规划，为不同种族居民划分聚居地。中国广场早期的居民是从中国南部地区来的福建移民，他们在这里建设中国传统样式的住宅、庙宇及学校，并发展贸易服务。这一带的建筑以传统店屋为主，多为"早期的店屋样式"（Early Shophouses Style），也有一些是

图2-4-9 中国广场更新前后对比图

资料来源：Kong L. Conserving the Past，Creating the Future：Urban Heritage in Singapore[M]. Urban Redevelopment Authority，2011.

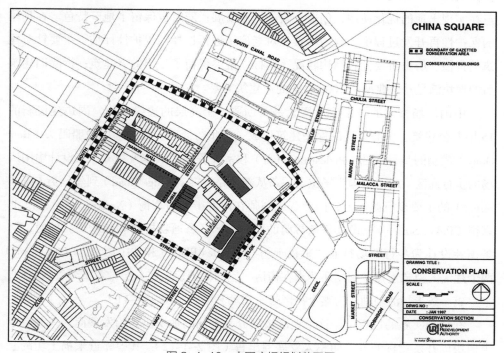

图2-4-10 中国广场规划范围图

资料来源：https：//www.ura.gov.sg/Conservation-Portal/Explore/Conservation-Plan?bldgid=CHSQ.

"传统的"（Traditional）以及"装饰艺术"（Art Deco）风格的店屋。一个多世纪以来，中国广场一直是一个传统贸易和服务的活动中心，也因其多样的福建食物知名。这个片区的空间特色是被店屋围绕的公共空间及室外餐饮空间。

中国广场更新的概念开始于20世纪80年代后期——URA重新寻找这个区域的新的发展机会。由于这个片区地处新加坡中心区，毗邻金融街区，同时公共交通和步行的可达性都很高，是商业发展的极好选择，因此，URA早期的意愿是要将这一区域进行综合性的再开发，来满足金融街区对于大块的商业发展地块的需要。而对现存建筑的历史和建筑价值并没有足够的考虑。但随着新加坡对于城市保护的重视，整体保护这个片区的声音也开始出现。基于这两种考量，在规划制定早期，URA拟定了分别以"拆除"和"保护"为主的两种开发策略：

1）最大化发展策略：拆除所有现存的建筑，为新的商业建筑提供最大的发展空间。历史建筑都不予以保留。这个方案的代价就是这个片区丰富的建筑文化和历史特征。

2）最小化发展策略：所有现存建筑全部保留，划分小的地块出售。这个方案会导致中心地块发展潜力的丧失，且需要寻找新的地区来满足周边金融街区扩展的需要。

最终，URA选择了一个"双赢"的规划策略，实现新的发展和保护之间的平衡。保留大约一半的现存建筑，并结合建筑围合的空间形成新旧结合的发展。这个策略意在实现土地的优化使用，创造了新的商业发展；同时也保留了地区特色。在具体的保护性再开发过程中，规划师首先对老建筑进行选择和保护性评估，主要针对建筑的价值、历史重要性和结构状况等指标，最终保留了一半的老建筑；拆除旧建筑后的地块满足一个典型的2000m²的商业建筑需要。

中国广场整体的城市设计概念是要创造一个高层的边缘空间，周边建设新的15层办公建筑，中心低层的保护建筑形成一个步行商区。规划师以驳船码头（Boat Quay）成功的步行商区（Pedestrian Mall）和室外餐饮区域作为参考，来设计中国广场的步行商区。由于中国广场位于一条从新桥路（New Bridge Road）到丝丝街（Cecil Street）的主要步行路线上，因此，规划师在内部街巷南京街（Nankin Street）和北京街（Pekin Street）上设计一条林荫的步行街区，疏通新桥路和丝丝街。同时，两条街巷设计为步行商场打通"来福士坊"（Raffles Place）和"中国城"（Chinatown）两个片区的视觉连接。规划还要求在街区一侧的保护建筑在一层设置室外餐饮空间，来生成一条步行活动轴，为整个街区带来活动和活力（图2-4-11）。

在规划实施的过程中，这个地区被划分为不同的地块出售给发展商。一共有七个地块以开发竞标的方式向私人发展商出售（图2-4-12）：其中邻近来福士坊的三块较小地块主要用来发展办公，满足中心区对办公空间的需求，强化商务中心地位；

图 2-4-11 中国广场室外餐饮空间

资料来源：Kong L. Conserving the Past，Creating the Future：Urban Heritage in Singapore[M]. Urban Redevelopment Authority，2011.

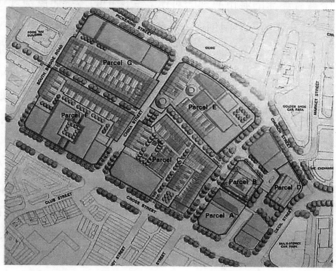

图 2-4-12 中国广场项目地块划分

资料来源：Kong L. Conserving the Past，Creating the Future：Urban Heritage in Singapore[M]. Urban Redevelopment Authority，2011.

四块邻近中国城的较大的地块多为新旧建筑的结合，则更加混合利用，包括发展零售、办公、餐饮和娱乐等。此外，还有一个地块用来建设为附近工作人士提供服务的餐饮中心（Food Centre）。一个地块建设多层停车楼满足搭车而来的游客的需要。

为实现规划意图，URA 将规划的概念和目标转换成一系列的详细城市设计规划来引导开发商的具体设计。主要包括以下几项：

1）建筑形式规划（Building Form Plan）

在中国广场的不同部分，对建筑高度有不同控制要求，以此实现中心低层建筑被周边的高层建筑围绕的城市设计概念。不同的高度控制分区也用来创造在保护建筑和新建区域中的过渡效果。

2）街道景观规划（Streetscape Plan）

强制性和建议性的建筑边缘将新开发建筑与周边的城市肌理结合起来，保留了传统的街区（streetblock）特征。沿路的建筑创造了一种强力的城市边缘。

3）屋顶景观规划（Roofscape Plan）

新的高层建筑允许有屋顶平台，保护建筑旁边的建筑要求有协调的屋顶。

4）机动车进入规划（Vehicular Access Plan）

每个开发地块的机动车进出道路系统都有规定。机动车只允许在中国街（China Street）和直落亚逸街（Telok Ayer Street）进入，避免在干道上形成交通拥堵。

5）步行网络规划（Pedestrian Network Plan）

建设步行街区，公园和地下通道连接周边的片区。

当规划实施后，中国广场形成了在中国城、新加坡河和CBD之间的一个过渡区域，成为一个富有活力的活动中心。同时，保护建筑和新开发建筑的结合，带来一个富有趣味的城市肌理的对比。受保护的传统店屋与现代的富有活力的新发展区域并行，在新与旧之间创造一种和谐，体现出新加坡城市保护中所强调的"新亚洲精神"。

另外，在实施阶段，URA在协调其他政府部门和法定委员会的投入，以及促进私人开发商、建筑师与所涉及的各种监管机构之间的对话方面发挥了关键作用。中国广场提供了一个创意性的保护性更新的例子，体现了如何在保持历史和建筑遗产的同时实现最大化利用土地以创建现代商业城市的双重目标。

2.4.2.2 新加坡河（Singapore River）更新实例

新加坡河作为转口贸易的枢纽，是代表新加坡历史发展的重要遗产。但是，随着货物的集装箱化，以及新加坡经济的日趋成熟和现代化，新加坡河不仅成为一种过时的贸易媒介，而且经过数十年的航运相关活动和手工业的废物排放造成严重的污染（图2-4-13）。1977年，时任总理的李光耀发起了大规模的城市水道清理工作。"清洁河流运动"历时10年，其后，URA制定了一项概念计划，以振兴新加坡河。计划将新加坡河流经城市中心区3km分为三个区域——驳船码头（Boat Quay），克拉码头（Clarke Quay）和罗宾逊码头（Robertson Quay）——试图通过其独特的设计解决方案赋予每个地区不同的特征。

概念计划提议将新加坡河沿岸的商店和仓库保留下来，以进行"自适应复用"（Adaptive Reuse，使旧建筑物或旧站点用于其原始计划和设计意图以外的功能的过

图2-4-13 新加坡河更新前后对比图

资料来源：https：//www.ura.gov.sg/Corporate/Get-Involved/Shape-A-Distinctive-City/Explore-Our-City/Singapore-River.

程）。在驳船码头，主要是将老的店屋（shophouses）改建为餐馆。考虑到它靠近中央商务区，因此在午餐和晚餐时间成为办公室人群的热门餐饮地点。在克拉码头，明确的规划目标是修复具有良好建筑价值的低层仓库集群。这些仓库空间跨度较大，是餐厅、工作室、娱乐场所和商业陈列室等多种用途的理想选择。规划还建议设置内部街道行人专用道，以室外购物中心的形式创建活跃的公共领域。鉴于罗宾逊码头的大块土地，概念计划认识到了其新的创新发展机会：整合现有仓库的外墙，新的开发将容纳住宅、酒店、娱乐和文化用途。

同时，为了将三个不同的区域联系在一起，以形成一个共同的新加坡河标识，规划构想了三个主要的总体城市设计原则：①将建筑物从河岸移开，并提供线性的海滨步行长廊，形成一个连续的环路河流；②控制沿河岸的建筑物高度限制在四层以内，以适应现有的底层保护性建筑物并营造人舒适的尺度感；③打造露天就餐，并加强沿岸的景观建设，以增强河滨的氛围和体验。

如今，新加坡河滨水空间已经成了一个服务新加坡本地居民和国际观光客的商业、商务、娱乐休闲的目的地。整个区域围绕原有的三个码头打造了风格各异的三个片区（图2-4-14）：驳船码头片区由于临近CBD，分布有服务于金融中心区的中小企业办公空间，同时这里保留了100多间经过艺术改造的传统的店屋建筑，结合沿河的步道，将其打造成为富有特色的沿河酒吧餐饮街区；克拉码头片区原为传统店屋和仓储建筑集中的区域，如今结合原有的建筑空间和滨河景观，改造成为一个具有标志性的酒吧、餐饮、娱乐街区，近年来商业商务综合体的建设增添了购物和餐饮的选择；罗宾逊码头片区位于河流上游，因此环境较为静谧，这里大力发展滨河居住、酒店、文化艺术设施以及室外的餐饮设施，营造了安静、休闲的空间氛围。

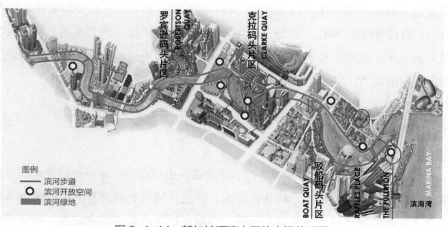

图2-4-14 新加坡河滨水开放空间体系图

资料来源：作者绘制.

图 2-4-15　改造后的新加坡河克拉码头

资料来源：https://all.design/posts/clarke-quay.

同时，围绕新加坡河这一重要的水系，城市重建局大力打造滨水开放空间体系（图 2-4-15）。一方面，通过沿河的步道建设，营造了良好的滨水活动空间；整个新加坡河片区同滨海湾紧密连接，并加强了内部三个码头片区的联系性；同时，步道体系向街区内部延伸，增加了新加坡河的可达性。另一方面，通过沿河设置公共绿地和开放空间，营造了滨水活动空间，结合商业休闲设施发展室外餐饮、娱乐、休闲设施，打造了富有活力的滨水活动带。

新加坡河的改造也是通过公私部门合作来实现城市更新的一个成功案例。一方面，私人部门投入了大量的资金，来实现沿新加坡河的混合开发。如：拥有克拉码头运营和管理权的凯德地产（CapitaLand）推出了一个大型娱乐开发项目；LifeBrandz 投入了 1800 万新元，推动克拉码头内的一个以金丝雀码头（The Cannery）为概念的项目，引入了众多的国际娱乐品牌；Frontier Sports Limited 引入了极限运动；远东（Far East）公司投资 5000 万新元，开发了一个零售和办公综合体，为街区引入了更多的购物和餐饮的选择。另一方面，公共部门在新加坡河开发的战略规划，建设管理和商业环境整体营造上起到了核心的作用，如：为了增加城市中心区夜间的活力，公共部门于 2003 年在特定的片区引入了一个"24 小时娱乐营业执照政策"。在这一政策下，驳船码头和克拉码头的商家可以申请夜间的娱乐营业权，推动了新加坡河夜间的活力，同时也增加了商家的收入。

2.5　中国城市更新的发展

中国城市更新自 1949 年发展至今，无论在促进城市的产业升级转型、社会民生发展、空间品质提升、功能结构优化方面，还是在城市更新自身的制度建设与体系完善方面，都取得了巨大的成就。今天，伴随城镇化进程的持续推进，中国城市更新的内涵日益丰富，外延不断拓展，已然成为城市可持续发展的重要主题之一。由于不同时期发展背景、面临问题、更新动力以及制度环境的差异，其更新的目标、内容以及采取的更新方式、政策、措施亦相应发生变化，呈现出不同的阶段特征。回顾梳理中国城市更新70年来的发展历程，有利于更好地了解历史，把握当下，看清未来的发展方向。

中国城市更新政策实践是伴随着城乡规划体系的发展展开的。中国的城乡规划体系诞生于计划经济时期，其历史演化的起点突出表现为"经济计划"的"延伸"，早期的城市规划与更新活动具有突出的政府主导特征。直至改革开放以来，市场力量与社会力量不断增加，中国的城市更新开始呈现政府、企业、社会多元参与和共同治理的新趋势。根据我国城镇化进程和城市建设宏观政策变化，将中国城市更新划分为相应的四个重要发展阶段（图2-5-1）。

第一阶段（1949~1977年），城市建设秉持"变消费城市为生产城市"与集中力量开展"社会主义工业化建设"的基本国策，1962年和1963年的"全国城市工作会议"都明确了"城市面向乡村"的发展方针。在财政匮乏的背景下，仅着眼于最基本的卫生、安全、合理分居问题，旧城改造的重点是还清基本生活设施的历史欠账，解决突出的城市职工住房问题，同时结合工业的调整着手工业布局和结构改善。当时建设用地大多仍选择在城市新区，旧城主要实行填空补实。

第二阶段（1978~1989年），第三次"全国城市工作会议"制定了《关于加强城市建设工作的意见》，该文件的颁布大幅度提高了城市建设工作的重要性。1984年公布了第一部有关城市规划、建设和管理的基本法规《城市规划条例》，提出"旧城区的改建，应当遵循加强维护、合理利用、适当调整、逐步改造"，这对于当时还处

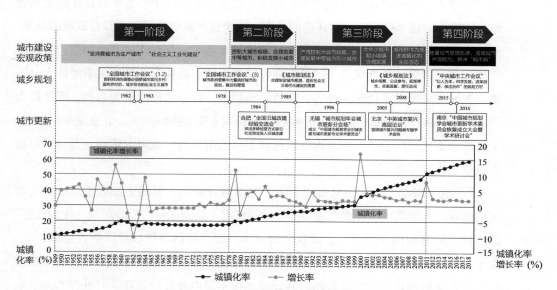

图2-5-1　中国城市更新的阶段划分

资料来源：作者绘制.

于恢复阶段的城市规划工作，具有重大转折性意义。此后，伴随国民经济的日渐复苏以及市场融资的资金支持，大部分城市开始发生急剧而持续的变化，城市更新日益成为当时城市建设的关键问题和人们关注的热点。

第三阶段（1990~2011年），过去"控制大城市规模，重点发展小城镇"的城市发展方针发生转变。与此同时，土地使用权出让与财政分税制的建立，释放了土地使用权从国有到私有的"势能"。在这样的制度背景下，自下而上的人口城镇化与自上而下的土地财政双重驱动，旧城更新通过正式的制度路径获得融资资金。以"退二进三"为标志的大范围城市更新全面铺开，一大批工业企业迁出城市市区，企业工人的转岗、下岗培训与再就业成为这一时期城市更新最大的挑战。

第四阶段（2012年至今），我国城镇化率超过50%，过去几十年的快速城镇化进程埋下了生态环境与粮食安全的危机，面对空间资源趋向匮乏、发展机制转型倒逼的现实情境，城市更新成为存量规划时代的必然选择。2014年《国家新型城镇化规划（2014—2020年）》以及2015年"中央城市工作会议"的召开，标志着我国的城镇化已经从高速增长转向中高速增长，进入以提升质量为主的转型发展新阶段。党的十九大进一步明确将人民日益增长的美好生活需要作为国家工作的重点。在新的历史时期，城市更新的原则目标与内在机制均发生了深刻转变，城市更新开始更多关注城市内涵发展、城市品质提升、产业转型升级以及土地集约利用等重大问题。

2.5.1 第一阶段（1949~1977年）：以改善城市基本环境卫生和生活条件为重点

中华人民共和国成立初期的中国城市，大多是有着几十年甚至几百年历史的老城。这些半封建半殖民地时期建造的城市，由于连年战争而呈现出日益衰败的景象。尤其是劳动人民聚居的地方，环境卫生条件异常恶劣，存在许多安全隐患。治理城市环境和改善居住条件成为当时城市建设中最为迫切的任务。当时国家经济十分困难，各城市采用以工代赈的方法，广泛发动群众，对一些环境最为恶劣、问题最为严重的地区进行了改造，解决了一些旧社会长期未能解决的问题。北京龙须沟改造、上海肇嘉浜棚户区改造、南京内秦淮河整治以及南昌八一大道改造等，都是当时卓有成效的改造工程（图2-5-2）。

"一五"时期，由于国家财力有限，城市建设资金主要用于发展生产和新工业区的建设。大多数城市和重点城市旧城区的建设，只能按照"充分利用、逐步改造"的方针，充分利用原有房屋、市政公用设施，进行维修养护和局部的改建或扩建。由于缺乏经验，过分强调利用旧城，一再降低城市建设的标准，压缩城市非生产性建设，致使城市住宅和市政公用公共设施不得不采取降低质量和临时处理的办法来节省投资，为后来的旧城改造留下了隐患。

以改善城市基本环境卫生和生活条件为重点

1951年北京龙须沟改造　　1954年上海肇嘉浜棚户区改造　　1955年南京内秦淮河整治　　1970年南昌八一大道改造

图2-5-2　第一阶段代表性更新案例

资料来源：作者绘制.

此后，我国的城市规划事业经历了一段"大跃进"时期以及"文化大革命"时期。在此期间，许多脱离实际的建设目标以及不稳定的政治环境，导致城市人口过分膨胀，市政公用设施超负荷运转、乱拆乱建和随意侵占的事件频发。直至20世纪70年代初，我国的城市规划事业才有所恢复，但是，依旧面临单位体制各自为政和财政力量十分有限的制约，导致该阶段的旧城改造项目协调不足、标准偏低和配套不全，加之保护城市环境和历史文化遗产的观念淡漠，还存在侵占绿地、破坏历史文化环境的严重现象。

总的来说，第一阶段的中国城市百废待兴，在财政十分紧缺的情况下，提出了"重点建设，稳步推进"的城市建设方针，将优先的建设资金用于发展生产城市新工业区。这一时期的大规模城市建设，是中国历史上前所未有的，对城市居住环境和生活条件的改善起了积极的作用。在更新思想方面，梁思成先生和陈占祥先生在"中央人民政府行政中心选址"中提出的著名的"梁陈方案"，从更大的区域层面，解决城市发展与历史保护之间的矛盾，疏解过度拥挤的旧城人口，为后来整体性城市更新开启了新的思路（梁思成，等，2005）。

2.5.2　第二阶段（1978~1989年）：以解决住房紧张和偿还基础设施欠债为重点

2.5.2.1　现实背景

1978年是中国具有划时代意义的转折年，标志着中国进入了改革开放和社会主义现代化建设的新时期。在城市建设领域，明确了"城市建设是形成和完善城市多种功能、发挥城市中心作用的基础性工作"，城市政府要集中力量搞好城市的规划、建设和管理，"对城市生产力进行合理布局，有计划地逐步推进城市发展，形成与经济发展相适应的城镇体系"（邹德慈，2014）。

这一阶段国家对城市发展和城市规划工作高度重视，城市规划法律体系初步建立。1984年颁布的《城市规划条例》成为我国第一部有关城市规划、建设和管理的基本法规，法规明确指出："旧城区的改建，应当遵循加强维护、合理利用、适当调整、逐步改造"，这对于当时还处于恢复阶段的城市规划及其更新工作的开展，具有重大指导意义。1987年12月，深圳市首次公开拍卖了一幅地块，开启了1949年以来我国国有土地拍卖的"第一槌"。1988年，宪法修正案在第10条中加入"土地的使用权可以依照法律的规定转让"，城市土地使用权的流转获得了宪法依据。1989年实施的《城市规划法》，进一步细化了"城市旧区改建应当遵循加强维护、合理利用、调整布局、逐步改善的原则，统一规划，分期实施，并逐步改善居住和交通条件，加强基础设施和公共设施建设，提高城市的综合功能"的要求。

2.5.2.2 实践探索

为了满足城市居民改善居住条件、出行条件的需求，解决城市住房紧张等问题，偿还城市基础设施领域的欠债，北京、上海、广州、南京、沈阳、合肥、苏州等城市相继开展了大规模的旧城改造。沈阳提出严格控制城市规模，调整工业布局和住宅布局，全面改造旧区，加强配套设施建设，积极治理环境。合肥从实际出发，制订了城内翻新、城外连片的近期城市建设方针，借助社会财力，发动有关单位，同心协力，对旧城进行综合治理。广州为解决城市住房紧张等问题，以改善和提高现有的居住环境和居住水平为目标，贯彻"充分利用，加强维护，积极改造"的方针，提出"公私合建"政策推行旧城改造。上海制定了《南京东路地区综合改建规划纲要》，对南京路上的第一百货、时装公司、第一食品公司等名特商店进行全面改造，实施步行街更新与建设。南京市中心综合改建规划根据其特定环境，开辟城中辅助干线，建立向中山路东侧发展的步行街区，使新街口商业中心的服务功能得到加强，空间环境得到提升。苏州桐芳巷着重研究了旧街坊改造过程中人口迁移比例、建筑拆迁比例、居住与非居住建筑比例以及规划控制指标等问题。北京菊儿胡同整治创新性地进行了整体保护和有机更新的实践探索（图2-5-3、表2-5-1）。

图2-5-3 第二阶段代表性更新案例

资料来源：作者绘制.

第二阶段典型更新实践   表 2-5-1

案例名称	更新问题	启示
沈阳总体规划	旧城更新、功能调整与结构优化	严格控制城市规模，调整工业与住宅布局，加强配套设施建设，积极治理环境
合肥旧城改造	旧城更新	从局部交通改善、市容美化，扩展到"成街成坊"改造
广州旧城改造	解决城市住房紧张	贯彻"充分利用，加强维护，积极改造"的方针，以"公私合建"政策推行旧城改造
上海南京东路改建	商业街更新	对百余家名特商店进行全面改造，实施步行街更新与建设
南京市中心综合改建	城市中心区更新	开辟城中辅助干线，建立向中山路东侧发展的步行街区，强化商业中心的服务功能
苏州桐芳巷小区改造	居住区更新	着重研究人口迁移比、建筑拆迁比、居住与非居住建筑比以及规划控制指标，为传统居住区更新的人口引导问题提供了指引
北京菊儿胡同整治	居住区更新	以"类四合院"体系和"有机更新"思想进行旧居住区改造，保护了北京旧城肌理

资料来源：作者整理.

2.5.2.3 学术研究

这一时期围绕旧城改建与更新改造开展了一系列的学术研究和交流活动。1979年原国家城市建设局下达给上海市城市规划设计院、北京城市规划局由9个协作单位完成《现有大、中城市改建规划》研究课题，涉及旧（古）城保护和改建、旧居住区改造、市中心改建、工业调整、卫星城建设等方面。1984年12月，城乡建设环境保护部在合肥召开全国旧城改建经验交流会，此次会议是我国1949年以来专门研究旧城改建的第一次全国性会议，会议认为在旧城改建中必须高度重视城市基础设施的建设，采用多种经营方式吸引社会资金是解决旧城改建资金匮乏的有效途径，通过这次经验交流会，我国的旧城改建揭开了新的一页（程华昭，1986）。1987年6月，中国建筑学会城市规划学术委员会在沈阳召开"旧城改造规划学术讨论会"，对旧城改造所面临的形式以及有关的方针、政策、规划原则等问题进行了讨论，强调旧城改造必须从实际出发，因地制宜，量力而行，尽力而为，优先安排基础设施的改造，注意保护旧城历史文化遗产（石成球，1987）。

在城市更新思想方面，吴良镛先生提出"有机更新论"，在获得"世界人居奖"的"菊儿胡同住房改造工程"中，以"类四合院"体系和"有机更新"思想进行旧居住区改造，保护了北京旧城的肌理和有机秩序，并在苏州、西安、济南等诸多城市进行了广泛实践，推动了从"大拆大建"到"有机更新"的根本性转变，为我国城市更新指明了方向，现实意义极为深远（吴良镛，1991）。吴明伟先生结合城市中心区综合改建、旧城更新规划和历史街区保护利用工程，提出了系统观、文化观、经济观有机结合的全面系统的城市更新学术思想，对城市更新实践起到了重要的指导作用（吴明伟，柯建民，1985）。

2.5.3 第三阶段（1990~2011年）：市场机制推动下的城市更新实践探索与创新

2.5.3.1 现实背景

20世纪90年代，伴随国有土地的有偿使用以及建设用地的集中统一管理，我国城市的土地管理与出让制度开始建立，为此后长达30多年的工业化城镇化、空间城镇化进程提供了支撑。1994年《国务院关于深化城镇住房制度改革的决定》公布，以及1998年单位制福利分房正式结束，在全国范围内掀起了一轮住宅开发和旧居住区改造热潮。土地有偿使用和住房商品化改革，为过去进展缓慢的旧城更新提供了强大的政治经济动力，并释放了土地市场的巨大能量和潜力。各大城市借助土地有偿使用的市场化运作，通过房地产业、金融业与更新改造的结合，推动了以"退二进三"为标志的大范围旧城更新改造。

与此同时，企业工人的转岗、下岗培训与再就业成为第三阶段城市更新最大的挑战，城市更新涉及的一些深层社会问题开始涌现出来，暴露出不恰当的居住搬迁导致社区网络断裂、开发过密导致居住环境恶化、容量过高导致基础设施超负荷、工厂搬迁不当导致环境污染与生活不便等严重问题（阳建强，1995）。如何实现城市更新社会、环境和经济效益的综合平衡，并为之能够提供持续高效而又公平公正的制度框架，是这一阶段留给我们的经验与启示。

2.5.3.2 实践探索

随着市场经济体制的建立，土地的有偿使用，房地产业的发展，大量外资的引进，城市更新由过去单一的"旧房改造"和"旧区改造"转向"旧区再开发"，北京、上海、广州、南京、杭州、深圳等城市结合各地具体情况，大胆进行实践探索。例如，由上海世博会大事件驱动的江南造船厂、上钢三厂所在的中心城黄浦江两岸功能转型和再开发，由艺术家"自下而上"聚集推动的北京798艺术区更新、上海田子坊创意区更新，都是文化主导的老工业区更新案例。除此之外，后工业城市的产业结构调整、城市功能结构转型、土地区位与级差地租作用以及城市社会空间和人口空间重构，也为这一阶段的旧工业区更新提供了重要动力（阳建强，罗超，2011）。而在保护性更新方面，这一阶段代表性的案例有南京老城南地区保护更新和苏州平江历史街区的保护整治。前者将重点放在老城南的文化展示、环境整治与功能提升（周岚，2004），后者遵循"生活延续性"原则，对街区进行渐进式更新，并通过局部旅游开发，反哺街区的基础设施更新，留住了大部分原住民（林林，阮仪三，2006）。

在旧城更新方面，21 世纪以来的杭州采取了城市有机更新的策略。常州旧城更新基于现状评估、目标定位、总体更新策略、重点专题和行动计划五大方面，对旧城整体机能提升与可持续发展提出更新策略。而在"三旧"改造方面，广州市的"三旧"改造、佛山市的"三旧"改造和深圳大冲村改造等探索了如何借助政府、企业与村民利益共享机制推动城市更新（袁奇峰，等，2015；徐亦奇，2012）。这一阶段的城市更新涵盖了旧居住区更新、重大基础设施更新、老工业基地改造、历史街区保护与整治以及城中村改造等多种类型（图 2-5-4、表 2-5-2）。

图 2-5-4 第三阶段代表性更新案例

资料来源：作者绘制.

第三阶段典型更新实践 表 2-5-2

案例名称	更新问题	策略与启示
上海世博会园区	旧工业区更新	借助上海世博会契机，对成片的工业厂房与历史建筑及其园区环境进行绿色改造与低碳再利用
北京 789 艺术区		早期通过艺术家的自发聚集，实现"自下而上"的地区复兴； 后期依托政府投资，进行文创园区的商业化再开发
南京老城保护与更新	历史城区与街区更新	将老城发展的重点放在展现历史、改善环境、提升功能等方面
苏州平江路整治更新		通过局部旅游开发，将旅游开发收入反哺街区的基础设施建设
杭州城市有机更新	旧城更新	综合了城市设计、建筑立面整治、道路交通优化、河道景观提升、产业升级转型等一系列有机更新手段
常州旧城更新		以六大专题研究为支撑，分别为旧工业区、旧居住小区、城中村、历史街区保护、火车站地区的更新提供策略

续表

案例名称	更新问题	策略与启示
广州"三旧"改造	旧城镇、旧厂房、旧村庄更新	成立广州市"三旧"改造工作办公室,开展以改善环境、重塑旧城活力为目的的城中村拆除重建和旧城环境整治工作
佛山"三旧"改造		聚焦利益再分配的难题,在地方政府和村集体之间达成共识,重构"社会资本",建设利益共同体,顺利推动"三旧"改造
深圳华润大冲村更新		在传统旧城改造的基础上强化了完善城市功能、优化产业结构,处置土地历史遗留问题

资料来源:作者整理.

2.5.3.3 学术研究

城市更新的学术研究在这一时期不断推进,进入了新的繁荣期。1992 年,清华大学与加拿大不列颠哥伦比亚大学(UBC)联合举办了"92 旧城保护与发展高级研讨会",介绍了国际上有关旧城和旧居住区改造规划的主要理论和发展趋势,探讨了在改革开放形势下适合我国国情的城市旧区改造的基础理论、技术方法和相关政策(吴良镛,1993)。1994 年,中德合作在南京召开了"城市更新与改造国际会议",双方专家就城市更新与经济发展的关系、城市更新的理论实践、城市规划的管理形式等问题进行了深入讨论。1995 年,中国城市规划学会在西安召开旧城更新座谈会,一批专家学者结合中国实践,从城市更新价值取向、动力机制、更新模式与更新制度等方面进行了热烈讨论,会议认为城市更新是一个长期持久的过程,涉及政策法规、城市职能、产业结构、土地利用等诸多方面,决定筹备成立城市更新与旧区改建学术委员会。会后,在 1996 年第 1 期《城市规划》,以"旧城更新—— 一个值得关注和研究的课题"为题对会议主要观点做了重点介绍,显示了学术界对城市更新的高度关注(吴明伟,等,1996)。1996 年 4 月,中国城市规划学会在无锡召开了中国城市规划学会年会的"城市更新分会场",讨论了片面提高旧城容积率、拆迁规模过大等问题,并正式成立了"中国城市规划学会旧城改建与城市更新专业学术委员会"(图 2-5-5)。进入 2005 年,城市规划学界提出城市化速度并非越快越好,开始系列研讨历史保护与城市复兴问题。

在学术著作上,这一时期相继出版了《北京旧城与菊儿胡同》(吴良镛,1994)《现代城市更新》(阳建强,吴明伟,1999)、《当代北京旧城更新》(方可,2000)等论著,它们作为早期系统阐述城市更新的理论、方法与实践的著作,填补了我国城市更新研究的空白。

2.5.3.4 制度建设

面对新城快速扩张、旧城大规模改建带来的城市建设压力与挑战,我国相关土

图 2-5-5 1996 年中国城市规划学会旧城改建与城市更新专业学术委员会成立
资料来源：中国城市规划学会秘书处 . 中国城市规划学会50 年（1956—2006）[M]. 北京：中国建筑工业出版社，2006.

地管理与规划的法律法规不断健全完善。2004 年国务院发布了《关于深化改革严格土地管理的决定》，文件将调控新增建设用地总量的权力和责任放在中央，盘活存量建设用地的权力和利益放在地方，希望通过权责的明确，限制过度的土地浪费与城市蔓延。同年，国土资源部又颁布《关于继续开展经营性土地使用权招标拍卖挂牌出让情况执法监察工作的通知》，规定 2004 年 8 月 31 日以后所有经营性用地出让全部实行招拍挂制度，有效遏制了土地出让中的不规范问题。2007 年的《中华人民共和国物权法》赋予房屋所有权者基本的权利，规范了长期以来城市更新中存在的强制拆迁与社会不公平问题。2008 年实施的《中华人民共和国城乡规划法》，规定"旧城区的改建，应当保护历史文化遗产和传统风貌，合理确定拆迁和建设规模，有计划地对危房集中、基础设施落后等地段进行改建"。

在地方的实践与制度探索中，针对土地资源紧缺、土地利用低效、产业亟待转型和城市形象亟待提升等迫切问题，广东省出台了《关于推进"三旧"改造促进节约集约用地的若干意见》，积极推进"旧城镇、旧厂房、旧村庄"三类存量建设用地的二次开发。伴随着城市的超常规发展，深圳为了摆脱土地空间、能源水资源、人口压力、环境承载四个"难以为继"的困境，于 2009 年颁布了《深圳市城市更新办法》，初步建立了一套面向实施的城市更新技术和制度体系。

2.5.4 第四阶段（2012 年至今）：开启基于以人为本和高质量发展城市更新新局面

2.5.4.1 现实背景

2011 年，我国城镇化率突破 50%，正式进入城镇化的"下半场"。过去几十年的高速发展，虽然彻底改变了中华人民共和国成立初期中国城市衰败落后的面貌，全面提升了城市的基础设施质量与生活环境品质。但同时，快速的城市扩张与大规模的旧城改造也埋下了环境、社会、经济等多方面的潜在危机。今天，伴随经济发展从"高速"转入"中高速"阶段，这些过去被经济发展掩盖的隐性问题日益显像化，倒逼中国城市空间的增长主义走向终结（张京祥，等，2013）。以内涵提升为核心的"存量"乃至"减量"规划，已经成为我国空间规划的新常态（施卫良，2014）。土地发展权的价值分配，成为存量规划机制研究的重点（田莉，等，2015）。必须在充分掌握城市发展与市场运作的客观规律的前提下，处理好城市更新过程中的功能、空间与权属等重叠交织的社会与经济关系（阳建强，2013）。总的来说，在生态文明宏观背景以及"五位一体"发展、国家治理体系建设的总体框架下，城市更新更加注重城市内涵发展，更加强调以人为本，更加重视人居环境的改善和城市活力的提升。

2.5.4.2　实践探索

北京、上海、广州、南京、杭州、深圳、武汉、沈阳、青岛、三亚、海口、厦门等城市积极推进城市更新，强化城市治理，不断提升城市更新水平，出现多种类型、多个层次和多维角度的探索新局面（图 2-5-6、表 2-5-3）。三亚作为我国首个城市双修的试点城市，将内河水系治理、违法建筑打击、规划管控强化的三个手段相结合，推动生态修复、城市整体风貌改善与系统修补（张兵，2019）；延安主要结合革命旧址的周边环境整治与生态系统改善开展城市双修工作。在社区微更新方面，北京东城区通过史家胡同博物馆建设，扎根社区积极开展社区营造；上海的社区微更新工作通过公共空间改造，促进社区治理，启动了"共享社区、创新园区、魅力风貌、休闲网络"四大城市更新试点行动，发起社区空间微更新计划；深圳"趣城计划"构建了多方参与的城市设计共享平台，吸引公众参与城市更新设计。在旧工业区更新方面，北京首钢项目利用冬奥会的契机，推动旧工厂、旧建筑与园区的整体改造；上海城市最佳实践区，注重上海世博会完成后的后续低碳可持续利用和文化

图 2-5-6　第四阶段代表性更新案例

资料来源：作者绘制 .

第四阶段典型更新实践　　　　　　表 2-5-3

案例名称	更新问题	策略与启示
三亚城市双修	生态修复与城市修补	以治理内河水系为中心，以打击违法建筑为关键，以强化规划管控为重点，优化城市风貌形态
延安城市双修		改善城市生态系统、整修革命旧址及周边环境、传承红色文化
深圳"趣城计划"	社区微更新	通过创建多元主体参与、项目实施为导向的"城市设计共享平台"，吸引公众参与城市更新设计，促进社会联动与治理
北京胡同微更新		通过将传统四合院生活与胡同绿化相结合，改善人居环境品质，并建立责任规划师制度，为社区居民提供咨询
上海社区微更新		通过口袋公园、一米菜园、创智农园等社区微更新项目，吸引社区居民参与，促进社区的共治、共享与共建
北京首钢更新	旧工业区更新	以冬奥会大事件为契机，推进旧工业园区的保护性再利用
上海城市最佳实践区		将后世博园区建设为集中了绿色建筑、海绵街区、低碳交通、可再生能源应用的可持续低碳城区
厦门沙尾坡更新		以宅基为基本单元开展微更新，吸引年轻人并积极培育新产业

资料来源：作者整理.

创意街区建设；厦门沙尾坡以吸引年轻人和培育新兴产业为重点，为小微企业创新创业提供孵化基地，推动旧工业区的整体复兴（左进，等，2015）。

2.5.4.3　学术研究

为了适应新型城镇化背景下的城市更新实践要求，搭建多学科交叉融合的学术平台，提高城市更新研究领域的学术水平，中国城市规划学会于 2016 年 12 月恢复成立了"中国城市规划学会城市更新学术委员会"（图 2-5-7）。其宗旨主要在于围绕城市更新理论方法、规划体系、学科建设、人才培养与实施管理，积极开展学术交流以及科研、咨询活动，并加强学界、业界与政界的沟通交流。近年来以"新型城镇化背景下的城市更新""城市更新与城市治理""社区发展与城市更新""城市更新，多元共享""复杂与多元的城市更新""城市更新与品质提升"和"城市更新，让人居更美好"等主题展开了广泛的学术研讨和交流。

2.5.4.4　制度建设

在棚户区和老工业区改造方面，2012 年 9 月，李克强总理在中国资源型城市与独立工矿区可持续发展及棚户区改造工作座谈会上强调，推动独立工矿区转型，加大棚户区改造力度。2013 年出台《国务院关于加快棚户区改造工作的意见》和《国

图 2-5-7　2016 年中国城市规划学会城市更新学术委员会恢复成立大会合影

资料来源：作者提供．

务院办公厅关于推进城区老工业区搬迁改造的指导意见》重要文件。2014 年，国务院办公厅印发《关于进一步加强棚户区改造工作的通知》。2014 年公布的《政府工作报告》提出"三个一亿人"的城镇化计划，其中一个亿的城市内部的人口安置就针对的是城中村和棚户区及旧建筑改造。在低效用地更新方面，2014 年国土资源部发布《节约集约利用土地规定》，2016 年国土资源部印发《关于深入推进城镇低效用地再开发的指导意见（试行）》，2017 年又印发了《城镇低效用地再开发工作推进方案（2017—2018 年）》。2019 年 7 月，住房城乡建设部会同发展改革委、财政部联合发布了《关于做好 2019 年老旧小区改造工作的通知》，希望通过老旧小区改造，完善城市管理和服务，彻底改变粗放型管理方式，让人民群众在城市生活得更方便、更舒心、更美好。国家层面出台的这一系列政策文件，对指导城市更新工作有序开展起到了重要作用。

与此同时，顺应新的形势需求，几个重点省市在城市更新机构设置、更新政策、实施机制等方面进行了积极的探索与创新。2015 年 2 月"广州市城市更新局"挂牌成立，之后深圳、东莞、济南等相继成立城市更新局。在法规建设方面，上海市政府出台《上海市城市更新实施办法》，针对徐汇、静安（含原闸北）两个区发展需要解决的问题项目，分别进行了区域性研究评估。此后，上海市规划和国土资源管理局还出台了《上海市城市更新规划土地实施细则（试行）》《上海市城市更新规划管理操作规程》《上海市城市更新区域评估报告成果规范》等一系列文件，继续完善城市更新的制度体系。深圳出台了《深圳市城市更新办法》《深圳市城市更新办法实施细则》和《深圳市城市规划标准与准则》等文件，为城市更新提供明确的制度路径。在配套机制方面，北京市探索了在分区规划、控制性详细规划中引入责任规划师的制度。2019年5月，北京市规划和自然资源委员会发布《北京市责任规划师制度实施办法（试行）》。该文件规定，由区政府聘用独立的第三方人员，为责任范围内的规划、建设与管理提供专业咨询与技术指导。

2.5.5　结论与展望

2.5.5.1　发展轨迹

纵观中国城市更新70年的发展历程，经历了一个从中华人民共和国成立初期百废待兴，解决城市居民基本生活环境和条件问题；到改革开放随着市场经济体制的建立，开展大规模的旧城功能结构调整和旧居住区改造；到快速城镇化时期开展的旧区更新、旧工业区的文化创意开发、历史地区的保护性更新；再到今天进入强调以人民为中心和高质量发展的转型期，强调城市综合治理和社区自身发展，呈现出多种类型、多个层次和多维角度探索的新局面（表2-5-4）。

中国城市更新发展轨迹总结　　　　　　　　表2-5-4

时间/特征	第一阶段（1949~1977年）	第二阶段（1978~1989年）	第三阶段（1990~2011年）	第四阶段（2012年至今）
发展方针	变消费城市为生产城市	控制大城市规模，合理发展中等城市，积极发展小城市	从"严格控制大城市规模"到"大中小城市协调发展"	尊重城市发展规律、发挥市场主导作用，提高城市治理能力，解决"城市病"
空间层次	关注城市局部的环境整治与最基本的设施更新	在部分城市着手推进各种类型的城市更新试点项目	全国范围内的大规模城市更新活动	重点城市的城市更新理念、模式、机制转型示范
更新机制	完全由政府财政支持，但财政较为紧缺	初步建立市场机制，但在试点项目中依旧以政府投资为主	全面引入市场机制，由政府和市场共同推动	建立国家治理体系，吸引社会力量加入城市更新
社会范畴	摆脱旧中国遗留下来的贫穷落后状况	以还清居住和基础设施方面的历史欠账为主要任务	出现显著的"增长联盟"行为，效率导向重于社会公平	多方参与、社会共治，社会力量成为新的主体之一
更新重点	着眼于改造棚户和危房简屋	职工住房和基础设施	重大基础设施、老工业基地改造、历史街区保护与整治、城中村改造	创意产业园区转型、生态修复、城市修补、老旧小区改造、老工业区更新改造
更新政策	充分利用，逐步改造	填空补实、旧房改造、旧区改造	旧城改造、旧区再开发	有机更新、城市双修、社区微更新

资料来源：作者整理.

2.5.5.2 主要成效

在新的发展阶段，我国的城市更新事业获得了社会各界的广泛关注与深度参与（图 2-5-8）。在中央政府"五位一体"的总体布局下，城市更新树立了面向社会、经济、文化和生态等更加全面和多维的可持续发展目标。地方政府在国策方针的指引下，全面开展针对旧中心区、旧居住区、老工业区、城中村以及历史街区等地区的更新改造工作，并且在更新过程中，通过为参与者提供正式的制度路径与优惠的政策支持，激励更广泛的社会力量参与，推动城市更新的顺利开展。在中央政府指引、地方政府响应的背景下，越来越多的私人部门与社会群体参与到城市更新中，为过去

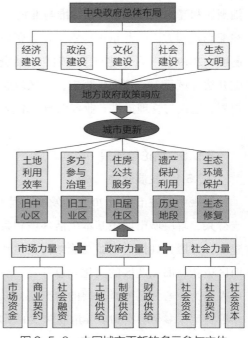

图 2-5-8　中国城市更新的多元参与主体
资料来源：作者绘制.

政府和市场主导的物质更新提供了更广阔的视角与更持久的动力，形成了政府力量、市场力量、社会力量共同参与的城市更新机制。

城市更新制度与法律体系的不断创新与完善，为城市更新工作的开展提供了有力保障（图 2-5-9）。20 世纪 80 年代早期的三部法律，明确了城市规划的综合部署性质，并针对旧城改建，提出了合理利用、适当调整、逐步改善的原则，以及改善居住和交通条件，加强基础设施、公共设施建设的综合要求。进入 20 世纪 80 年代，土地有偿出让、分税制改革与住房商品化改革成为推动旧城更新运行的重要动力，"831"大限、《物权法》等法律法规的出台，更加规范了城市规划与更新活动，体现出我国空间政策的"激励"与"约束"的双重属性。在城镇化的下半场，我国城市更新的相关法律法规更加注重生态文明建设与以人民为中心的国家治理体系建设，在鼓励社会参与的同时，出台了棚户区改造、老工业区改造、低效用地再开发、城市双修、老旧小区改造等一系列城市更新的相关政策，从而使得城市更新工作得以健康持续开展。

2.5.5.3 未来展望

在中国过去的 70 年的发展中，城市更新在完善城市功能、提高群众福祉、保障改善民生、提升城市品质、提高城市内在活力以及构建宜居环境等方面起到了重要作用，积极地促进了中国城镇化的进程，使人们的生活环境变得更加美好，使城市更加宜居、安全、高效和持续。

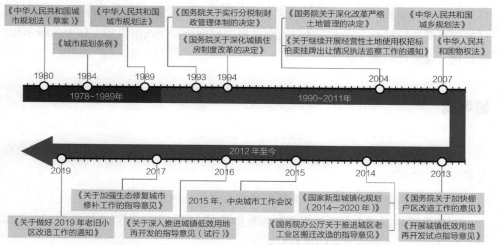

图2-5-9 改革开放以来中国城市更新相关制度变迁

资料来源：作者绘制.

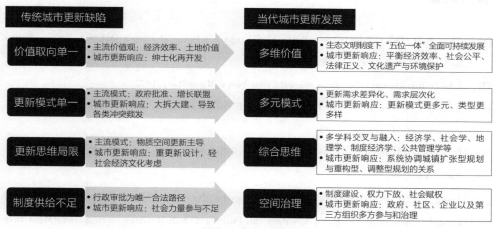

图2-5-10 中国城市更新的未来展望

资料来源：作者绘制.

　　但与此同时，城市更新时代的来临，无疑向城市规划和管理提出了新的和前所未有的挑战（图2-5-10）。首先急需从过去单一效率主导的价值观转向基于以人为本和高质量发展的多元价值观；其次在更新模式层面，需要从过去"自上而下"的单一更新模式，转向"自上而下"与"自下而上"双重驱动的多元更新模式；在更新思维层面，需要从过去规划设计主导的物质更新，转向多学科交叉和融合的社会、经济、文化、生态整体复兴的综合思维；最后在制度层面，需要从过去单一的政府主导与审批的行政机制，转向权力下放、社会赋权、市场运作的空间治理模式，在国土空间规划体系框架下，进一步健全城市更新相关法律法规，建立贯穿国家—地方—城市层面的城市更新体系，搭建常态化的城市更新制度平台，发挥政府、市场、社会与群众的集体智慧，保障城市更新工作的公开、公正、公平和高效。总之，通过城市更新基础理论、技术方法以及制度机制的创新，使城市更新工作走向科学化、常态化、系统化和制度化。

思考题

1. 西欧城市更新自工业革命兴起发展至今有哪些重要趋势？对今天的城市更新有哪些重要启示？

2. 请简述日本与新加坡的城市更新机构有哪些共同点与不同点。

3. 请简述中国城市更新四个重要发展阶段的主要特征，并谈谈城市更新工作如何走向科学化、常态化、系统化和制度化。

参考文献

[1] Chua B H. The Golden Shoe, Building Singapore's Finacial District[M]. Singapore : Urban Redevelopment Authority, 1989.

[2] Edel M. Readings in Urban Economics[M]. New York：Macmillan, 1972.

[3] Hohenberg P M., Lees L H. La formation de L'Europe Urbarine 1000–1950[M]. Paris：Presses Universitaires de France, 1992.

[4] Housing and Home Finance Agency. 16ch Annual Report[R]. Washington 25, D. C., 1962 : 295, Tables VI–2.

[5] Kiang H C. 50 Years Of Urban Planning In Singapore[M]. New Jersey : World Scientific, 2016.

[6] Kong L. Conserving the Past, Creating the Future：Urban Heritage in Singapore[M]. Urban Redevelopment Authority, 2011.

[7] Lall S V., Freire M., Yuen B., et al. Urban Land Market, Improving Land Management for Successful Urbanization[M]. Springer, 2010.

[8] Ole J D. Urban Planning in Singapore, The Transformation of a City[M]. Malaysia：Oxford University Press, 1999.

[9] Palen J. The urban world[M]. New York：McGraw–Hill, 1997.

[10] Physical Planning Department, City of Amsterdam.Planning Amsterdam：Scenarios for Urban Development, 1928–2003[M].Rotterdam：NAi Publishers, 2003.

[11] Roberts P., Sykes H. Urban Regeneration：A Handbook[M]. London：SAGE Publications, 2000.

[12] Roncayolo M. Historire de la France urbaine（tome 5）：la ville aujourd'hui[M].Paris：Seuil, 1985.

[13] Soh Emily Y X., Yuen B. Singapore's Changing Spaces[J]. Cities, 2011, 28（1）：3–10.

[14] Wong T C., Yap, L H A. Four Decades of Transformation：Land Use in Singapore 1960–2000[M].

Singapore：Estern University Press，1960.

[15] Yuen B. Planning Singapore：From Plan to Implementation[M]. Singapore：Singapore Institute of Planners，1998.

[16] （美）德怀特·杜蒙德.现代美国：1896~1946 年 [M]. 宋岳亭，译.北京：商务印书馆，1984.

[17] （美）马丁·安德森（Martin Andersen）.美国联邦城市更新计划（1949~1962）[M]. 吴浩军，译.北京：中国建筑工业出版社，2012.

[18] （日）城所哲夫.日本城市开发和城市更新的新趋势 [J]. 中国土地，2017（01）：49-50.

[19] （意）贝纳沃罗（Leonardo Benevolo）.世界城市史 [M]. 薛钟灵，等译.北京：科学出版社，2000.

[20] （英）彼得·霍尔（Peter Geoffrey Hall）.城市和区域规划 [M].邹德慈，李浩，陈熳莎，译.北京：中国建筑工业出版社，2008.

[21] 白韵溪，陆伟，刘涟涟.基于立体化交通的城市中心区更新规划——以日本东京汐留地区为例 [J]. 城市规划，2014，38（07）：76-83.

[22] 程华昭.合肥旧城改造的综合治理 [J]. 建筑学报，1986，06：2-7，82-83.

[23] 东南大学.常州旧城更新规划研究 [Z]. 南京：东南大学，2009.

[24] 方可.当代北京旧城更新 [M]. 北京：中国建筑工业出版社，2000.

[25] 郭小鹏.从灾害危机到复兴契机：关东大地震后的东京城市复兴 [J]. 日本问题研究，2015，29（01）：45-54.

[26] 洪亮平，赵茜.走向社区发展的旧城更新规划——美日旧城更新政策及其对中国的启示 [J]. 城市发展研究，2013，20（03）：21-24，28.

[27] 孔明亮，马嘉，杜春兰.日本都市再生制度研究 [J]. 中国园林，2018，34（08）：101-106.

[28] 李芳芳.美国联邦政府城市法案与城市中心区的复兴（1949~1980）[D]. 上海：华东师范大学，2006.

[29] 李艳玲.美国城市更新运动与内城改造 [M]. 上海：上海大学出版社，2004.

[30] 梁茂信.都市化时代：20 世纪美国人口流动与社会问题 [M]. 长春：东北师范大学出版社，2002.

[31] 梁思成，陈占祥，等著.王瑞智，编.梁陈方案与北京 [M]. 沈阳：辽宁教育出版社，2005.

[32] 林林，阮仪三.苏州古城平江历史街区保护规划与实践 [J]. 城市规划学刊，2006（3）：45-51.

[33] 刘丽.二十世纪五十至七十年代联邦政府与美国城市更新 [D]. 兰州：西北师范大学，2011.

[34] 吕斌.日本经济高度增长与快速城市化阶段的城市规划制度及其实践——剖析昭和时期（1925~1989 年）城市规划制度的变革历程 [J]. 国际城市规划，2009，24（S1）：332-338.

[35] 施卫良.规划编制要实现从增量到存量与减量规划的转型 [J]. 城市规划，2014，38（11）：21-22.

[36] 施媛."连锁型"都市再生策略研究——以日本东京大手町开发案为例 [J]. 国际城市规划，2018，33（04）：132-138.

[37] 石成球.旧城改造规划学术讨论会综述 [J]. 城市规划，1987（05）：7-9.

[38] 世博城市最佳实践区商务有限公司 . 上海世博城市最佳实践区可持续发展和规划 [Z].2017.

[39] 唐燕，张东，祝贺 . 城市更新制度建设——广州、深圳、上海的比较 [M]. 北京：清华大学出版社，
2019.

[40] 田莉，姚之浩，郭旭，等 . 基于产权重构的土地再开发——新型城镇化背景下的地方实践与
启示 [J]. 城市规划，2015，39（1）：22-29.

[41] 同济大学建筑与城市空间研究所，株式会社日本设计 . 东京城市更新经验：城市再开发重大
案例研究 [M]. 上海：同济大学出版社，2018.

[42] 王振声 . 日本战后高速发展时期（1955-1970）城市化剖析 [D]. 苏州：苏州大学，2012.

[43] 吴良镛 . 北京旧城与菊儿胡同 [M]. 北京：中国建筑工业出版社，1994.

[44] 吴良镛 . 从"有机更新"走向新的"有机秩序"——北京旧城居住区整治途径（二）[J]. 建筑学报，
1991（2）：7-13.

[45] 吴良镛 . 迎接城市规划工作的伟大变革——在《92 旧城保护与发展高级研讨会》闭幕式上的
讲话 [J]. 城市规划，1993（03）：3-6，64.

[46] 吴明伟，柯建民 . 试论城市中心综合改建规划 [J]. 建筑学报，1985，09：40-47，84.

[47] 吴明伟，吴悦成，张丞鹤，等 . 旧城更新—— 一个值得关注和研究的课题 [J]. 城市规划，1996
（01）：4-9.

[48] 徐亦奇 . 以大冲村为例的深圳城中村改造推进策略研究 [D]. 广州：华南理工大学，2012.

[49] 阳建强，罗超 . 后工业化时期城市老工业区更新与再发展研究 [J]. 城市规划，2011，35（4）：
80-84.

[50] 阳建强，吴明伟 . 现代城市更新 [M]. 南京：东南大学出版社，1999.

[51] 阳建强 . 我国旧城更新改造的主要矛盾分析 [J]. 城市规划汇刊，1995（4）：9-12.

[52] 阳建强 . 走向持续的城市更新——基于价值取向与复杂系统的理性思考 [J]. 城市规划，2018，
42（06）：68-78.

[53] 姚传德 . 日本城市史漫谈 [J/OL]. 国际城市规划（2018-09-20）. https：//mp.weixin.qq.com/s/
OkiYY-U4zpUfrlaI5lMuwQ.

[54] 袁奇峰，钱天乐，郭炎 . 重建"社会资本"推动城市更新——联滘地区"三旧"改造中协商
型发展联盟的构建 [J]. 城市规划，2015（9）：64-73.

[55] 张兵 . 催化与转型："城市修补、生态修复"的理论与实践 [M]. 2 版 . 北京：中国建筑工业出
版社，2019.

[56] 张京祥，赵丹，陈浩 . 增长主义的终结与中国城市规划的转型 [J]. 城市规划，2013（01）：47-
52，57.

[57] 张京祥 . 西方城市规划思想史纲 [M]. 南京：东南大学出版社，2005.

[58] 张宜轩 . 日本城市更新 . 上海城市规划设计研究院发展研究中心 [EB/OL]. （2015-07-29）.
http：//www.china-up.com：8080/international/message/showmessage.asp?id=2613.

[59] 中国城市规划学会秘书处 . 中国城市规划学会 50 年（1956—2006）[M]. 北京：中国建筑工业

出版社，2006.

[60]　中华人民共和国中央人民政府 . 国务院办公厅印发《国务院办公厅关于进一步加强棚户区改造工作的通知》[EB/OL]. [2014-08-04]. http：//www.gov.cn/zhengce/content/2014-08/04/content_8951.htm.

[61]　中华人民共和国中央人民政府 . 住建部会同发展改革委、财政部联合印发《关于做好 2019 年老旧小区改造工作的通知》[EB/OL]. [2019-4-15].http：//www.scio.gov.cn/ztk/38650/40922/index.htm.

[62]　中华人民共和国自然资源部，国土资源部（原）印发《关于深入推进城镇低效用地再开发的指导意见（试行）》[EB/OL]. [2016-11-11]. http：//www.mnr.gov.cn/gk/tzgg/201702/t20170228_1991910.html.

[63]　周岚 . 快速现代化进程中的南京老城保护与更新 [M]. 南京：东南大学出版社，2004.

[64]　周显坤 . 城市更新区规划制度之研究 [M]. 北京：清华大学，2017.

[65]　朱启勋 . 都市更新：理论与范例 [M]. 台北：台隆书店，1982.

[66]　邹德慈 . 新中国城市规划发展史研究：总报告及大事记 [M]. 北京：中国建筑工业出版社，2014：47.

[67]　左进，李晨，黄晶涛，等 . 城市存量街区微更新行动规划与实施路径研究——以厦门沙坡尾为例 [C]// 中国城市规划学会、贵阳市人民政府 . 新常态：传承与变革——2015 中国城市规划年会论文集（11 规划实施与管理），2015.

第 3 章

城市更新的思想渊源
与基础理论

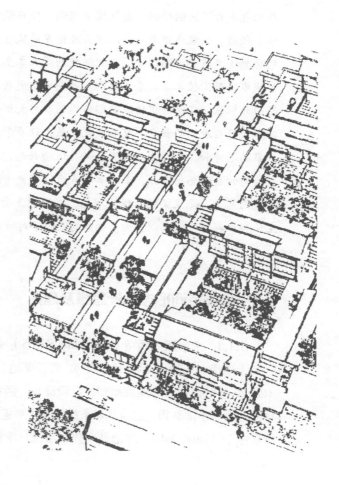

导读：城市更新是一个不断发展和多学科交叉的研究课题，城市更新相关的理论基础也来自不同的学科，包括城市规划、城市设计、建筑设计、城市经济和城市社会学等领域。综观城市更新的思想与理论发展轨迹，呈现出由物质决定论的形体主义规划思想逐渐转向协同理论、自组织规划等人本主义思想的发展轨迹，同时也直接反映了城市更新价值体系的基本转向。早期城市更新主要是以"形体决定论"和功能主义思想为根基。在面对用传统的形体规划和用大规模整体规划来改建城市遭到屡屡的失败以及日益激烈的社会冲突和文化矛盾，许多学者纷纷从不同立场和不同角度进行了严肃的思考和探索。至"邻里复兴"运动兴起，交互式规划理论、倡导式规划理论又成为新的更新思想来源，多方参与成为城市更新最重要的内容和策略之一。20世纪末出现的基于多元主义的后现代理论，在思想上受到20世纪60、70年代兴起的后结构主义和批判哲学的深刻影响，这些均促进了对城市更新理论的不断思考与深化。

3.1 物质空间形态设计思想及理论

3.1.1 卡米洛·西特（Camillo Sitte）：城市艺术

卡米洛·西特（1843~1903年），曾任奥地利建筑工艺美术学院院长，是19世纪末到20世纪初著名的建筑师和城市设计师。西特倡导人性的规划方法，并且对反映日常生活的平常事物、建筑和城市抱有很大兴趣，他最早提出的城市空间环境的"视觉有序"（Visual Order）理论是现代城市设计学科形成的重要基础之一。西特的城市设计思想主要反映在他于 1889 年出版的《城市建设艺术》(*The Art of Building Cities*)著作中。针对当时城市建设和城市改建出现平庸和乏味的城市空间的现实状况，西特充分认识到基于统计学和政策导向的城市规划与基于视觉美学的城市设计之间存在的分离，主张将城市设计建立在对于城市空间感知的严格分析上，并通过对中世纪大量的欧洲典型实例考察与研究，总结归纳出一系列城市建设的艺术原则与设计规律。

在《城市建设艺术》中，西特总结归纳了大量中世纪欧洲城市的广场与街道设计的艺术原则。他认为中世纪城市建设遵循了自由灵活的方式，城镇的和谐主要来自建筑单体之间的相互协调，广场和街道通过空间的有机围合形成整体统一的连续空间，并且指出这些原则是欧洲中世纪城市建设的核心与灵魂。针对当时流行的所谓"现代体系"，即矩形体系、放射体系和三角形体系，西特将其与古代城市公共广场设计进行对比分析后指出：现代城市公共广场一般把建筑物或纪念物不加考虑地置于广场中心，造成了广场与建筑的割裂；广场四通八达的开口方式使得广场支离破碎；采用"现代体系"形成的广场是各种矛盾空间的组合，由于缺乏空间的整体性，使人们实地很难感受到其"对称"的构图，而且"对称"构图的滥用还造成广场空间的单调与乏味。同时还尖锐地指出所有这些问题的根源主要是因为现代城市设计者违背了古老的空间设计艺术原则。

关于对现代城市中运用艺术原则进行建设的可能性，西特认为城市的发展不可避免，社会的进步将导致人们需求的变化，不可能也没必要完全仿效古代的城市建设。而且，城市规划的艺术也受到现代因素的多种制约，随着人口集中而导致土地价值的大幅增长，人们对城市用地进行更细的划分，来开辟新的街道和更多的迎街面，很难指望用单纯的艺术设计原则来解决城市面临的所有问题。因此，在建成环境中进行设计或更新时，必须接受既定的因素作为艺术设计的给定条件，并以此对设计活动的自由设定限制。

在具体的改建设计中，西特通过对几个采用古代原则改建的设计实例分析，证明艺术原则完全可以运用于现代城市建设。他认为，尽管现代城市的矩形用地划分在经济上十分优越，但是规则的矩形体系对于增加城市的美丽与壮观是十分有限的。因此有必要对城市过度规则的"现代体系"进行改进，以创造出具有文化和情感激励的室外公共空间。例如，在大的城市社区建设中，将中心广场与周边建筑作为一个整体进行设计。从一开始就重视广场和周边环境的布局，将其划分为若干部分的大结构体量。还可以根据透视原则围绕一个"凹"形线组合这些建筑。用这种方式创造出有趣的广场而不是昏暗、空虚的内院（图 3-1-1）。在街道布局中创造多变的空间，在不规则的广场上放上不规则的建筑，都可以有效地排除这些不规则因素，从而避免平庸和乏味的城市空间（图 3-1-2）。

概括起来，西特的城市设计思想主要体现在批评了当时盛行的形式主义的刻板

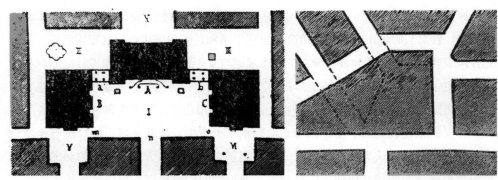

图 3-1-1　与矩形划分相近的艺术设计　　　　图 3-1-2　运用不规则建筑消除不规则空间

资料来源：（奥地利）卡米诺·西特. 城市建设艺术：遵循艺术原则进行城市建设 [M]. 仲德昆，译. 南京：东南大学出版社，1990.

模式，总结了中世纪城市空间艺术的有机和谐特点，倡导了城市空间与自然环境相协调的基本原则，揭示了城镇建设的内在艺术构成规律，西特建立的这些城市设计理论与方法有力地促进了"城市艺术"（Civic Art）学科领域的形成与发展。尽管西特的城市设计思想对他的家乡——维也纳的重建影响甚微，但在欧洲乃至世界范围内的许多地方产生了广泛而重要的影响。《城市建设艺术》自出版后被翻译成多种语言，"西特学派"在当时的欧洲亦逐渐形成，对许多年轻建筑师和规划师产生积极影响。正如伊利尔·沙里宁指出："我一开始就受到西特学说的核心思想的启蒙，所以在我以后几乎半世纪的建筑实践中，我从没有以一种预见构想的形式风格来设计和建造任何建筑物……通过他的学说，我学会了理解那些自古以来的建筑法则"。

3.1.2　伊利尔·沙里宁（Eliel Saarinen）：有机疏散

伊利尔·沙里宁（1873~1950 年），著名美籍芬兰建筑师和教育家，曾规划过芬兰首都赫尔辛基，他创办了美国匡溪艺术学院，倡导城市"有机秩序论"（Organic Order），建构了融城市规划、城市设计、建筑、绘画、雕刻、园林、工艺设计于一体的教学体系。在城市规划领域，伊利尔·沙里宁发表的主要著作有《城市：它的发展、衰败与未来》（*The City — Its Growth, Its Decay, Its Future*）和《形式探索——一条处理艺术问题的基本途径》（*Search for Form：An Fundamental Approach to Art*），这两本书可以说是他"体形环境"设计观的代表作。

在《城市：它的发展、衰败与未来》一书中，沙里宁认为导致城市衰败的主要原因之一，在于城市中日益严重的混乱和拥挤状态。在拥挤的城市中，各种互不相关的不同活动彼此干扰，阻碍城市正常地发挥作用。而那些"只讲实用"的规划人员，却采取最简便的办法去应付困难。例如，交通繁忙时便拓宽街道，导致更多的车辆涌入。而当人口增长、地价高涨时，就规划高层建筑，使原本不良的居住条件更加恶劣（沙里宁，1986）。

为了寻找理想城市的模型，伊利尔·沙里宁重点回顾了中世纪城镇的发展历程。他认为中世纪城镇呈现出一种集中布置的、与自然相互协调的、扩张缓慢而审慎的基本特征。而这种类似于自然界树木年轮的成长方式与协调灵活的空间形式，充分体现了沙里宁口中的"有机秩序"理念。相比之下，19世纪城镇建设逐渐抛弃了"有机秩序"的思想，最终导致城镇结构无法保持有机统一的结构。

图3-1-3　沙里宁的有机疏散模式
资料来源：张京祥.西方城市规划思想史纲[M].南京：东南大学出版社，2005.

基于对城市衰败起因的分析以及对中世纪城镇有机秩序的解读，沙里宁提出了治疗城市疾病的"有机疏散"方法（图3-1-3），具体策略包括：

1）走向分散的策略。主要通过"有机的分散"，将目前大城市中一整块拥挤的区域分散为若干集中的单元，而不是把居民和他们的活动分散到互不相关的地步。例如，保证城区的适当密度来提高企业的工作效率。

2）重新安排居住和工作场所。主要是将不适宜的重工业产业分散到伸缩性更大的地区。而腾出来的用地正好为城市重建工作提供绝好的机会。

3）经济与立法。第一，在扩大的分散区域内，重点考虑如何创造出新的城市使用价值。第二，在衰败地区的改造中，确保每一个步骤都在经济上具有积极意义。第三，尽量保持所有的新老使用价值，即稳定的经济价值。此外，任何的分散过程还应当与经济计划相配合。

4）新的形式秩序。按照大自然建筑的基本原则而建成为人类艺术的成果，促使城市与人在物质上、精神上、文化上的健康。例如单体房屋之间良好的协调关系，按照"分散化的开敞感"进行设计，满足居民对空气、阳光和空间的需要。

5）必要的清除工作。处理好"体面"的问题，例如清理沿街道和广场竖立的那些低劣的招牌和广告，避免形成低级趣味和文化上的退步。

6）全面的规划。重视城市问题的广泛牵涉面和关系全局的性质。在考虑某一项问题时，同时考虑与其相关的其他问题。为了避免混乱，要对城市的整个局面进行彻底的研究，制定一份总体规划。

如果说莱特、霍华德与柯布西耶的思想分别代表了城市分散主义、集中主义的两种极端模式，那么沙里宁的有机疏散理论就是介于两者之间的折中（张京祥，

图 3-1-4　大赫尔辛斯基中心区分散规划模型

资料来源：（美）伊利尔·沙里宁. 城市：它的发展、衰败与未来 [M]. 顾启源，译. 北京：中国建筑工业出版社，1986.

2005）。1918 年，沙里宁根据有机疏散的原则制定了大赫尔辛基规划（图 3-1-4）。他主张在赫尔辛基附近建立一些半独立的城镇，以控制城市的进一步扩张。对于第二次世界大战后的欧美城市重建工作，沙里宁的有机疏散思想通过卫星城疏散和重构大城市，来缓解以城市拥挤为核心的"大城市病"，起到了重要的指导作用。

3.1.3　勒·柯布西耶（Le Corbusier）：现代功能主义

勒·柯布西耶（1887~1965 年），是 20 世纪最知名的建筑、规划、设计师之一，是"现代建筑"的先锋和"功能主义"的代表性人物。柯布西耶认为，20 世纪初大城市面临的中心区衰退问题，应当通过展望未来和利用工业社会的力量才可以解决工业社会的问题，才能更好地发挥人类的创造力。因而，柯布西耶主张用全新的规划和建筑方式改造城市。通过彻底的城市更新，依靠现代技术力量重建更加高效的城市。因此，柯布西耶的规划理论也被称作"城市集中主义"，其中心思想主要体现在两部重要著作中，一部是发表于 1922 年的《明日之城市》（*The City of Tomorrow*），另一部是 1933 年发表的《阳光城》（*The Radiant City*）。它的理论对西方大城市战后的复兴起了很大的作用。

他的城市规划观点主要有四点：

1）传统的城市由于规模的增长和市中心拥挤加剧，已出现功能性的老朽。随着城市的进一步发展，城市中心部分的商业地区内交通负担越来越大，需要通过技术改造以完善它的集聚功能。

2）关于拥挤的问题可以用提高密度来解决。就局部而论，采取大量的高层建筑就能取得很高的密度，但同时，这些高层建筑周围又将会腾出很高比例的空地。他认为摩天楼是"人口集中，避免用地日益紧张，提高城市内部效率的一种极好手段"。

3）主张调整城市内部的密度分布。降低市中心区的建筑密度与就业密度，以减弱中心商业区的压力和使人流合理地分布于整个城市。

4）论证了新的城市布局形式可以容纳一个新型的、高效率的城市交通系统。这种系统由铁路和汽车完全分离的高架道路结合起来，布置在地面以上。

根据上述思想和原则，勒·柯布西耶于1922年发表的《明日之城市》一书中，假想了一个300万人的城市：中央为商业区，有40万居民住在24座60层高的摩天大楼中；高楼周围有大片的绿地，周围有环形居住带，60万居民住在多层连续的板式住宅内；外围是容纳200万居民的花园住宅。平面是现代化的几何形构图。矩形的和对角线的道路交织在一起。规划的中心思想是疏散城市中心，提高密度，改善交通，提供绿地、阳光和空间。而实现这个"理想城市"，便需要对原有的历史肌理进行彻底清除。

1925年，柯布西耶为巴黎设计的中心区改建方案（Plan "Voisin" de Paris），便充分体现了他的城市规划原则。在这个方案中，他将原有的巴黎城市肌理彻底推翻，取而代之以崭新高耸的现代城市。仅保留巴黎圣母院这类极少的重要传统建筑（图3-1-5）。

虽然方案最终没有实施，但是柯布西耶的规划思想却在大洋彼岸的美国生根发芽，对第二次世界大战后的美国城市更新运动产生了巨大影响。当时的美国刚刚进

图3-1-5 柯布西耶的巴黎中心区改建方案

资料来源：阳建强.西欧城市更新[M].南京：东南大学出版社，2012.

入汽车主导的城市交通方式。柯布西耶的规划理念倾向于扫除现有的城市结构，代之以一种崭新的新理性秩序。他的理念与时任纽约建设局长的罗伯特·摩西（Robert Moses）的雄心壮志一拍即合，开启了纽约城自上而下的大规模推倒重建。

总的来说，柯布西耶的现代主义者思想较之以前纯艺术的城市规划，增加了许多功能布局、系统规划的内容。但是，仍然没有摆脱由建筑设计主导的城市建设思想，从本质上无一例外地继承了传统规划的"形体决定论"，把城市看成是一个静止的事物，指望能通过整体的形体规划总图来摆脱城市发展中的困境，并通过田园诗般的图画来吸引拥有足够资金的人们去实现他们提出的蓝图。但是在美国的实践中，大规模的推倒重建迫使成千上万的居民搬迁，并导致城市中心的小型商业倒闭。这都对邻里的社会和经济结构造成了极大破坏。随后，毁灭性的社区清理和拆除以及迟迟未见完成的重建，为美国城市埋下了社会与种族不安的重要因子。加之低收入阶层人群的经济生活并未因城市即将重建而立刻获益，而其居住社区内的环境品质在政府主要资源投入中心商业区后也毫无改善，不满和无奈积成怨愤，便很快地在各地主要城市中蔓延开来，并引发了种族性的暴乱，产生了消极的社会后果。

3.2 人文主义思想及理论

3.2.1 刘易斯·芒福德（Lewis Mumford）：有机规划与人文主义规划

刘易斯·芒福德（1895~1990 年）是美国著名的城市理论家，是有机规划和人文主义规划思想的大师。在名人词典中，他有时被介绍为"城市建筑与城市历史学家"，有时又是"城市规划与社会哲学家"。他作为城市理论家，在对历史城市及城市规划进行系统的分析批判上，在论述内容的广度与深度上，在学术见解的独到性上，都独树一帜。他最突出的理论贡献在于揭示了城市发展与文明进步、文化更新换代的联系规律。他强调城市规划的主导思想应重视各种人文因素，从而促使欧洲的城市设计重新确定方向。第二次世界大战前后，他的著作被波兰、荷兰、希腊等国家一些组织当作教材，培养了新一代的规划师。芒福德的贡献和影响远远超出城市研究和城市规划的领域，深入到哲学、历史、社会、文化等诸多方面。他曾十余次获得重要的研究奖和学术创作奖，其中包括 1961 年获英国皇家金奖（Royal Gold Medal），1971 年获莱昂纳多·达·芬奇奖章（Leonardo da Vinci Medal）和 1972 年获美国国家文学奖（National Book Award）。

芒福德论述城市文明最为著名的两部里程碑式代表作是《城市文化》（1938 年）和《城市发展史》（1961 年）。从他对城市起源和进化的前驱性研究开始，城市研究才正式确定了其在学术领域的地位；从此，人们才更加关注城市在西方文明发展中所发挥的组合作用。芒福德追求的目标从不限于仅仅记录历史，而是力图改变它。

他给当代人提出的任务和难题，就是如何通过更新改造，创建出一种新的社区生活质量，同时造就新人。他警示说，这种更新改造任务成功的可能性有多大，取决于人类对于当今自己问题的深远根源有多少透彻理解。芒福德高度关注人类生活需求，关注城市和建筑环境的人文尺度；他偏爱小型规划和小型项目，而不大赞成大型的纪念性项目。由于这些个性特点，他在20世纪40~50年代奋起谴责和抵制大规模的城市更新计划、高速公路和高楼建设项目。他认为，这样的大规模举措破坏了各大城市中心地带的景观。他喜爱的城市，是那种以邻里生活为中心的富有活力和朝气的城市，人们可以相约街边咖啡馆或者树影婆娑的公园里，见面会晤谈心。

芒福德在《城市发展史》一书中系统总结了西方城市规划的发展过程，对中世纪城市规划极为赞赏，对霍华德的"田园城市"思想评价极高。对于未来社会和城市的发展，芒福德提出的总目标是把它们向有机状态进行改造。具体任务包括：努力创造条件来开发人类智慧多层面的潜在能力；重新振兴家庭、邻里、小城镇、农业区和小城市；以小流域地区作为规划分析的主要单元，在此地区生态极限以内建立若干独立自存又相互联系的、密度适中的社区，使其构成网络结构体系；把符合人性尺度的田园城市作为新发展地区的中心；创立一种平衡的经济模式；复兴城市和地区内的历史文化遗产，将其建成优良传统观念和生活理想的主要载体；更新技术，大力推广新巧、小型、符合人性原则和生态原则的新技术。针对城市更新改造的突出问题与时弊，芒福德曾十分深刻地指出："在过去一个世纪的年代里，特别在过去30年间，相当一部分的城市改革工作和纠正工作——清除贫民窟，建立示范住房，城市建筑装饰，郊区的扩大，'城市更新'——只是表面上换上一种新的形式，实际上继续进行着同样无目的的集中并破坏有机机能，结果又需治疗挽救。"

芒福德认为城市最重要的功能和目的是："城市的主要功能是化力为形，化权能为文化，化朽物为活灵灵的艺术形象，化生物繁衍为社会创新。""城市乃人类之爱的一个器官，因而最优化的城市经济模式应是关怀人、陶冶人。"。

芒福德是当代影响最广泛的伟大思想家之一，其论著涉猎范围宽广，成就卓著。他对历史、哲学、文学、艺术、建筑评论、城市规划，以及城市科学和技术研究等众多领域都大有贡献，他的这些贡献开启了人类成就中一个个宽广领域，供读者重新思考。正如马尔科姆·考利（Malcolm Cowley）所评价的："很可能，刘易斯·芒福德就是人类历史上最后一位伟大的人文主义者了。"

3.2.2　简·雅各布斯（Jane Jacobs）：对现代主义的批判

简·雅各布斯（1916~2006年）出生于美国宾夕法尼亚州，早年做过记者、速记员和自由撰稿人，1952年任《建筑论坛》助理编辑，也曾亲自领导群众游行和抗议。她在负责报道城市重建计划的过程中，逐渐对传统的城市规划观念产生了怀疑。

1955~1968 年间，美国爆发了大规模的民权运动（Civil Rights Movement）。

1961 年，简·雅各布斯以调查实证为手段，针对许多城市相继出现的"城市病"，以美国一些大城市为对象进行调查与剖析，出版了《美国大城市的死与生》一书。书中考察了都市结构的基本元素以及它们在城市生活中发挥功能的方式，分析了城市活力的来源，抨击了传统的城市规划和城市重建理论。雅各布斯认为当今城市规划和重建是对地方性社群的破坏，并揭示解决贫民窟问题不仅仅是一个经济上投资及物质上改善环境的问题，它更是一项深刻的社会规划和社会运动。因此，雅各布斯提出了城市规划和重建的新原则：主张进行不间断的小规模改建，并提出一套保护和加强地方性邻里社区的原则。由此奠定了城市设计理论与实践在新的发展阶段的基调。

简·雅各布斯认为，城市旧区的价值一直为规划者和政府当局所忽略，传统城市规划及其伙伴——城市设计的艺术只是一种"伪科学"，城市中最基本的、无处不在的原则，应是"城市对错综交织使用多样化的需要，而这些使用之间始终在经济和社会方面互相支持，以一种相当稳固的方式相互补充"。对于这一要求，传统"大规模规划"的做法已被证明是无能为力的，因为它压抑想象力，缺少弹性和选择性，只注意其过程的易解和速度的外在现象，这正是"城市病"的根源所在。

在简·雅各布斯看来，勒·柯布西耶和霍华德是现代城市规划设计的两大罪人，因为他们都是城市的破坏者，都主张以建筑为本体的城市设计，认为霍华德的"田园城市"把城市问题简单化了，仅适用于封闭、静止状态的小城镇而难以解决多样性的现代大都市问题；勒·柯布西耶的"明日之城市"则完全忽略了城市背后的深层次关联，把城市规划引向歧途，是大规模重建、随意安排城市人口的规划方法的思想根源。简·雅各布斯认为城市问题是一个"有序的复杂问题"，对城市而言，"过程是本质的东西"，并指出城市多元化是城市生命力、活泼和安全之源。城市最基本的特征是人的活动。人的活动总是沿着线进行的，城市中街道担负着特别重要的任务，是城市中最富有活力的"器官"，也是最主要的公共场所。路在宏观上是线，但在微观上却是很宽的面，可分出步行道和车行道，而且也是城市中主要的视觉感受的"发生器"。因此，街道特别是步行街区和广场构成的开敞空间体系是雅各布斯分析评判城市空间和环境的主要基点和规模单元。简·雅各布斯认为街道除交通功能外，还与人的心理和行为相关，她指出现代派城市分析理论把城市视为一个整体，略去了许多具体细节，考虑人行交通通畅的需要，但却不考虑街道空间作为城市人际交往场所的需要，从而引起人们的不满，现代城市更新改造的首要任务应是恢复街道和街区"多样性"的活力，提出城市设计必须满足四个基本条件：

1）街区中应混合不同的土地使用性质，并考虑不同时间、不同使用要求的共用。

2）大部分街道要短，街道拐弯抹角的机会要多。

3）街区中必须混有不同年代、不同条件的建筑，老房子应占相当比例。

4）人流往返频繁，其人口密度与人员拥挤是两个不同的概念。

这一分析思路及其成果，对其后的城市规划与更新设计具有深远的影响。直到今天，简·雅各布斯的著作仍是美国城市和设计专业的必读书。

3.2.3　柯林·罗（Colin Rowe）和弗瑞德·科特（Fred Koetter）：拼贴城市

柯林·罗（1920~1999年）与弗瑞德·科特（1938~2017年）被誉为西方第二次世界大战后最有影响力的学者、建筑理论家和评论家之一。1995年，柯林·罗曾被英国皇家建筑师学会授予金质奖章。他们在以往执教于康乃尔大学城市设计课的研究与设计工作基础上形成了"拼贴城市"思想，"拼贴城市"提供了一种反乌托邦式的城市设计理论，这种折衷主义的混合并置与传统城市的层积性与现代主义思想抽象、纯粹的特性相比，更具有城市生活的意味，并且对之大有裨益。

《拼贴城市》于1978年正式出版，自面世以后一直受到学界的高度关注，许多著名的建筑与规划学院将其选为必读的教学参考书，可以说是建筑学和城市规划领域一本具有划时代意义的理论著作，在建筑学与城市研究向后现代转向的过程中，具有里程碑的地位。

柯林·罗和弗瑞德·科特从经典哲学、社会学、政治学到现代学术、现代文学、城市建筑史等广泛的视角，为我们展现了一个宏大的人文领域场景，他们认为城市是一种大规模现实化和许多未完成目的的组成，总的画面是不同建筑意向的经常"抵触"。柯林·罗和弗瑞德·科特对现代建筑的"远大理想"和成为"至善"工具的企图表示出怀疑，认为它们具有"悲剧性地被渲染上荒谬的色彩"。在书中，柯林·罗和弗瑞德·科特阐述现代建筑产生之后种种矛盾冲突以及混乱，铺垫了"拼贴城市"理论产生的时代背景以及理论背景，提出了"拼贴城市"理论。

"拼贴"概念在现代艺术中主要来源于毕加索的拼贴画，自立体主义以来拼贴就作为一种与统一的、整体的、纯净的、终极的艺术观念相逆反的精神要素，而这种潮流也就构成了后现代的典型与精髓。所有这些都表征着在哲学意图上打破本质神学、理性陈述和二元思路所带来的理性时代的体制。"拼贴城市"是对现代建筑思想中的基本理性与整体叙事方式的一种破解，通过对现代建筑中所包含的理想城市的批判，试图将城市概念从一种单眼视域的乌托邦重新导向一种关于城市形态的多元视角。

同时《拼贴城市》通过黑白组合的"图底分析"方法，希望设计师们在进行建筑或者城市设计的时候能够更多地重视白色部分，也就是城市的空间，而不要把目光总是集中在实体本身。最简单的例子就是勒·柯布西耶的建筑作品独立看都很完美，一旦用黑白图去表达，可怕的、零散的空缺一目了然。

《拼贴城市》的核心内容针对一种也许处在乌有之中的危机的讨论以及针对思想

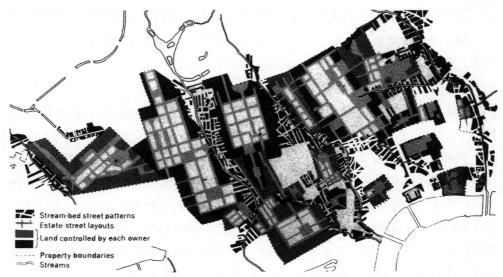

图 3-2-1 《拼贴城市》中对伦敦中心区"拼贴化"的图底分析
资料来源:(美)柯林·罗,弗瑞德·科特. 拼贴城市 [M]. 童明,译.
北京:中国建筑工业出版社,2003.

策略的讨论,拼贴的概念成为对应这些前因的一种后果。拼贴城市的操作方式构成了传统城市的基础,针对现代城市的内核实质,柯林·罗和弗瑞德·科特提出了一种面对现代危机的后现代策略。归根结底,他们的目的是驱除幻象,同时寻求秩序和非秩序、简单与复杂、永恒与偶发的共存,私人与公共的共存,以及革命与传统的共存(图 3-2-1)。

3.2.4 凯文·林奇(Kevin Lynch):城市意象

凯文·林奇(1918~1984 年),为 20 世纪城市设计领域最杰出的人物之一,曾任麻省理工学院城市研究和规划系教授,开设城市设计的课程。其重要论著《城市意象》(*The Image of the City*)第一次把环境心理学引进城市设计,在城市意象领域取得了开拓性的研究成果。凯文·林奇通过多年的细心观察和社会调查,对美国波士顿、洛杉矶和泽西城三座城市做了分析,将城市景观归纳为道路(Path)、边缘(Edge)、区域(District)、节点(Node)和标志(Landmark)五大组成因素(图 3-2-2)。

凯文·林奇在其城市设计理论巨著《一种好的城市形态理论》中,从城市的社会文化结构、人的活动和空间形体环境结合的角度提出:"城市设计的关键在于如何从空间安排上保证城市各种活动的交织",进而应"从城市空间结构上实现人类形形色色的价值观之共存"。他尤其崇尚城市规范理论(Normative Theory),这同样是一种从理论形态上概括城市设计概念的尝试。

他通过对人类城市历史发展的概要回顾,提出城市形态是受不同的价值标准影响的观点,认为一般的城市形态理论应以人为目的、以具体的物质形态环境为研究

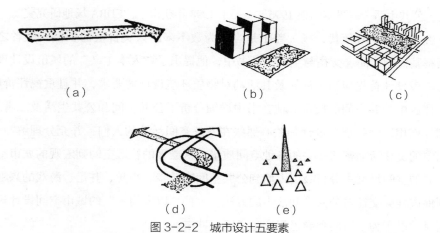

图 3-2-2　城市设计五要素

（a）道路；（b）边缘；（c）区域；（d）节点；（e）标志

资料来源：（美）凯文·林奇.城市意象[M].方益萍，何晓军，译.北京：华夏出版社，2001.

对象，并且应当具有动态、参与决策和公众可参与的特征。

凯文·林奇分析论证了乌托邦城市和未来主义理想城市的缺陷：乌托邦城市只关注社会结构的变革而忽视物质空间的创新；未来主义理想城市则仅考虑新技术在物质层面上的应用，却忽视了社会结构与生态环境对人类社会的意义。他还分析了三种成熟的宇宙城市模型——中国、印度、欧洲的城市模型，认为城市的形态决定于其社会整体的价值目标。现代所流行的城市形态标准理论有三个，即方格网城市、机器城市和有机城市，每一种理论都有其内在的价值标准。比如在美国，采用方格网体系的城市是基于投机买卖和土地分配的价值目标，"机器城市"则是在追求理想化、标准化的社会背景下产生的，"有机城市"的价值标准在于社区、连贯性、健康和良好的功能组织循环发展等贴近"自然"的宇宙。他同时批驳了一些常见的误解，认为在评判城市空间的价值上，是有可能形成标准理论的，这些标准有五个基本指标：活力、感受、适宜、可及性及管理。此外还有两个额外指标：效率和公平。

3.2.5　扬·盖尔（Jan Gehl）：人性化设计

扬·盖尔（1936 年～　）是丹麦著名的建筑师和城市设计师。他一生致力于人性化的城市设计，来提高城市公共空间的品质以及市民的生活质量。其代表性作品主要围绕人性化的公共空间设计展开，具体包括 1971 年初版的《交往与空间》（*Life Between Buildings*）、2000 年的《新城市空间》（*New City Spaces*）、2004 年的《公共空间·公共生活》（*Public Spaces，Public Life*）、2006 年的《新城市生活》（*New City Life*）、2010 年的《人性化的城市》（*Cities for People*），以及 2013 年新出版的《公共生活研究方法》（*How to Study Public Life*）等。为了表彰扬·盖尔对城镇规划的杰出贡献，1993 年国际建筑师联盟向他颁发了"帕特里克·阿伯克隆比奖"（Sir Patrick Abercrombie）。《公共空间·公共生活——哥本哈根 1996》一书于 1998 年获得了"EDRA 场地研究奖"。

在 20 世纪 70 年代，扬·盖尔是当时为数不多的人文价值的积极支持者之一。在其奠基性的作品《交往与空间》一书中，他提出了"人本主义"的城市设计理论，认为城市设计首先应当关注人及其活动对物质环境设计的要求，并且重视评价城市和居住区中公共空间的质量。他在书中详细分析了公共空间和公共生活及二者之间的相互作用。呼吁规划设计师关心那些在室外空间活动的人们，并充分理解与公共空间中的交往活动密切相关的各种空间质量。从微观的社区空间到宏观的城市空间，从不同的空间尺度去分析吸引人们到公共空间中散步、小憩、驻足、游戏的兴趣点，找到促进社会交往与公共空间活力的方法。这些"以人为本"的城市空间设计理念，对当时"以车为本"的主导思想产生了巨大冲击。

在哥本哈根的实践中，盖尔将这一套理论应用到步行道与自行车道的设计中。倡导将城市公共空间归还于市民。经过长时间的规划实践，自行车道设计产生了巨大的社会效益。哥本哈根的城市空间再度恢复人性化的尺度与公共空间活力。随后，当地市政府出版了一系列文献来宣传哥本哈根的城市设计理念，比如《人性化的大都市：哥本哈根 2015 城市生活愿景与规划目标》（2009 年），集中反映了扬·盖尔对城市设计所产生的巨大影响。这一影响所带来的观念转变随即反映在丹麦国家建筑政策文件上。2014 年，哥本哈根再度提出了"建筑以人为先，都市以人为本"的规划目标。2016 年，哥本哈根被美国《大都会》（*Metropolis*）杂志评为全球最宜居的城市。

在其后期的作品《新城市空间》一书中，扬·盖尔进一步探讨了室外步行空间的设计。他将全球城市划分为四类，并对其中 9 个不同程度实现复兴的城市以及全球 39 处别具建筑特色的街道和广场设计进行分析，提出城市设计应当回归公共空间。在《新城市生活》一书中，扬·盖尔进一步描述了从"必要性行为"到"可选行为"的发展。指出空间质量是任何可选休闲娱乐行为的前提条件，只有在拥有优质空间的地方，"闲暇社会"里的城市居民才会考虑使用这些空间。因此，盖尔对城市中的散步道、市中心空间、仪式空间、静谧空间、水畔空间、空旷空间等基本类型的公共空间展开考察，提出了衡量空间质量的 12 个重要准则，并借助上述准则评估了哥本哈根市全市的 28 处空间质量。盖尔认为：推行减少汽车流量、改善步行环境的措施有很高难度，这并不是一两个城市的问题，哪怕在哥本哈根也没有例外；但是，一旦大家都看到了改造带来的益处，人们通常会欣然接受结果。所以"确实的益处""坚持完成""一点一滴、循序渐进的改变"是非常重要的。

在其最新的作品《公共生活研究方法》一书中，盖尔系统化总结了公共生活的各种方法。依旧以哥本哈根为例，介绍了"公共空间—公共生活"研究对政策进程的推动。扬·盖尔对城市空间的研究改变了人们的思维定式，并且在大量的城市设计实践中越来越关注城市使用者的需求，更加追求创造人性化的公共空间。

3.3 公众参与规划思想及理论

3.3.1 保罗·达维多夫（Paul Davidoff）：倡导性规划

保罗·达维多夫（1930~1984年）是美国知名的规划师、规划教育家以及规划理论家。他提出的"倡导性规划"（Advocacy Planning）理论成为后来美国公众参与城市规划的基础性理论。为了纪念达维多夫对规划民主制度的贡献，美国规划协会每年向帮助弱势群体的项目、团体或个人颁发"保罗·达维多夫社会变革与多样性国家奖"（Paul Davidoff National Award for Social Change and Diversity）。

1962年，达维多夫与汤姆森·莱纳（Thomas Reiner）首次提出了"规划选择理论"（A Choice Theory of Planning）。该理论对当时社会中不同的价值观冲突与矛盾进行讨论，提倡运用多元主义的思想，将规划决策权交还给社会。而规划师的角色则应当进行转型，为多元化的价值观提供尽可能多的方案供选择。

在这个理论的基础上，1965年达维多夫在《美国规划师协会杂志》上发表其著名的《规划中的倡导和多元主义》（Advocacy and Pluralism in Planning）一文，正式提出了"倡导性规划"理论。在这篇文章中，达维多夫首先分析了一个社会中不同群体的多元价值观。然后提出了城市规划不应当以一种统领的价值观来规训多元的社会价值。相反，城市规划师应该主动代表并服务于各种不同的社会团体，尤其是为弱势群体的价值观与利益诉求提供规划技术方面的帮助。每一个阶段的城市规划都应当广泛听取公众的意见，并将这些意见尽可能地反映在规划决策中。最终，通过规划全过程的公众参与制度，为具有不同价值观和需求的群体，提供多元、平等的博弈机制（Davidoff P.，1965）。

倡导性规划理论的提出，正值西方社会的民权运动时期。当时的美国与英国都爆发了一系列反对高速公路建设和大规模城市更新的游行与抵制活动。过去由物质空间主导的城市更新以及精英自上而下的规划决策模式，不再适应于时代对民主参与的切实需求。在反思城市更新运动的过程中，美国从1960年代末期开始，推行了一系列以社区为依托的行动规划。这些规划主要是基于达维多夫的公众参与理论，在社区中建设了许多培育机构来帮助居民学习参与社区建设，培育公民参与民主活动的能力。此后，1968年开始推行的"新社区计划"以及后来的"模范城市计划"，都制定了相应的公众参与规章制度。规定所有项目的审批，都必须确认市民已经有效参与到规划制度过程与决策过程中之后才能进行拨款。

严格来说，达维多夫的规划理论应该被称为"多元性与倡导性规划理论"。于泓（2000）认为这包含了两个层面的问题：①观念的问题。由于城市中多元的政治生活与群体差异的存在，使得规划师不仅需要服务于政府，更需要为不同的社会群体，尤其是弱势群体提供服务。这要求规划师从观念上抛弃传统的"综合观、全局观"，自下而上地进行基于多元价值观的规划重构。②方法的问题。过去的规划是精英主导的少数人决策。而当代的规划决策及其法规化是在一种动态的辩论与交易中完成的（于泓，2000）。这种协调过程可能导致低效，但是却隐含着社会公平。对于我国而言，随着市场化改革的日益深化，土地产权的分散使得多元参与和集体决策成为必然。同时，国家治理体系的建设自上而下推动民主化进程。由政府、市场、社会力量共同参与和治理，必然成为我国城市规划与更新建设的必由路径。

3.3.2 谢里·阿恩斯坦（Sherry Arnstein）：市民参与的阶梯

谢里·阿恩斯坦（1929~1997 年）是世界知名的城市规划师。她曾担任美国"住房与城市发展部"（HUD）的首席顾问，为 1966 年的"模范都市计划"（Model Cities Program）提供市民参与方面的政策建议。1969 年《美国规划师协会杂志》刊登了阿恩斯坦的论文《市民参与的阶梯》（*A Ladder of Citizen Participation*），这篇论文随后出版成书，并以不同的语言再次出版多达 8 次，被认为是城市规划公众参与的奠基性作品之一。

在 20 世纪 60 年代，阿恩斯坦与达维多夫都是当时知名的自由主义倡导者。其不同之处在于，对比达维多夫的倡导性规划参与，阿恩斯坦作为专业的社会工作者，更提倡对个体与社区的赋权，从而使市民直接参与到规划的决策过程中。阿恩斯坦描述道：市民参与中的每一个人都有自己的价值准则。规划决策应当充分尊重市民的选择。通过制度上的赋权，使市民拥有决策的权力（Sherry R. Arnstein.，1969）。在《市民参与的阶梯》中，阿恩斯坦将市民参与的程度划分为 8 个阶梯：操纵、治疗、通知、咨询、安抚、合作、赋权、市民掌控（图 3-3-1）。

1）第一级阶梯："操纵"（Manipulation）。决策者构建了一个虚假的公众参与制度，将市民设置在没有实际权力的委员会中，来确保公共项目符合决策者的需求。

2）第二级阶梯："治疗"（Therapy）。决策者将市民视为集体门诊治疗的对象，让市民参与广泛的活动来了解"疾病"，但是并不解决"生病"的病因。

3）第三级阶梯："告知"（Informing）。关键性的权利、责任和选择信息，只在单一的方向上"自上而下"传递。市民没有渠道进行反馈或改变决策结果。

4）第四级阶梯："咨询"（Consultation）。政府邀请市民进行选择，召开公众听证会或进行社会调查。但这只是装点门面的工程，不能保证公众的意见会被纳入考虑。

5）第五级阶梯："安抚"（Placation）。此时，市民在规划决策中开始具有一定程度的影响力。部分市民将加入公共机构获取投票权。但是这取决于政府对市民让步的程度，往往因为信息壁垒和官僚主义而导致社会赋权名不副实。

6）第六级阶梯："合作"（Partnership）。决策的权力在市民与政府之间重新分配。一些基本的集体决策规则开始建立起来，不再受到少数精英的决定性影响。

7）第七级阶梯："权力转移"（Delegated power）。在这个阶段，代表市民的委员会或社区机构在决策体系中开始占据多数席位。市民手握重要权力，确保项目对其高度负责。而当权者需要通过协商推动，而不能再以施压的方式回应。

8）第八级阶梯："市民掌控"（Citizen control）。人民此时已经能够充分掌握政策的制度、规章的管理等正式制度的各方面。对于一个项目或机构而言，市民拥有一定的控制权来进行项目管理。新的权力结构与控制模式不断涌现。

但是，公众参与也有其局限性。MIT 的教授伯纳德・J. 弗里登（Bernard J. Frieden）反对

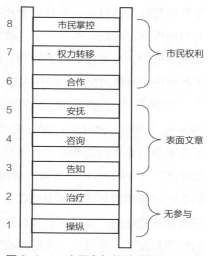

图 3-3-1　市民参与的阶梯的八个梯蹬
资料来源：Arnstein S.R. A Ladder of Citizen Participation[J].Journal of the American Institute of Planners, 1969, 35: 4, 216–224.

过度的公众参与。他通过大量的美国案例，证明了过度的社会赋权与民主导致城市规划制度成本的指数级增长。这不仅破坏集体行动的效率，还会降低社会整体的福祉以及公共利益。事实上，许多反对规划建设的市民并不是出于环境保护或社会公平的考虑。他们的真实目的是维护自身的个人利益，保护私有财产及其市场价值不受破坏。更重要的是，通过维护私有土地与固定资产来获取更长久的空间特权。于是，激烈的"邻避效应"（Not in My Back Yard，NIMBY）对城市规划项目的实施造成巨大阻碍，致使美国的城市规划常常陷入举步维艰的地步。这正是由于过度的社会赋权、缺乏公共利益的统筹所导致的负面效应。

3.3.3　帕齐・希利（Patsy Healey）：协作式规划

帕齐・希利（1940 年~ ）是英国纽卡斯尔大学的荣誉教授，也是世界著名的规划理论家和实践家。2004 年，希利被评为"欧洲规划学会"颁发的荣誉会员，成为第二个获此殊荣的规划师。2006 年，希利被授予英国"皇家规划学会"（Royal Town Planning Institute）金奖，成为 53 年来第一位获此荣誉的女性规划师。

在希利最有影响力的著作，《协作式规划：在碎片化社会中塑造场所》（Collaborative Planning：Shaping Places in Fragmented Societies）一书中，希利首先讨论了城市规划长期争议的一个议题：为什么城市区域对于社会经济和环境政策如此重要？政治团体又是如何组织起来提升场所质量？基于在城市规划领域以及房地产开发领域的长期实践，希利提出城市规划不应当仅仅提倡市民参与，还应当鼓励其他利益相关者的协同参与。规划师根据特定的社会经济背景，将规划战略、政策和实施的过程

作为构建社会的过程，为社会公正和环境可持续性政策提供更具包容性、更具效率的治理机制。最终，基于社会、政治和空间领域的发展，立足当前世界制度现状的新规划框架，立足于国际视野和广博的学科领域，推动传统的空间规划工作，从技术和程序主导转向交流和协作主导，实现在碎片化社会中塑造共享空间的公共目标。

希利最主要的贡献就是在此基础上提出的"协作式规划"（Collaborative Planning）理论。这个理论在交流式规划理论的基础上，进一步深入分析特定社会经济背景中的个体行为和组织的本质。倡导通过沟通式的规划参与方法构建"权力共享社会"。同时，也提出保障所有的利益相关者诉求权利的规范性道德承诺。在具体的治理过程和协作式规划制度设计的过程中：一方面，要注重形成并维持服务特定场所发展战略的"非正式合作性决策环境"（Soft Infrastructure）；另一方面，由正式的规则和政策体系构成"法定的政策制定环境"（Hard Infrastructure）。通过规划制度的刚柔并济，来孕育多元主体合作的信任基础并建立集体行动的共识。

而在理论的应用方面，希利主要运用 5 个因子来判断政策方案的运行是否能够采取协作式规划的理论方法，包括：

1）承认需要协调的合作者来源的多样性；

2）对政府部门的集中权力进行适当的分散；

3）为非政府机构或地方组织提供机会；

4）鼓励和培养地方社区的自治能力；

5）以上所有过程必须持续、公开、透明地进行，并提供公共解释。

今天，伴随全球经济一体化进程的加速，包括欧盟国家和美国田纳西流域沿岸城市在内，都广泛开展了基于协作的国家间、区域间以及城市间的空间发展规划，如欧盟国家制定的《欧洲空间发展前景》（董金柱，2004）。希利的协作式规划理论为这些活动的开展提供了重要的理论基础。不仅将区域发展的时空动力理论与政府治理结构形成的社会理论有机结合，而且广泛涉猎了城市政治学、现象学、人类社会学、制度社会学、政策分析以及规划理论的研究。尤其是 20 世纪 80 年代兴起的制度主义社会学和区域经济地理学，都被应用到这个新的理论中来帮助规划师更好地理解"社会力量"（Social Force）的重要性。由于协作式规划理论对当今多元社会实现参与式民主实践的巨大贡献，被广泛应用于规划参与制度的设计中，被认为是20 世纪后半叶以来城市规划理论的重大思想突破。

3.4　复杂系统规划思想及理论

3.4.1　J·布莱恩·麦克洛克林（J. Brian McLoughlin）：系统规划理论

J·布莱恩·麦克洛克林（1934~1994 年）是系统规划理论的奠基者之一。他早年就读于世界知名学府泰恩河畔纽卡斯尔本校的城市规划专业。1954 年，刚刚从学校毕业的麦克洛克林便成为一名职业的城市规划师。当时，城市规划从业者主要是为市镇规划提供空间设计方面的服务。但是，他在实践中发现，规划师的工作更多的是在监测和管理城市的增长与转型。20 世纪 60 年代，地理学科发生了"计量革命"，地理学科成了自然学科。城市规划领域的从业者从过去建筑学和测量学背景的毕业生为主，开始由更多的地理学者承担规划工作。在这样的时代背景下，以英美为代表的规划学界，迫切希望从新兴的"系统观"中汲取理论和思想支撑。用更精确的地理学方法、生态学方法来武装城市规划学科。

1969 年，麦克洛克林出版了《城市和区域规划：一个系统方法》（*Urban and Regional Planning: A Systems Approach*），此书不久便成为西方城市规划学科的标准教科书。在书中，麦克洛克林详细论述了如何应用系统方法进行规划资料的收集、规划预测、规划模拟、规划方案的量化评定以及规划的实施等步骤。在书中，麦克洛克林提出了著名的"城市是一个复杂系统"的思想，将城市规划推向一门"科学"（McLoughlin, J. B., 1969）。1971 年，乔治·查德威克出版《规划的系统观：迈向城市和区域规划过程理论》，进一步发展了系统规划的理论和实践方法。这两本著作的出现，标志着现代主义规划思想研究达到一个顶峰。

根据系统规划理论，城市区域被看作若干个系统，每个功能系统在丰富的经济、社会活动中紧密关联，而不仅仅是物质空间或美学方面的视觉联系。相对应的，城市规划便是对这些系统进行分析和控制的活动。首先，城市规划师需要拓展自身在经济地理和社会科学方面的知识，而不是局限于建筑学、美学或土地测量。其次，重点关注城市的功能、活动和变化上，去了解"城市是如何运行的"。由于城市是不断变化的，因此城市规划是在变化的情景下进行监测、分析、干预的动态过程，而不是过去根据城镇理想而绘制的一劳永逸的"终极蓝图"。系统规划理论的提出，对城市规划的本质有了更深的了解，使其逐步从以建筑学和美学为背景的空间设计中脱离出来，成为一门更独立的学科以及科学。而且，系统论的动态内涵还要求城市规划具有更强的适应性、弹性、应对变化的能力。这些观点对今天的城市规划工作依旧具有重要的影响力并发挥着广泛的实际作用。

3.4.2　乔纳森·巴奈特（Jonathan Barnett）：设计过程理论

乔纳森·巴奈特曾任纽约总城市设计师，现任宾夕法尼亚大学教授，是当代著名的城市规划理论家。他提出的"城市设计作为公共政策"的理念，超越了传统物质空间设计主导的城市规划与设计活动。重新基于当代的城市社会问题，提出了规划设计的过程理论。

在《城市设计引介》一书中，巴奈特首先批评了传统的仅注重建筑单体而缺乏城市整体空间关系考虑的设计方法，认为综合考虑了各种相关的目标和决策过程后，城市是可以被设计的，同时强调了规划师和建筑师参与到城市政府决策以及投资决策过程中的重要意义。

相比以往，有关于城市设计的社会经济背景都发生了巨大的变化，包括环境保护意识增强、人们参与城市设计过程的积极性提高以及城市历史保护运动的兴起。因此，在对美国新的城市设计背景做出分析的基础上，巴奈特以纽约为代表，结合多个案例，介绍了美国 20 世纪以来城市设计发展的几个阶段，重点论述相关公共政策对城市设计过程的影响，剖析了城市设计过程中存在的问题，从而提出对相关政策及城市设计过程的修正方法。

乔纳森·巴奈特曾指出："城市设计是一种现实生活的问题"，在其《城市设计引介》中提出"设计城市而不是设计建筑（Designing Cities without Designing Buildings）"（J. Barnett.，1982）。他认为，我们不可能像勒·柯布西耶设想的那样将城市全部推翻后一切重建，强调城市形体必须是通过一个"连续决策过程"来塑造，所以应该将城市设计作为"公共政策"（Public-Policy）。乔纳森·巴奈特坚信，这才是现代城市设计的概念，它超越了广场、道路的围合感、轴线、景观和序列这些"18 世纪的城市老问题"。现代城市及其社会结构较前诸个世纪远为错综复杂。虽然说 18 世纪的城市设计主要考虑的广场、轴线、视线和行进序列等仍起作用，却已不能完全满足现代城市功能的需要了。现代城市设计更重要地应着眼于城市发展、保护、更新等的形态设计，着眼于不同运动速度运动系统中的空间视感，乃至行为心理对城市设计的影响。确实，现代主义忽略了这些问题，但是"今天的城市设计问题启用传统观念已经无济于事"。

从方法论的角度，乔纳森·巴奈特还探讨了城市设计的重要性及方法，重点是区划（Zoning）、图则（Mapping）和城市更新（Urban Renewal）三种手段。

首先，区划是一种强制性的技术规范，是对城市各地块中可建建筑的类型、尺度、形式等提出相应的设计要求的管理手段，其目的是避免由私人为逐利开发所造成的城市环境混乱的现象，以形成整体性的城市设计。最早的区划制度于 1916 年在纽约实施，其目的是保证街道具有基本的日照和通风，同时形成必要的城市功能分区，可称之为传统的区划制度。传统区划制度对建筑形式产生了直接的影响，也带来一些弊端，美国早期许多城市零乱的天际线、泛滥的方格网街道和单调的方盒子建筑都多少与之有关。

为了克服传统区划制度的缺陷，实践中发展了三种对传统区划的修正方法：规划单元开发（Planned Unit Development，PUD）、城市更新和奖励性区划（Incentive Zoning）。所谓 PUD 是指在新开发的单元中以通过审批的规划方案作为建设的指导依据；城市更新则是在原有城区内以公共利益为主导，在政府的监控机制之下有选择地进行建设活动；于 1961 年实施的奖励性区划是对传统区划的综合性修正，其基本内容是以容积率奖励来鼓励地块开发对城市公共空间做出贡献，从而达到引导城市设计的目的，这是对区划制度的重大发展。巴奈特同时还以纽约的林肯艺术中心区、第五大道、下曼哈顿区等若干实例说明了奖励性区划在实践中的应用，分析了其积极意义和存在的问题。同时，在剖析这些问题的基础上，又介绍了实践中对区划制度的修正方法，如更加强调历史遗产的作用、容积率指标的应用，注重街道的活力和连续性等，此外还介绍了旧金山的区划制度的经验。

在书中，巴奈特还进一步从土地使用、开放空间、街道家具、城市交通、立法、公共投资等方面阐述了与城市设计密切相关的发展战略的重要性及其方法。例如，在土地使用方面批评了传统的严格而明确的土地功能分区方式，提倡土地功能混合使用的策略，注重历史文化的保护和旧建筑的再利用，鼓励私人所有的土地开发与城市的发展策略相吻合。主张修正区划制度以使地块开发的公共空间能够真正为公众所使用，强调解冻空间的连续性，说明街道是城市公共开放空间的关键。乔纳森·巴奈特提倡在城市中的街道家具、灯具和各种标志统一设计，以避免混乱的视觉秩序。在城市交通方面比较并从交通管制的角度探讨了不同的交通运输方式；在政策法规层面讨论了法规与城市整体、建筑群、建筑单体设计之间的关系；最后，从公共投资的角度阐述了政府对公共领域投资进行引导的重要性，并结束了指导公共投资的三种主要手段：补贴、退息和减税。

另外，乔纳森·巴奈特于 1974 年还出版了《作为公共政策的城市设计》一书，强调设计者应该有权介入政策的制定过程，若拒设计者于这一过程之外，则会使"政策"缺乏想象力，出现刻板单调，并指出城市设计的行动框架应该是灵活的。而且，城市设计导则应当具有合理的范畴，它所关注的应当是城市形态和景观的公共价值领域，包括建筑物对于城市形态和景观的影响，但不是建筑物本身（唐子来，2002）。这就是巴奈特所说的"设计城市而不是设计建筑"。近年来，巴奈特将精力集中于郊区的城市增长边界控制以及大都市旧区的交通沿线城市更新问题。目前，他正在为密苏里州、威斯康星州和纽约州编制城市增长管理规划，并且对原铁路用地和军事基地进行规划更新设计。

3.4.3 彼得·霍尔（Peter Hall）：系统规划和城市战略

彼得·霍尔（1932~2014 年）是世界知名的城市规划学者，曾担任伦敦大学巴特雷建筑与规划学院系主任 20 余年，同时也是英国城乡规划协会（Town and Country Planning Association）以及区域研究协会（Regional Studies Association）两大协会的主席。霍尔因其对全球城市所面临的经济、人口、文化、管理问题研究而享誉世界，多年来，一直为历届英国政府做规划与更新方面的咨询工作。1991~1994 年间，霍尔担任英国政府的战略规划特别顾问。随后又于 1998~1999 年间，担任副总理城市工作专题组的顾问。此外，霍尔于 1977 年提出的香港"自由港"概念，后期逐步发展为优惠政策与税收折扣相对集中的"企业区"（Enterprise Zone）概念。这个政策理念在许多国家尤其是发展中国家中得到大力推广，因而彼得·霍尔也被称作"企业区概念之父"。

霍尔一生出版的城市规划相关著作多达 30 多部。早期的《城市和区域规划》（*Urban and Regional Planning*，1975）一书系统性地回顾了 20 世纪英国的城市规划理论与实践。该书以英国城市发展的早期历史和城市规划的先驱思想家作引，论述了 19 世纪城市规划作为解决公共健康问题的政策内容之一而被确立起来的过程。继而介绍了影响早期规划运动的多位先驱思想家以及第二次世界大战后的城市规划转型与重构。在正文中，霍尔首先对比了包括西欧和美国在内的发达工业国家的城市规划经验，然后详细阐述了 20 世纪英国城市规划与实践的发展和演变过程。最后，在了解发达国家规划历史的基础上，总结归纳了城市与区域规划的编制程序，以及在每一个规划阶段中可能使用的重要规划技术。例如，在"规划过程"这个章节中，霍尔建立了"系统规划"的整体框架。提出城市规划首先应当确定规划目标、任务和对象。然后，通过预测模型的建立以及过去经验的总结，对未来进行预测。基于预测的结果进行规划方案的设计，并对方案进行对比和评价。该书是了解英国规划理论、政策和实践的经典教科书。

此后，彼得·霍尔将注意力更多地转向文化经济、社会城市、新技术、营运资本（Working Capital）等研究中，剖析了以伦敦为代表的国际大都市，在 21 世纪中面临的机遇和挑战。其中代表性的作品包括 1988 年的《明日之城：一部关于 20 世纪城市规划与设计的思想史》（*Cities of Tomorrow：An Intellectual History of Urban Planning and Design in the Twentieth Century*）、1994 年与 Manuel Castells 合著的《世界高技术中心：打造 21 世纪的工业综合体》（*Technopoles of the World：The Making of 21st-Century Industrial Complexes*）、1998 年的《文明中的城市：文化、技术与城市秩序》（*Cities in Civilization：Culture，Technology and Urban Order*）、2007 年的《伦敦声音、论述生活：运营成本的故事》（*London Voices，London Lives：Tales from a Working Capital*）。

2014 年，彼得·霍尔出版了最后一本书——《好城市：更好的生活》（*Good Cities：Better Lives*）。在该书的最后一章"英国规划的奇怪死亡：如何实现奇迹般复兴"（The Strange Death of British Planning：and How to Bring a miracle Revival）中，霍尔颇有忧患意识地批判了英国规划同行的落伍问题，并试图将规划研究的注意力转向欧洲大陆。在同年 5 月举行的沃尔夫森经济学奖（Wolfson Economics Prize）竞赛中，他提出了在英格兰西北部、中部和东南部地区，将现有城镇和新的花园城市聚集在一起，形成充满活力的新城市区域的设想，作为其学术生涯最后的贡献。

3.4.4 克里斯托弗·亚历山大（Christopher Alexander）：模式语言

克里斯托弗·亚历山大（1936年~）任职于美国加州大学伯克利分校，是世界知名的建筑师与设计理论家。他的设计理论重点探讨了人性化设计的本质，被许多当代的建筑研究共同体付诸实施。例如，在"新城市主义"运动中，人性化设计理论便被用于倡导人们重新掌控自身的建成环境。但是，因为亚历山大对当代建筑理论与实践的激烈批判，也引发主流建筑理论家们对他的争议。在建筑领域之外，亚历山大对城市结构内在模式的分析，在城市设计、计算机软件开发以及社会学领域都有着深远的影响力。维基百科网站技术便直接取用了亚历山大的研究成果。因此在计算机领域中，亚历山大也被称为"模式语言之父"（the Father of Pattern Language）。

亚历山大的主要作品包括：《形式综合论》（*Notes on the Synthesis of Form*）、《城市不是一棵树》（*A City is Not a Tree*）、《建筑的永恒之道》（*The Timeless Way of Building*）、《城市设计新理论》（*A New Theory of Urban Design*）、《俄勒冈实验》（*The Oregon Experiment*）以及新近的《秩序的本质：一篇关于建筑艺术和宇宙本质的文章》（*The Nature of Order：An Essay on the Art of Building and the Nature of the Universe*）。

亚历山大最知名的作品当属1977年出版的《模式语言》（*A Pattern Language*）。在这本书中，亚历山大通过对世界历史上最为成功、情感上最吸引人的城市结构案例的学习，发现连接的边缘在城市生活里有重要的作用（Alexander Christopher，Ishikawa S，Silverstein M.，1977）。许多人类活动模式只在几何界面发生，其触媒就是分界本身具有的复杂性。现代主义有意消除城市元素之间的分界面，只是为追求一种没有连接的"纯净"的视觉效果。而亚历山大意识到分界面的重要性。他通过分解原理，以基本的几何关联而非各自独立的建筑来建立城市，认为分界线是一些代表线状元素的边缘，沿着它们才有了城市"生活"。但是，今天的城市规划与设计关注的结构的哲学意义从建筑之间的空间转到纯粹而孤立的建筑几何性，城市公共空间的重要性就消失殆尽了。正如亚历山大对现代建筑运动的批判：没有连接的边缘只有单纯的装饰作用。而只有当步行是城市交通的主体方式的时候，城市功能才能在城市空间中正确地发生。

3.4.5 尼科斯·A·萨林加罗斯（Nikos Angelos Salingaros）：复杂性理论

尼科斯·A·萨林加罗斯（1952年~　）是一位有着数学家背景的职业城市设计师和建筑理论家。他的研究集中于城市与建筑理论、复杂性理论以及设计哲学，与著名的建筑理论家亚历山大（Christopher Alexander）是密切的研究伙伴。在世界范围内举办的一次"有史以来最杰出的思想家"的网络投票中名列第11位。目前，尼科斯在美国得克萨斯大学圣安东尼分校担任数学系教授。此外，他还在意大利、墨西哥与荷兰的几所建筑院校中承担教职，是传统建筑与城市地区国际组织成员。与此同时，他还在世界各地与知名的从业者开展合作业务，并将自身对数学、科学和建筑学相互关系的独到见解应用到建筑和城市设计中，对建筑理论学界具有很大的影响力。

2006 年，尼科斯的第一部重要作品《建筑论语》（*A Theory of Architecture*）出版。在这本极富争议的著作中，尼科斯将最新的科学模型应用到社会文化现象的解释与研究中。当时，数学研究领域正兴起一股大众科学热潮。研究者热衷于运用更加科学的数学术语来理解城市与建筑。尼科斯基于亚历山大的研究成果，提出应用数学标度定律，尤其是分形数学来进行分析。他认为，原始的审美规则来源于科学，而非传统的艺术手法。他对传统的现代主义建筑设计方法进行了激烈的批判，并提倡一种替代性的设计理论，即通过严谨的科学以及深刻的直觉经验，来更好地满足人类需求。

在另一部有关城市理论的重要著作《城市结构原理》（*Principles of Urban Structure*）中，尼科斯利用最新的技术以及科学和数学的最新认知，解释了城市是如何真实运转的，从而为规划师们能够重新使城市恢复人性化提供了指南和灵感（Salingaros NA.，2005）。尼科斯指出，当代城市规划的主流教条无法应对过去几十年间人类在技术、文化和科学上的革命。我们所留下的遗产是一个充斥着过多沥青和缺乏生命的混凝土环境。在这本书中，他试图帮助那些想要了解城市如何以及为什么会依靠着它们的形式、组成部分和子结构的需要来决定其成功或失败状态的职业规划师、学生和教师。这些科学模型将有助于概念性地展示如何从多维尺度与分形城市相联系，以帮助读者获得最需要的相关城市规划和设计新工具。例如，他提出了城市中连接的相对数量奠定了一座活力城市的运作基础的理论。为了适应这些连接，交通网络必须是多元化的。此外，基础设施必须足够完善，以便允许产生许多可选择的路径（图 3-4-1）。

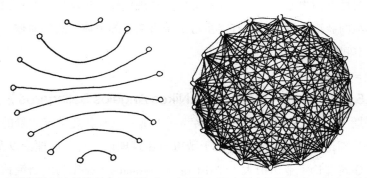

图 3-4-1　左图中独对连接的节点无法构成一个网络，而右图中能够形成一套完全连接的节点
资料来源：（美）尼科斯·A·萨林加罗斯 . 城市结构原理 [M]. 阳建强，等译 .
北京：中国建筑工业出版社，2011.

今天，越来越多的人开始意识到城市是一个复杂的巨系统。城市系统的不同类型的重叠形成了富有生机的城市复杂性，十分有必要使用诸如连贯、突现、信息、自组织和适应性等复杂科学概念，来对其加以理解。尼科斯的理论将复杂科学概念与城市联系在一起，从中展示了复杂巨系统的运作状况与运作机制。尼科斯的先锋研究无疑对今天的城市科学具有标志性意义。

3.5　后结构主义思想及理论

3.5.1　亨利·列斐伏尔（Henri Lefebvre）：空间生产理论

亨利·列斐伏尔（1901~1991年）是当代著名的哲学家、思想家、社会学家，同时也是新马克思主义的代表性人物。1991年，他的著作《空间的生产》的英文版出版（法文版出版于1974年），系统提出了"空间生产"理论。对20世纪末以来的城市空间研究产生了深远影响。

列斐伏尔最大的创举，便是开创性地将马克思主义应用到城市问题与空间研究中。他吸取并提炼了马克思与恩格斯有关城市的相关理论，将资本积累、生产方式、剩余利润、租金、工资、剥夺、不平衡等论述引入城市空间研究中，建立起所谓的城市政治经济学或制度经济学。他认为，资本主义城市的发展，与其他任何商品一样，都是资本主义制度的产物，可以应用马克思主义理论进行分析。这突破了传统空间研究的地理学、规划学、社会学、人文生态学等视角，将空间分析与符号学、身体理论以及日常生活结合在一起，极大地拓宽了城市空间研究的范畴。

作为马克思主义在空间研究领域的发展，列斐伏尔的"空间生产"理论是基于"空间实践、空间表征、表征的空间"的三位一体的概念。他首先用"空间的生产"的概念替换了马克思的"物质资料的生产"的概念。然后，以欧洲为中心进行了世界空间化的历史分析，用以解释社会空间生产的过程。列斐伏尔将这种过程分为"空间中的生产"和"空间的生产"两种生产方式。并认为马克思的物质资料生产只重视"空间中的生产"，例如工业生产，而忽视了日常的空间生产。因此，他的空间生产理论更多地侧重"空间的生产"，作为对马克思生产方式理论的发展。

此外，列斐伏尔还提出了"社会空间"这个重要概念。他认为社会空间是一种社会性的产品。虽然以自然空间为原料，但是加入了很多社会、阶级、价值等人工内容，属于一种加工品。尤其在后资本主义社会中，社会空间是通过大量复制性的劳动而得，可以通过某些特定的手段转化为资本家榨取劳动力剩余价值的商品。此时，空间成为社会活动的背景而剥离了其原有的自然属性。一切都被商业化、抽象化、符号化，包括语言、劳动以及劳动的产品，即作为商品的社会空间。当然，不仅资本家可以进行空间生产，政府也可以通过空间进行社会控制。例如，国家通过掌握大量土地，对行政等级相对应的空间单位进行资源分配与收税。然后，将国家的各类社会控制政策，通过层层的行政空间传递至个人，实现对社会空间的整体安排与控制。

3.5.2　米歇尔·福柯（Michel Foucault）：空间权力与异托邦

米歇尔·福柯（1926~1984年）是法国著名的哲学家、思想史学家、社会理论家和文学评论家。在早年的求学期间，福柯进入了法国最负盛名的"巴黎高等师范学院"，与一大批哲学家、科学史学家、翻译家建立了学术联系。他的博士论文《疯癫与非理智——古典时期的疯癫史》成为后来1961年出版的《疯癫的历史》的前生，是福柯第一部主要著作。在这本书中，福柯从"疯癫"的角度去理解"理性"，认为疯癫与理性并不处于绝然对立的位置。相反，对疯癫的历史考察正是为了证明社会制度化和道德化对人本性的双重压制与束缚。福柯从哲学反思的高度，批判了当时封闭的西方社会。他对制度化手段的批判，使其成为代表性的后现代主义者和后结构主义者。在1966年出版的《词与物》一书中，福柯同样从历史发展的视角，关注知识与权力的关系演变。他详细描述了"权力"是如何通过人的"话语权"表达出来，并且通过各种规训的手段将权力渗透到社会中去。

根据福柯的思想，"空间"同样是权力运作所需要的建构工具。这在1975年出版的《规训与惩罚》中得到了淋漓尽致的体现。在这部书中，福柯提出了对罪犯的惩罚与犯罪本身是互为前提的相互关系。现代社会的法律制度以及其他的规训手段，如同边沁（J. Bentham）的"全景监狱"（Panopticon）（图3-5-1），通过一小批的警察，监管一大批的罪犯，而警察自己却不必暴露在罪犯的视线中。在古代，帝王的规训手段可以通过斩首示众的威吓展示进行。而在当代，统治阶级更多地应用科学知识的权力、科层制度来操纵资源的分配，包括空间在内。当然，空间同时也是权力得以运行的条件。在福柯的理论下，"空间"不是单纯的物质性场所，而是包含了权力关系的规训工具。

另一个对空间研究影响至深的概念是福柯的"异托邦"（Heterotopias）。相对于"乌托邦"这类并不存在的场所，"异托邦"是真实存在的非虚构空间。但是，异托邦又是一种与主流空间不同的另类空间，必须基于人的想象力才能完成对异托邦的理解。而理解异托邦又关系着镜像作用下人们在虚像空间中看见自己的能力。在自身"缺席"之处，看见自身，重构自我。这是结构主义者的主体性所必需的反身性计划，也是象征性空间的力量。这种反身性的思想，对新马克思主义的空间研究产生了深远影响。

3.5.3　大卫·哈维（David Harvey）：激进主义地理学

大卫·哈维（1935年~　　）是当代著名的地理学家、社会学家、哲学家，以及新马克思主义的代表人物。1957年，哈维从剑桥大学毕业，并且以《论肯特郡1800~

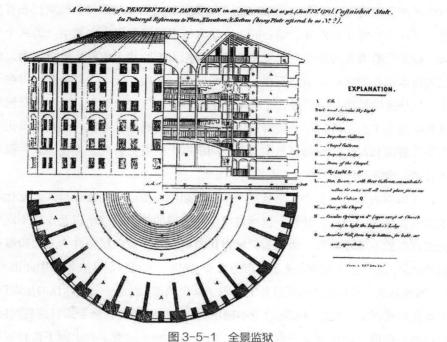

图 3-5-1　全景监狱

资料来源：（法）米歇尔·福柯.规训与惩罚：监狱的诞生 [M].刘北成，杨远婴，译.
北京：三联书店，1999.

1900 年农业和乡村变迁》为题，于 1960 年获得博士学位。1969 年，哈维出版了《地理学中的解释》一书，关注如何运用方法论促进地理哲学的研究，将解释作为一种形式程序来分析。这本书奠定了哈维实证主义地理学的理论基础。同年，哈维赴美国工作，担任霍普金斯大学的教授直至 20 世纪 80 年代末，期间，他于 1973 年出版了《社会正义与城市》（*Social Justice and the City*）一书（Harvey D.1973），与当时美国社会民权运动背景下的批判思潮相结合，反思过去逻辑实证主义的"科学方法"。转而以一种"社会关怀"（Social Caring）的激进主义，投向马克思主义理论。哈维对当时的主流地理学"空间理论"（Spatial Science）进行批判，并提出以马克思主义地理学取代当时"空间理论"的范式。大卫·哈维对城市理论，特别是城市更新理论最大的贡献是在于将以马克思的《资本论》为基础的政治经济学理论应用在理解城市空间发展和变化这一问题上。这标志着哈维正式迈入新马克思主义的理论研究中，并成为这一潮流的奠基之作。

20 世纪 80 年代，大卫·哈维连续出版了《资本的限度》（*The Limits to Capital*，1982 年）、《资本的城市化》（*The Urbanization of Capital*，1985 年）以及《意识和城市经验》（*Consciousness and the Urban Experience*，1985 年）。

在《资本的限度》一书中，哈维力图补足马克思主义理论中空间维度和地理尺度的欠缺，全面且深入阐发资本主义生产的地理过程，并指出空间发展的不平衡是资本积累和运动的先决条件。《社会公正与城市》和《资本的限度》分别代表着从马克思主义政治经济学和地理学结合的角度研究城市问题和资本主义生产的两个重要方向，标志着哈维在构建马克思主义地理学理论上不断趋于成熟。哈维认为，城市问题和资本积累与循环并不是不相关的两个问题；相反，资本主义生产过程在很大程度上以快速的城市化为特征，是城市"空间的生产"的原动力，城市更新便在这个过程中发生了。哈维的学说将资本流动与城市化问题结合考量。他对城市化的马克思主义解读和剖析是对马克思主义在空间维度上的有力补充，亦使他成为新马克思主义城市学派的代表人物。

在《资本的城市化》中，哈维进一步探索地理位置或空间特征模式及变化与资本主义的发展之间的密切联系，包括城市空间区域的扩大或缩小以及连接不同地区的交通网络的不断建立等。他认为，城市化是剩余资本流向城市并为上层阶级进行建设的结果。这个过程重新定义了城市的含义，决定了谁可以居住在城市中而谁不能。同时，哈维认为，资本主义的发展并不局限于某个城市，而是一个全球性的地理问题。在全球化的进程中，发达国家通过资本输出将自身的危机与社会矛盾转嫁到国际上，因而城市空间成了国际资本投资的对象。由统治者和国际资本自上而下推行的城市改造和更新，实质是资本追求利润的一种手段，具有商品价值的城市空间和流动的资本之间互相进行兑换。通过城市更新和改造的过程，跨国资本在资本和空间的转换中获得利润。

这一系列书籍着重批判了资本主义社会中，政治经济活动与城市社会弊病的相关性。哈维成为一名激进主义地理学的代言人。从马克思主义的资本积累出发，哈维擅长于探讨资本如何循环、积累并实现利润，以及资本的生产过程如何对城市空间造成影响，进而导致资本主义社会中区域与城市的不平衡发展。

在《竞争的城市：社会过程与空间形态》一文中，哈维将城市发展放置于现代化、现代性、后现代性、资本主义以及工业社会等概念中进行讨论。哈维强调，要将城市发展视作充满斗争的一种过程。包括种族、意识形态、性别以及其他的社会群体范畴，都会通过冲突来构成城市发展的过程。而这种过程，在受到时间和空间形塑的同时，又反过来塑造特定的时间和空间。

哈维对于城市更新的理论在最新出版的《新自由主义简史》（*A Brief History of Neoliberalism*，2005）中得到发展，哈维对自 20 世纪 70 年代中期以来兴起的新自由主义及城市空间表征进行了历史考察。在这一研究中，哈维将新自由主义下的全球政治经济定义为一种一小部分人以多数人的利益为代价而获益的体系，通过"掠夺性的积累"（Accumulation by Dispossession）进一步造成了阶级分化和城市空间的异化。新自由主义主导了这一时期的城市更新和城市发展。在哈维之后，马克思主义地理学成为西方英语世界（Anglophone）人文地理以及城市地理的左翼思潮的主导思想，影响了一大批的城市地理学者,包括哈维的学生尼尔·史密斯(Neil Smith),以及唐·米切尔(Don Mitchell)、凯文·考克斯(Kevin Cox)和理查德·沃克(Richard Walker)等在世界颇有影响力的学者。

3.6 城市经济学思想及理论

3.6.1 哈维·莫洛奇(Harvey Molotch):增长机器理论

哈维·莫洛奇(1940年~)是美国著名的社会学家,主要研究大众传媒以及城市中的权力交互关系。目前就职于纽约大学,从事社会学与都市研究的相关教学工作。他对城市规划影响至深的作品是1976年发表的论文《城市是一个增长机器》(*The City as a Growth Machine*)。基于这篇论文的核心观点,1987年莫洛奇与约翰·洛根(John Logan)一起出版了《城市的财富》(*Urban Fortunes*)一书,颠覆了过去城市土地研究的主流范式。该书于1990年获得了"美国社会学协会杰出学术出版物奖"(Distinguished Scholarly Publication Award of the American Sociological Association)。

传统的城市社会学研究,包括地理学、规划学科和土地经济学在内,都将城市视作人类活动的容器。在这个空间容器中,不同的群体围绕对其发展具有战略意义的土地进行竞争。这种竞争的状况随后反映到房地产市场中,形成不规则的用地形状与价格分布。最终,持续的竞争行为对城市构成"形塑"的力量,将不同的"社会类型"(Social Types)分布在合理的区位上。例如,银行位于城市的中心,而富裕的居民位于城市郊区等。根据传统的"中心地理论",这种近乎"天然"的空间地理的形成是从竞争性的市场行为逐步发展演化而来的。但是,莫洛奇的研究颠覆了"城市是容器"的传统观点。他指出,城市中的土地不是等待人们使用的"空的容器",而是与特定的利益(商业的、情感的、心理的)相联系。尤其在城市的形塑过程中,不动产价格会因为"增长"的发生而产生价值上的增值,从而影响城市的空间形态与土地价格分布。莫洛奇将这种增长过程描述为"地方增长机器"(The Local Growth Machine)。从这个角度,研究者应当从土地价格的组织、游说、操纵、建构的视角去重新理解城市。城市的空间形态以及不同社会群体的分布成因,不是人际市场或地理必然产物,而是投机行为等有目的的社会行动的最终结果。

今天,"城市是一个增长机器"的论述,已经成为城市规划词汇的标准术语之一。除了对城市的发展规律做出解释外,"增长机器"理论还深刻揭示了以经济增长为纲领的组织与个体,如何通过操控地方政府成为"增长机器"的成员,从而实现对城市中弱势群体进行剥夺的过程。莫洛奇强烈批判了这种以经济发展为导向的"增长联盟"。并且提出,要对抗和平衡这个联盟的权力,需要利用多元社会的差异化群体以及群体差异化的需求与发展目标,在地方政体中积极构建多个自由联盟,促使其相互妥协与合作，维护城市整体发展目标，形成多元联盟的共同目标。

3.6.2 尼尔·史密斯（Neil Smith）：租隙理论

尼尔·史密斯（1954~2012年）是苏格兰著名的地理学家，曾在纽约大学人类学与地理学系担任特聘教授。他的博士生导师是著名的马克思主义地理学者大卫·哈维，因而其学术思想深受制度经济学的影响，是哈维马克思政治经济地理学说的主要发展人之一。史密斯的学说在很大程度上借鉴了马克思及其"劳动价值论"（Labour Theory of Value）的有关思想，他认为资本的生产与空间的生产密不可分，资本流入和流出城市空间导致了建筑环境的变化，塑造了城市空间的复杂性。史密斯的学术思想最主要体现在出版于1984年的《不平衡发展：自然，资本和空间的生产》（Uneven Development：Nature，Capital，and the Production of Space）和1996年的《新城市前沿：绅士化与恢复失地运动者之城》（The New Urban Frontier：Gentrification and the Revanchist City）。

1984年，史密斯出版了《不平衡的发展：自然，资本和空间生产》一书，指出了空间发展的不均衡是因为资本市场程序逻辑的一种基本功能，即由社会和经济来"生产"空间。同时，这部作品也奠定了史密斯"租隙理论"（Rent Gap Theory）的研究基础，作为其阐述绅士化问题的经济解释。该理论指出，在完全市场经济下，城市土地是否可能进行再开发取决于土地开发后的土地收益是否不少于开发前的土地收益加土地的开发成本，如果达到或超过后者之和，则该用地才有可能再开发。史密斯在研究城市绅士化问题的过程中，将城市土地再开发周期过程分为六个阶段（图3-6-1）：

1）第一阶段，新开发周期的初始阶段（New Construction and the First Cycle of Use）。建筑物刚刚建成，潜在地租与实际地租差距不大。但是，随着时间的推移，使用损耗加速建筑物的衰败。如果没有充足的维修资金和及时的维护，该地段也将整体衰败。

2）第二阶段，自住与租赁状况开始发生变化（Change of Landlordism and Homeownership）。当建筑物衰败至一定程度，业主逐渐搬出，将建筑物由自用转为租赁或出售。在出租的前提下，出于利润最大化的原则，业主对于建筑维护的费用将不会超过租金收入，加快房屋衰败的速度。

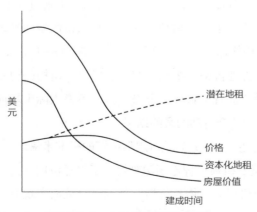

图3-6-1　内城街区的衰落周期

资料来源：Smith N.Toward a Theory of Gentrification：A Back to the City Movement by Capital，not People[J]. Journal of the American Planning Association，1979，45（4）：538-548.

3）第三阶段，加速衰败和资金外流（Blockbusting and Blowout）。由于整体维护的水平在下降，地段内建筑的整体状况进一步下降。业主大量流失，物质环境恶化。房屋价值以及租金收入也继续下跌。

4）第四阶段，金融机构拒绝提供贷款（Rendlining）。由于地区物质环境衰败明显，大量业主搬离，犯罪问题滋生，且资金不断外流，这些现象进一步降低社区的吸引力，减少其租金收入。地区的发展环境陷入低谷，金融机构便会拒绝投资贷款。

5）第五阶段，废弃（Abandonment）。在这个阶段中，建筑物的价值持续贬值，邻里衰败严重，开始出现无人居住的废弃房屋。社区环境恶化到崩溃的边缘，社区收益少到能让新的开发机构以很少的代价拿到该块土地用于再开发。

6）第六阶段，绅士化或再开发（Gentrification or Redevelopment）。当地区的建筑物价值处于极低的状态，为绅士化或再开发提供了盈利的空间。易言之，即土地征收费用加新建费用与再开发后的收益之间的差距足够大，从而促使再开发得以实施，形成新的土地使用周期。

史密斯的研究始于对美国早期中心城区更新案例Society Hill的考察。在对这一案例的研究中，史密斯试图揭示有普遍意义的城市发展规律。不同于以往的研究将中产阶级化的城市更新归因于城市消费需求的改变，史密斯将其视为资本流通方式重塑的结果。他认为，资本的流通过程是影响空间生产和消费的强大力量。如果要正确地理解城市更新，就必须认识到城市空间发展模式和资本获利投资的模式的密切关系，并关注金融资本在城市空间的流动路径。

史密斯通过"租隙理论"来解释中心城区更新和中产阶级化（Gentrification）的动力机制，阐述中产阶级化与资本在不均衡发展地带之间流动之间的联系。史密斯借鉴哈维（1973）对城市内衰落的新古典主义主流解释的抨击，将中产阶级化进程与受古典政治经济学和地租理论启发的资本主义发展动力联系起来。史密斯（1979）提出了"租隙理论"，这里的"租隙"（Rent Gap）指的是土地所有者从现有土地用途获得的经济回报（资本化集体租金）与潜在地租最大回报之间的差异。当租隙大到足以为开发商带来可观的回报之后（即在所有旧房改建、拆迁和新建筑的成本扣除之后的回报），便有新的资本开始注入，城市更新就发生了。"租隙理论"在城市更新，特别是中产阶级化与资本主义城市化的整体过程和地区不平衡的发展之间建立了理论联系。同时，该理论也指出城市更新所带来的消极后果：在创造了满足资本积累需求的城市环境的同时，牺牲了低收入群体的社区、住房以及便利的城市生活。

史密斯的"租隙理论"也使他重新审视经典的芝加哥学派的城市形态模型，并重新定义了其中的"过渡区"（Zone of Transition），或荷马·霍伊特（Homer Hoyt）所定义的"CBD与外围居民区之间的土地价值曲线中的谷值"。他认为，级差地租是一种在城市空间资本循环模式中出现的城市现象，而不只是因消费者不同租金支付能力产生的。级差地租发展到足够大的时候，城市更新作为一种集体社会行为（Collective Social Action）便在某些特定的街区出现了。这一过程是通过邻里某种形式的集体社会行动导致的。在美国社会山的案例中，这种集体性的行为通过公共抵押融资和公私机构来协调资本的流动而启动。学术界普遍认为，租隙理论标志着城市更新（中产阶级化）研究的转折点，也是城市空间生产研究的转折点。通过租隙理论理解城市更新对于反中产阶级化（Anti-gentrification）也具有持久的价值。

史密斯后期的学术注意力从单纯关注资本的角色转移到关注政府的角色以及城市更新的公共政策。在出版于 1996 的《新城市前沿：绅士化与恢复失地运动者之城》（The New Urban Frontier: Gentrification and the Revanchist City）一书中，史密斯对在全球化和新自由主义政策背景下的城市中心区的阶层更新提出了进一步的解释。根据纽约市的城市经验，史密斯（1996，2002）认为，在新自由主义的影响下，自 20世纪 90 年代以来，中产阶级化的城市更新已演变成一项重要的城市战略——全球的城市政府以及私人资本用来共同应对城市内部衰落的问题。他认为，中产阶级化已被"包装"为城市再生的一种模式，旨在吸引中产阶级进入城市并驱逐城市贫困人口。因此，史密斯认为，中产阶级化是本地和全球市场政治经济变化的产物，其主要推动者不是个人的中产阶级民，而主要是政府、公司或政府—公司合作组织。

史密斯在某种程度上认识到了他的分析中的一些缺陷，例如他认识到性别关系（Gender Dynamics）和城市空间的关联可能无法从不平衡发展（Uneven Development）理论所揭示的生产动态中直接反映出来。同时，批评者认为史密斯的研究缺失了对于社会身份和主体性的普遍关注。David Ley 等学者指出从生产角度来解释城市更新仅仅关注收入以及地租差异所导致更新这条线索，却忽视了城市社会结构的变化对更新的影响。

总的来说，"租隙理论"是一种较为纯粹的经济学研究方法，过去主要被用以描述北美城市及其绅士化问题。但是随着全球经济一体化进程的加快，"租隙理论"也被广泛应用于发展中国家的土地与固定资产升值的研究中，主要用以描述现状与潜在租金之间的巨大差异，如何引起投资者的兴趣，从而推动街区的更新，导致租金和房产价值的升值。"租隙理论"对于城市更新后的绅士化问题以及社会空间分异的形成与加剧都具有很强的解释力。

3.6.3　威尔伯·汤普森（Wilbur R. Thompson）：城市作为扭曲的价格体系

威尔伯·汤普森（1923 年~　　）是城市经济学的奠基者。他于 1965 年出版的著作《城市经济学导论》（A Preface to Urban Economics），标志着城市经济学研究的兴起。许多欧美国家的大专院校，都是在这本书出版后才开始教授城市经济学的课程。

在这本书中，汤普森提出了三个重要概念（Wilbur R. Thompson., 1965）：集体消费的公共物品（Collectively Consumed Public Goods）、鼓励预期行为的有益品（Merit Goods Designed to Encourage Desired Behaviors）、重新分配收入的支付（Payments to Redistribute Income）。这三个概念构成了当代城市经济学研究的基础。

1）首先，"公共物品"是由政府免费提供给所有人使用的物品或服务。例如，对大气污染的治理和控制、维护安全和秩序的警察系统、公共的城市道路与街道等。与私人市场相似，公共物品的供给同样需要成本，但是，公共物品的价格形成机制却与私人市场极为不同。普通的消费者虽然向政府纳税，来支付这一系列的公共物品成本。但是，公共物品的形成机制对于他们而言是不可见的。公共物品的价值形成机制往往缺乏理性的预期和政策决策。在很多情况下，由于公共物品的价格模糊而导致一系列不良的城市公共政策的发生。汤普森以鼓励消防设施建设的政策为例：当房屋所有者自行出资安装消防设施，便会导致更高的物业价值和物业税。这对房屋所有者不利。但是，他们的投资却降低了城市消防队伍的灭火成本或是火灾蔓延的风险。如果一个街区的其他房屋所有者没有对其住房安装消防设施，使房屋发展为易燃建筑。但是，他们却缴纳较低的物业税，这样的公共政策显然存在不足。因此，汤普森提出，应当通过对投资消防设施的房主进行税收减免或税收津贴的方式来进行奖励。同时，增加对不投资消防设施的房主的税收作为惩罚。

2）"有益品"同样是由政府免费提供的物品。基于集体决策的结果，这些有益品被认为是如此的重要，每一个人都应该拥有，即便他们没有支付的能力。因而，需要由政府向所有人进行免费的供给。例如由政府为全部儿童免费注射小儿麻痹疫苗。以极小的代价，避免儿童遭受终身残疾的病痛困扰，成为家庭和社会的永久负担。汤普森将"有益品"称作是能够遵循多数人的意愿，迫使少数人按照集体利益改变其行为的物品，因为也有少部分人反对小儿麻痹疫苗的接种。针对潜在的冲突，汤普森提出有益品的供给必须非常保守，仅仅针对最重要的、最广泛支持的物品，而且不受市场价格的支配。

3）汤普森的"支付"概念指的是用来重新分配社会财富的第三种支付方式。其经典的案例是对贫困群体提供社会福利。在这套价格体系中，由城市中绝大部分的纳税人支付，而由少部分的贫困群体受益。在少数共产主义国家和高福利国家，例如瑞典，政府会为所有人支付医疗和教育费用，并且为贫困人口提供较高标准的最低福利。但是，在美国、英国和大部分其他国家中，收入分配政策则受到更多的限制。在这些国家中，纳税者的权力更高，且普遍对官僚机构和政府处理再分配政策的能力存在质疑。因此，这些国家往往更依赖于私有市场的方式来满足人们的基本需求。

在汤普森看来，由于目前的城市决策队伍中缺乏精通城市经济学的专家，因而无法将城市经济和公共财政的理论和实践用来支撑更理性的决策。通过以上三个概念的提出，汤普森希望政府中有更多城市经济学家的位置，促使更多的市民和决策者理性地思考这三种商品——公共物品、有益品和转移支付的目的与价格。尤其在市场主导的国家中，汤普森认为社会需求主要由私人企业来满足。政府仅仅为那些"真正的弱势群体"提供住房补贴、食品优惠券、免费医疗保险以及其他收入分配项目。作为较早提出价格配比稀缺物品的学者，汤普森的公共物品价格体系研究对世界各地的城市政策产生了深远影响。例如，对高峰时期的道路使用者收取拥堵费，便是在汤普森的价格理论基础上广为传播的城市（财税）政策。

3.6.4　迈克尔·波特（Michael E. Porter）：内城复兴的经济模型

迈克尔·波特（1947 年 ~ 　）是当代知名的经济学者，以研究"竞争战略"而闻名。目前，波特就职于哈佛商学院，是为数不多获得"威廉·劳伦斯主教教授"殊荣的学者。他最有影响力的作品是 1998 年出版的《竞争战略：分析产业和竞争者的技术》（*Competitive Strategy*：*Techniques for Analyzing Industries and Competitors*）。继首次出版后，该书目前已经第 63 次印刷，并被翻译成 19 种语言在全世界销售。波特另一部知名的著作是 1995 年出版的《竞争优势：创造额维持卓越的表现》（*Competitive Advantage*：*Creating and Sustaining Superior Performance*），目前也已经是第 38 次印刷。作为一名活跃的战略研究与经济管理学者，波特不仅为私人公司提供建议，也为国家政府提供咨询，是世界知名的城市经济战略顾问。

20 世纪 90 年代上旬，波特开始关注内城复兴问题。1994 年，他创办了协助全美内城商业发展的非营利性私人机构"创建富有竞争力的内城"（Initiative for A Competitive Inner City，ICIC），并一直担任主席（勒盖茨·斯托特，等，2013）。他认为过去的内城经济政策过于零碎，缺乏一个整体的发展战略，难以发挥政策激励的效用。因此，波特基于总结内城的真正优势，提出了"区位和产业发展"的新模式：

1）内城的第一个真正优势是内城的"战略性区位"，往往是城市商业、交通、通信的中心。因此，内城可以为那些希望通过接近中心商务区、基础设施、娱乐和旅游中心以及企业聚居地而获得益处的公司提供竞争优势。

2）"本地市场的需求"为内城提供直接的经济动力。根据美国洛杉矶与波士顿的内城消费水平，内城的人口规模与密度可以为相当数量的企业提供充足的消费力。

3）内城另一个被忽视的潜在机遇是未来"融入区域集群"。一方面，这种有竞争力的集群使内城获得连接多种客户的优势；另一方面，给内城带来更多争取下游产品生产、服务的机遇。

4）内城的真正优势在于"人力资源"。在中心城区较为衰败的美国，内城居民需要更多就近就业的机会。而且，受到技术能力的限制，内城的广大居民与低技术要求的工作更加匹配，而这往往是旧城复兴战略忽视的一点。

相对应的，内城的真正劣势在于高昂的土地、建筑、设施和其他成本，安全问题、工人技能、管理水平等方面的限制。基于对内城真正优势与劣势的总结，波特提出了改善内城投资环境、提高内城商业竞争力等策略。在新的模式中，波特认为私人企业应当从事其最擅长的事务，即扮演开展经济活动建立商业联系的角色。同时，政府部门要转变过去的补贴和托管模式，转而为内城创造更良好的商业环境。例如，向经济需求最大的地区提供直接的资源、通过主流的私营机构为企业提供更多的金融服务等。后期，波特的一整套竞争策略在英国"企业区"（British Enterprise Zone）、美国"授权区"（US Empowerment Zone）和"企业社区"（Enterprise Community）等项目中得到了更为广泛的应用。

3.7　中国城市更新代表人物及其思想与理论

3.7.1　梁思成和陈占祥："梁陈方案"

梁思成（1901~1972年）是中国著名的建筑学家、建筑教育家、建筑史学家、建筑文物保护专家和城市规划师。历任清华大学建筑系主任、中国科学院技术科学部学部委员、中国建筑学会副理事长、建筑科学研究院建筑理论与历史研究室主任、北京市都市计划委员会副主任和北京市城市建设委员会副主任等职。参与了人民英雄纪念碑、中华人民共和国国徽等作品的设计。梁思成的学术成就也受到国外学术界的重视，专事研究中国科学史的英国学者李约瑟认为梁思成是研究"中国建筑历史的宗师"。1988年8月，梁思成教授和他所领导的集体的"中国古代建筑理论及文物建筑保护"研究成果被国家科学技术委员会授予国家自然科学奖一等奖。1999年，原建设部设立"梁思成建筑奖"，以表彰奖励在建筑设计创作中做出重大贡献和成绩的杰出建筑师。

陈占祥（1916~2001年）是中国近现代的城市规划专家，师从国际著名的规划大师阿伯克隆比（Patrick Abercrombie）教授，与其导师合作了多个规划作品，在英、美等国享有很高声誉。他毕生致力于提高城市规划和城市设计的水平，在总结国际规划经验的基础上，研究适合我国国情的城市规划理论及方法，为我国在城市规划走向世界方面做出了开拓性的工作。1949年中华人民共和国成立，陈占祥应梁思成之邀赴京，任北京市都市计划委员会企划处处长，同时兼任清华大学建筑系教授，主讲都市规划学。

1950年初，梁思成与都市计划委员会的陈占祥一起向政府提出了新北京城的规划方案——《关于中央人民政府行政中心位置的建议》，主张保护北京几百年历史遗留下来的宝贵的文物古迹、城墙和旧北京城，建议在西郊三里河另辟行政中心，疏

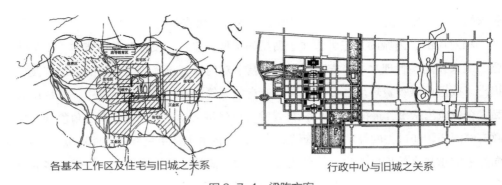

各基本工作区及住宅与旧城之关系 　　　　行政中心与旧城之关系

图 3-7-1　梁陈方案

资料来源：董光器.古都北京五十年演变录 [M].南京：东南大学出版社，2006：7.

散旧城密集的人口，保留传统的古城格局和风貌，史称"梁陈方案"。这一方案既可
保护历史名城，又可与首都即将开始的大规模建设相衔接。虽然最终他们的建议没
有被采纳，但是"梁陈方案"中许多有益的规划建议被保留下来。这一方案从更大
的区域层面，解决城市发展与历史保护之间的矛盾，为后来整体性城市更新开启了
新的思路（图 3-7-1）。

　　值得一提的是，20 世纪 80 年代，陈占祥在担任"国家城建总局城市规划研究所"
（现为中国城市规划设计研究院）的总规划师期间，对城市更新进行了一定的研究。
他认为，城市更新是城市"新陈代谢"的过程，既有推倒重来的重建，也有对历史
街区的保护和旧建筑的修复。更新的最终目标是振兴大城市中心地区的经济，增强
其社会活力，改善其建筑和环境。同时，吸引中上层阶级的居民返回市区，通过地
价增值来增加税收，以此达到社会稳定和环境改善的双赢目的。

3.7.2　吴良镛：人居环境科学与有机更新

　　吴良镛（1922 年～　　）是中国科学院和中国工程院两院院士，中国建筑学家、
城乡规划学家和教育家，人居环境科学的创建者。先后获得"世界人居奖"、国际建
筑师协会"屈米奖""亚洲建筑师协会金奖""陈嘉庚科学奖""何梁何利奖"以及美、
法、俄等国授予的多个荣誉称号。荣获 2011 年度"国家最高科学技术奖"。吴良镛
长期从事建筑与城乡规划基础理论、工程实践和学科发展研究，针对我国城镇化进
程中建设规模大、速度快、涉及面广等特点，创立了人居环境科学及其理论框架。
该理论以有序空间和宜居环境为目标，提出了以人为核心的人居环境建设原则、层
次和系统，发展了区域协调论、有机更新论、地域建筑论等创新理论；以整体论的
融贯综合思想，提出了面向复杂问题、建立科学共同体、形成共同纲领的技术路线，
突破了原有专业分割和局限，建立了一套以人居环境建设为核心的空间规划设计方
法和实践模式。该理论发展整合了人居环境核心学科——建筑学、城乡规划学、风

景园林学的科学方法，受到国际建筑界的普遍认可，在 1999 年国际建筑师协会通过的《北京宪章》中得到充分体现。作为对宪章的诠释，吴良镛同时发表了《世纪之交的凝思：建筑学的未来》。

在 1979 年的北京什刹海地区规划研究中，吴良镛首次提出了"有机更新"理论的构想。1982 年，他在《北京市的旧城改造及有关问题》一文中提出了北京的旧城改造要遵守"整体保护、分级对待、高度控制、密度控制"四个基本原则。1987 年，他正式提出"广义建筑学"的概念，并在 1989 年 9 月出版的同名专著里，将建筑从单纯的"房子"概念走向"聚落"的概念。从建筑的微观视角，解析城市的细胞构成。

在菊儿胡同改造中，他在整体保护北京历史文化名城并对作为城市细胞的住宅与居住区的构成的理解基础之上，系统提出了"有机更新"理论。吴良镛认为，城市永远处于新陈代谢的过程中。城市更新应当自觉地顺应传统城市肌理，采取渐进式而非推倒重来的更新模式。因此，针对菊儿胡同的更新改造，首先需要探讨"新四合院"体系的建筑类型，使其既适用于传统城市肌理，又能满足现代化的生产、生活方式。与此同时，还要保持原有的社区结构，使地方社会网络得以延续。在具体的试点工程中，选取了菊儿胡同 41 号院开展工作。在设计手法上，首先适当提高建筑密度，加强建筑艺术与传统风貌的整体性，延续了老北京城密集的"合院"肌理。在社区规划中，通过强调空间的私密性与交往兼顾，营造有机秩序，并通过住宅合作社鼓励社区居民的公众参与。最终回迁了大部分原住民。菊儿胡同改造项目保护了北京旧城的肌理和有机秩序，强调城市整体的有机性、细胞和组织更新的有机性以及更新过程的有机性，从城市肌理、合院建筑、邻里交往以及庭院巷道美学四个角度出发，对菊儿胡同进行了有机更新。1992 年，他主持的北京市菊儿胡同危旧房改建试点工程凭借其卓越的"类四合院"体系和"有机更新"思想，获得了亚洲建筑师协会金质奖和联合国颁发的"世界人居奖"（图 3-7-2）。

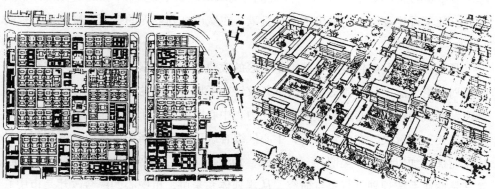

图 3-7-2 "类四合院"设想方案

资料来源：吴良镛.广义建筑学 [M].北京：清华大学出版社，1989.

可以说，"有机更新"思想与理论奠定了历史城市更新的基本原则，在"整体保护、有机更新、以人为本"的思想下，采取"小规模、渐进式"的更新手法，并鼓励居民"自下而上"的社会参与机制，挖掘社区发展的潜力。这些规划原则与理念，都收录在1994年出版的《北京旧城与菊儿胡同》中，其"有机更新"理论的主要思想，与国外旧城保护与更新的种种理论方法，如"整体保护"（Holistic Conservation）、"循序渐进"（Step by Step）、"审慎更新"（Careful Renewal）、"小而灵活的发展"（Small and Smart Growth）等汇成一体，并在苏州、西安、济南等诸多城市进行了广泛实践，从理论和思想上推动城市更新从"大拆大建"到"有机更新"的根本性转变，为达成从"个体保护"到"整体保护"的社会共识做出了重大贡献。更为重要的是，为未来城市更新指明了方向，其学术价值与现实意义极为深远。

1993年，吴良镛正式公开地提出了"人居环境学"的设想。在1999年北京的世界建筑师大会上，他负责起草了《北京宪章》。在宪章中，他突破"技术-美学"的空间形式范畴，引导建筑与规划师更全面地认识人居环境，通过将规划设计植根于传统文化与地方社会中，构成覆盖宏观城市至微观个体心理范畴的全方位、多层次的规划技术体系。21世纪伊始，吴良镛发表了著作《人居环境科学导论》（2001），提出以建筑、园林、城市规划为核心学科，把人类聚居作为一个整体，从社会、经济、工程技术等角度较为全面、系统、综合地加以研究，集中体现了整体、统筹的规划设计思想。

3.7.3 吴明伟：全面系统的旧城更新思想

吴明伟（1934年~   ）是我国著名的资深城市规划专家和教育家，曾任原建设部专家委员会委员、全国历史文化名城保护专家委员会委员、中国城市规划学会常务理事和城市更新学术委员会副主任委员，主持完成了《南京市中心综合改建规划》《山东曲阜五马祠街规划》《南京朝天宫地区保护与更新规划》《杭州湖滨地区规划》等许多重要的规划项目，培养了一大批优秀的城市规划专业人才，在规划实践、理论、教育以及学科建设等方面做出了杰出贡献，在城市规划业界的学术声誉和地位极高（图3-7-3）。

长期以来，吴明伟投身于城市中心区的改建规划，探索了一套中心区综合改建的规划理论方法。吴明伟提出，改革开放转变了城市发展的动力机制，第三产业的迅速发展成为推动中心区改建的主要动力，中心区的交通矛盾与建筑质量陈旧问题迫切需要得到解决。在此背景下，中心区综合改建规划应当作为城市总体规划的具体化而优先加以编制（吴明伟，柯建民，1987）。其中，需要对城市公共建筑系统，尤其是商业系统规划进行重点研究。从规划体系来讲，市中心的综合改建是市中心详细规划的前期工作，需要全面调查研究和多学科的参与，避免只偏重城市物质形

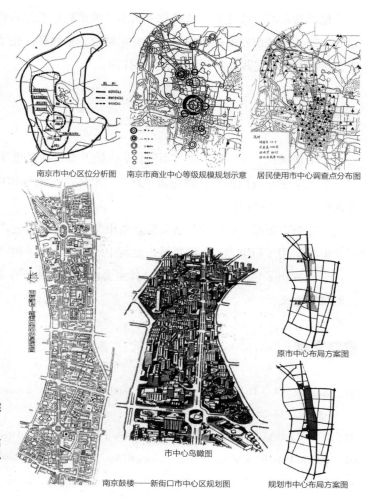

图 3-7-3 南京市中心综合改建规划

资料来源：吴明伟，柯建民.南京市中心综合改建规划 [J].建筑师，1987（27）：107–121.

南京市中心区位分析图　南京市商业中心等级规模规划示意　居民使用市中心调查点分布图

市中心鸟瞰图

南京鼓楼——新街口市中心区规划图

原市中心布局方案图

规划市中心布局方案图

态而忽视对社会、经济、文化活动的研究。在商业中心区位分析、等级体系分析、社会意向调查中均采用定量分析方法，研究成果先后应用于南京、绍兴、苏州、杭州、鞍山、曲阜等十余座城市，使城市中心区规划在理论上和实践上步入一个新的阶段，填补了我国关于城市中心规划研究的空白。

　　进入 20 世纪 90 年代，吴明伟带领学术团队逐步向更为全面的城市更新与古城保护研究展开，相继开展《旧城结构与形态》《中国城市再开发研究——现代城市中心区的规划与建构》《中国城市土地综合开发与规划调控研究》三项国家自然科学基金项目和一项《旧城改建理论方法研究》国家教育委员会博士点基金项目，提出了系统观、文化观、经济观有机结合的全面系统的城市更新与古城保护学术思想，建构了一套能够适应快速城市化发展的城市更新与古城保护理论方法，并相继完成泉州古城、烟台商埠区、合肥新车站地区、南京中华门地区、苏州历史街区、无锡崇安寺、安庆历史街区等数十项规划。

他对城市综合改建的系统性思考揭示了城市更新的综合性与复杂性，将空间规划的合理性与城市发展规律的科学研究相结合，拓展和深化了城市更新的内涵与方法，对城市更新实践起到了重要的指导作用。

思考题

1. 请谈谈在物质空间形态方面的代表人物及其更新思想及理论。

2. 人文主义方面的更新理论对早期以"形体决定论"和功能主义思想为根基的理论进行了哪些批判？

3. 在城市更新实践中为什么要倡导运用交互式规划理论、倡导式规划理论？

4. 请运用"租隙理论"解释城市更新中的"绅士化"和"再开发"现象。

5. 谁提出了"有机更新"思想，其主要内涵有哪些？在新型城镇化时代有何重要的现实意义？

参考文献

[1]   Arnstein S.R. A Ladder of Citizen Participation[J].Journal of the American Institute of Planners，1969，35：4，216–224.

[2]   Barnett J. Urban Design as Public Policy[M].New York：Architectural Record Book，1974.

[3]   Barnett J. An Introduction to Urban Design[M].New York：Harper & Row，1982.

[4]   Christopher A.，Ishikawa S.，Silverstein M. A Pattern Language：Towns，Buildings，Construction [M]. New York：Oxford University Press，1977.

[5]   Davidoff P. Advocacy and pluralism in planning[J]. Journal of the American Institute of planners，1965，31（4）：331–338.

[6]   Hall P. Urban and Regional Planning.London（4th edition）[M]. New York：Routledge，2002.

[7]   Harvey D. Social Justice and the City [M]. Athens：University of Georgia Press，1973.

[8]   Jacobs J. The Death and Life of Great American Cities[M].NewYork：Random House，1961.

[9]   LeGates R.T.，Stout F.The City Reader [M].London：New York：Routledge，2007.

[10]   Molotch H. The City as a Growth Machine：Toward a Political Economy of Place [J].American Journal of Sociology，1976，82（2）：309.

[11]   McLoughlin J.B. Urban and regional planning：a systems approach [M]. London：Faber，1969.

[12]   Mumford E.P. The CIAM discourse on urbanism，1928–1960 [M]. Cambridge：MIT Press，2000.

[13]   Pedret A. Team10：An Archival History [J]. New York：Routledge，2013.

[14]   Salingaros N.A.，Mehaffy M.W. A theory of Architecture [M]. Solingen：Umbau–Verlag，2006.

[15]   Salingaros N.A. Principles of Urban Structure [M]. Amsterdam：Techne，2005.

[16] Smith N.Toward a Theory of Gentrification：A Back to the City Movement by Capital，not People[J]. Journal of the American Planning Association，1979，45（4）：538–548.

[17] Wilbur R.，Thompson A. Preface to Urban Economics [M]. Baltimore：Johns Hopkins University Press，1965.

[18] （奥地利）卡米诺·西特.城市建设艺术：遵循艺术原则进行城市建设 [M]. 仲德昆，译.南京：东南大学出版社，1990.

[19] （丹麦）扬·盖尔.交往与空间 [M]. 何人可，译.4版.北京：中国建筑工业出版社，2002.

[20] （法）勒·柯布西耶.明日之城市 [M]. 李浩，译.北京：中国建筑工业出版社，2009.

[21] （法）亨利·列斐伏尔.空间与政治 [M]. 李春，译.上海：上海人民出版社，2015.

[22] （法）米歇尔·福柯.规训与惩罚：监狱的诞生 [M].刘北成，杨远婴，译.北京：三联书店，1999.

[23] （美）凯文·林奇.城市意象 [M].方益萍，何晓军，译.北京：华夏出版社，2001.

[24] （美）柯林·罗，弗瑞德·科特.拼贴城市 [M].童明，译.北京：中国建筑工业出版社，2003.

[25] （美）勒盖茨，（英）斯托特，张庭伟，田莉.城市读本 [M].北京：中国建筑工业出版社，2013.

[26] （美）刘易斯·芒福德.城市发展史 [M].倪文彦，宋俊岭，译.北京：中国建筑工业出版社，1989.

[27] （美）刘易斯·芒福德.城市文化 [M].宋俊岭，李翔宁，等译.北京：中国建筑工业出版社，2009.

[28] （美）尼科斯·A·萨林加罗斯.城市结构原理 [M].阳建强，等译.北京：中国建筑工业出版社，2011.

[29] （美）伊利尔·沙里宁.城市：它的发展、衰败与未来 [M].顾启源，译.北京：中国建筑工业出版社，1986.

[30] （英）大卫·哈维.资本的限度 [M].张寅，译.北京：中信出版集团，2017.

[31] （英）彼得·霍尔.城市和区域规划 [M].邹德慈，金经元，译.北京：中国建筑工业出版社，1985.

[32] （英）帕齐·希利.协作式规划：在碎片化社会中塑造场所 [M].张磊，陈晶，译.北京：中国建筑工业出版社，2018.

[33] 董金柱.国外协作式规划的理论研究与规划实践 [J].国外城市规划，2004（2）：48–52.

[34] 梁思成.梁思成文集（四）[M].北京：中国建筑工业出版社，1986.

[35] 董光器.古都北京五十年演变录 [M].南京：东南大学出版社，2006.

[36] 孙施文.现代城市规划理论 [M].北京：中国建筑工业出版，2007.

[37] 唐子来，付磊.发达国家和地区的城市设计控制 [J].城市规划汇刊，2002（6）：1–8，79.

[38] 王建国.城市设计 [M].南京：东南大学出版社，2010.

[39] 吴良镛.北京旧城与菊儿胡同 [M].北京：中国建筑工业出版社，1994.

[40] 吴良镛. 广义建筑学 [M]. 北京：清华大学出版社，1989.

[41] 吴良镛. 从"有机更新"走向新的"有机秩序"——北京旧城居住区整治途径(二)[J]. 建筑学报，1991（2）：7-13.

[42] 吴明伟，柯建民. 南京市中心综合改建规划 [J]. 建筑师，1987（27）：107-121.

[43] 阳建强. 西欧城市更新 [M]. 南京：东南大学出版社，2012.

[44] 于泓. DaVidoff 的倡导性城市规划理论 [J]. 国外城市规划，2000（1）：30-33，43.

[45] 张京祥. 西方城市规划思想史纲 [M]. 南京：东南大学出版社，2005.

[46] 张京祥，吴缚龙，马润潮. 体制转型与中国城市空间重构——建立一种空间演化的制度分析框架 [J]. 城市规划，2008（6）：55-60.

[47] 张晓宇. 城市空间的模式语言设计——计算机辅助城市设计方法探讨 [J]. 城市规划汇刊，1996（6）：26-32，64.

第 4 章

城市更新工作
涉及的实质内容

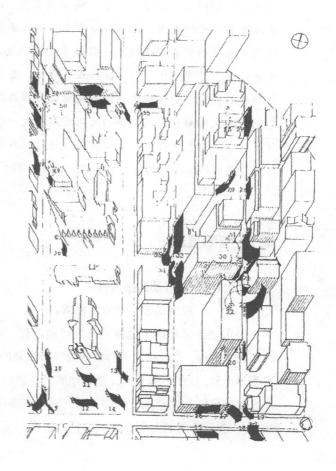

导读：城市更新规划工作极为复杂，涉及城市社会、经济和物质空间环境等多个维度，如何在面临繁芜复杂的诸多因素时，准确把握城市更新规划的实质内容，处理各方要素的关系，就成为城市更新实现复合多元目标的关键。因此，本章根据国内外相关研究和实践经验，将城市更新的实质内容界定为新旧互动、系统耦合、土地使用、强度分区、活力提升五个方面，着重介绍如何从城市大格局处理好新区与旧城的关系，如何基于整体系统研究城市内部结构的耦合协调，如何应对土地集约利用的发展趋势建立复合的土地使用模式，如何加强环境容量的控制确定适宜的强度分区，以及又如何从城市宜居和可持续发展角度提升城市活力等内容，使大家对城市更新规划工作的实质内容有一清晰了解。

4.1 新旧互动

4.1.1 新旧互动的必要性

4.1.1.1 应对城市更新本质需求

城市更新是城市生命体的新陈代谢过程，是城市顺应社会进步的表现。纵观国内外发展历程，都一度以大拆大建为城市更新的主要方式，甚至出现拆旧建新、拆真建假等现象，这些方式片面注重土地的经济利益，无视城市空间承载的历史文化信息、地方场所特征和社会人文结构关系，对城市造成了不可弥补的建设性破坏（阳建强，2018），而后来随着对历史保护的日益重视，又出现了仅仅强调保护，缺乏对历史街区如何发展的关注（刘健，等，2017）。这些更新方式始终没有将保护与发展进行良好地衔接，无法应对"在城市中建设城市"的城市更新本质需求。"在城市中建设城市"是指针对城市的既有建成空间，通过持续不断的有机更新，调整失去活力的城市功能，改善无法达标的物质环境，提升土地利用的综合效益，在满足城市发展需求的同时，合理延长建筑遗存的全生命周期，积极促进土地资源的循环利用和城市空间的持续发展（刘健，等，2017）。由此可见，"在城市中建设城市"的过程也就是新旧互动过程。

4.1.1.2 应对城市更新的全生命周期特征

新旧城市空间存在着功能、形式、环境氛围等方面的差异，它们均有着与自己建成时代相对应的合理性。时代的变迁，产生了功能、尺度、技艺、材料、设施、生活方式等多方面的变化。新的城市空间以其新的形式、新的设施、新的环境特色令人们领略了一种前所未有的体验，而旧的环境虽然也许相对陈旧，但可能风韵犹存，许多历史建筑及环境的严谨构图、完美的比例、精美的细部、富有地方特色和长期市民生活氛围积淀的场所让人体会到传统环境的独特意境。城市的新旧环境作为不同时代信息的物质载体，它们能给市民多层次、多角度的感受，拓展人在现实生活中的情感，同时它们又能通过合理的组织，建构相对适合的多样化环境，满足不同使用者的需求（邓刚，1995）。因此，从整个城市发展的全生命周期来说，手术式的更新改造只能是极特殊情况下的、短期的、暂时的行为，必将退出历史舞台（伍江，2019），既有空间也绝不是阻碍新发展的桎梏，城市更新的科学合理途径应当是强调新旧互动。

4.1.2 新旧互动的原则

4.1.2.1 系统性原则

城市更新不应被仅仅看作是一种建设行为活动，而需要被当作城市发展的调节机制。城市必须通过结构调适，不断实现新的动态平衡，才能持续适应社会和经济的发展（阳建强，文爱平，2018）。因此，城市更新中的新旧互动应该体现城市结构调适的系统性特征，在内容维度上，应该对空间格局、功能结构、场所文脉、社会关系、生态环境等各方面进行整体系统的新旧互动考虑，在地理范围上，则应进行城市宏观、中观、微观等不同层级上的新旧互动思索，从而通过系统性新旧互动，产生整合效用，促进结构调适。

4.1.2.2 适宜性原则

城市是人们日常生活的"容器"，大至整个城市的结构，小到一房一瓦都是一定背景的产物，承载了特定时代、特定地域以及特定使用者的印记，这导致了每个城市更新的对象都具有自身的特殊性（贾新峰，黄晶，2006）。因此，新旧互动必须充分考虑城市更新发生时的当地政治、社会、经济、文化发展状况，注重城市更新所处的区位特征与建设条件，关注使用人群的现实和未来需求，对不同更新对象采取多种途径和多个模式进行行之有效、切合实际的更新改造，模式切忌生搬硬套。

4.1.2.3 动态性原则

从城市发展的客观规律看，城市始终会循环经历着"发展—衰落—更新—再发展"的动态新陈代谢过程（阳建强，文爱平，2018），在这一过程中，新与旧的关系是在不断更迭变化的。从深层意义上，城市更新应看作是整个社会发展工作的重要组成部分，从总体上应面向提高城市活力、促进城市产业升级、提升城市形象、提高城市品质和推进社会进步这一更长远全局性的目标（阳建强，2018）。因此，城市更新中的新旧互动应该建立长远动态观念，既要兼顾保护不同时期完整历史脉络与满足当下发展多维度需求，也应当为地区探索可行的和有意义的未来发展模式（丁凡，伍江，2017），并为将来发展留有余地。在更新改造的标准和速度上，依据各城市的不同发展阶段和经济基础确定不同的改造标准和实施步骤，对改造时机尚未成熟的地段，亦可采取二次更新改造等办法（阳建强，吴明伟，1999）。

4.1.3 新旧互动的要素

根据新旧互动系统性的内容维度要求，新旧互动的要素主要包括以下五方面内容。

4.1.3.1 空间格局新旧互动

（1）空间格局的基本概念

城市空间格局可以看作是城市物质空间构成的集中体现，是城市发展到特定阶段，反映特定社会文化背景，表现城市特色风貌的城市物质空间形态的总体反映（王建国，2009）。

（2）空间格局新旧互动的要素[①]

1）路径。城市路网系统是城市环境构成的主要骨架。城市的道路和街巷应该通过新旧互动实现各具特色：道路强调以车行为主导的通行输配职能，应尽量实现线型顺畅；而街巷则强调以步行为主导，应在保障连续性和层次性的基础上，延续生活气息和宜人尺度，力求空间多变，构成丰富，环境舒适。

2）边界。边界分为"刚性"与"柔性"两种：刚性边界表现为内向型的自我保护，对外充满排斥；柔性边界则表现为包容贯通及双向交流，给人以友善平易的感受。新旧互动时应根据需求决定新旧空间之间的边界类型，但绝大多数情况下，鼓励采用柔性边界的处理方法，如相互渗透的公共绿地或公共活动空间（图4-1-1）。

3）节点。指人流物流产生集聚的地段，是决定人们对城市印象的重要空间。因此，新旧互动需要注意构成节点的建筑风格、材质色彩、形体组合、公共空间等城市特色的集合体现要素。

[①] 本小节文字内容参考王建国. 城市设计 [M]. 北京：中国建筑工业出版社，2009；段进. 城市空间发展论 [M]. 南京：江苏科学技术出版社，2006.

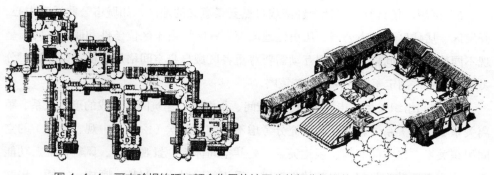

图 4-1-1　哥本哈根的廷加顿合作居住社区公共部分与居住空间的开放式交接

资料来源：王建国 . 城市设计 [M]. 北京：中国建筑工业出版社，2009.

4）标志。指城市中明显突出、用于识别方向和区位的建筑物与构筑物。城市标志不但给城市中的人们提供了方向感，还易于成为城市的特色景观。新旧互动需要保证城市标志体系的完整性与延续性，在不破坏既有标志特色的基础上，树立新的标志（图 4-1-2、图 4-1-3）。

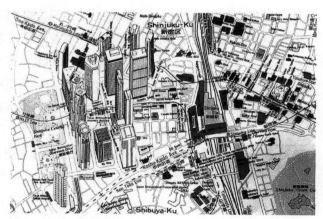

图 4-1-2　东京新宿地区主体建筑群分布

资料来源：王建国 . 城市设计 [M]. 北京：中国建筑工业出版社，2009.

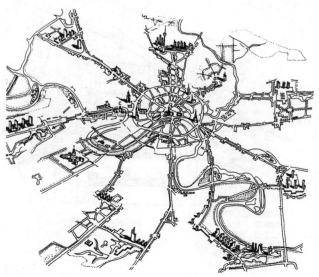

图 4-1-3　莫斯科标志建筑规划

资料来源：段进 . 城市空间发展论 [M]. 南京：江苏科学技术出版社，2006.

5）区域。指具有一定社会经济或自然要素意义的地区，如城市公共活动中心、开发区、居住区、城市公园、历史性地段等。各区域由于区位条件和职能不同，呈现不同特色的空间格局。新旧互动需要尊重各区域自身空间格局特征，以分区、分类型的方式，制定不同的保护更新策略。

6）空间组织关系。指城镇间、区域间、街廓间、建筑间所形成的形状关系、距离关系、位置关系。新旧互动应充分考虑不同区域层次（宏观、中观、微观）的空间组织关系，以空间肌理、视觉关系、公共空间体系、景观体系、风貌特征、功能活动等要素互动为目标，以整体性思维，采用新旧对比、衬托、呼应、穿插、串联等多样化方式，实现不同区域层次的新旧共生（图 4-1-4、图 4-1-5）。

4.1.3.2 功能结构新旧互动

（1）功能结构的基本概念

1933 年现代国际建筑协会发表《雅典宪章》，明确指出城市的四大功能是居住、工作、游憩和交通，城市应按照居住、工作、游憩进行分区，再建立三者联系的交通网。但在城市更新过程中，实践者过于强调功能分区，导致了一系列问题。于是，1977 年《马丘比丘宪章》提出，《雅典宪章》为了追求分区清楚却牺牲了城市的有机构成，主张不应当把城市当作一系列孤立的组成部分拼凑在一起，必须努力去创造一个综合的多功能环境。随着社会发展进步，城市功能日益多元，主要包括：综合服务功能，社会再生产功能，组织管理、协调经济和社会发展功能，物资流、资金流、人才流、信息流的集聚与辐射功能等（李德华，2001）。按照属性分，城市功能可分为经济功能、文化功能、社会功能、生态功能；按不同重要性，可以分为主导功能、一般功能和基本功能（陈萍萍，2006）。在中国《城市用地分类与规划建设

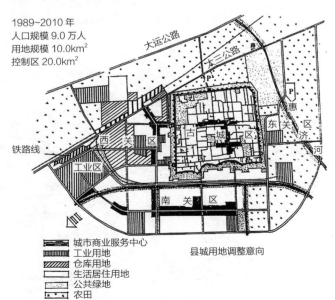

1989~2010 年
人口规模 9.0 万人
用地规模 10.0km²
控制区 20.0km²

县城用地调整意向

图 4-1-4　平遥采取全面整治新区建设来缓解古城的矛盾

资料来源：阳建强，吴明伟.现代城市更新 [M].南京：东南大学出版社，1999.

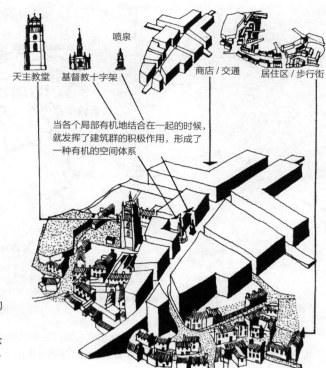

图 4-1-5 传统街区空间体系的
城市设计引导

资料来源：段进.城市空间发展论
[M].南京：江苏科学技术出版社，
2006.

用地标准》GB 50137—2011 中，城市建设用地被划分为居住用地、公共管理与公共
服务用地、商业服务业设施用地、工业用地、物流仓储用地、道路与交通设施用地、
公用设施用地、绿地与广场用地等 8 大类。功能结构则主要指一定地理范围内城市
功能的关系结构（比例、相互作用联系等）以及空间结构。

（2）功能结构新旧互动的要素

1）功能关系结构。指功能系统中各要素之间相互结合的关系以及相互作用的
方式。新旧互动应当针对城市更新对象现实的不足和未来发展需求，通过功能调适，
优化功能比例，促进多种功能发生相互正向积极作用，令功能系统要素间达到很好
协调与配合，实现多维度效益。具体如促进职住平衡、完善公共基础配套设施供给、
提升绿化空间比例、新旧空间功能联动发展等。

2）功能空间结构。指功能分布的空间格局。通过新旧互动调整城市功能宏观、
中观、微观空间结构，促进功能关系结构实现更好的调适。具体如宏观方面促进城
市中心部分功能的疏解（图 4-1-6）、中观方面促进开发区产城融合、微观方面促进
社区公共服务设施均等化等。

3）功能关系结构与空间结构的协同关系。新旧互动应当维系并提升城市功能关
系结构与空间结构之间相互配合、相互促进的关系（图 4-1-7）。一方面，功能变化
往往是空间变化的先导，通过功能关系结构上的调整引导空间结构上的优化。另一

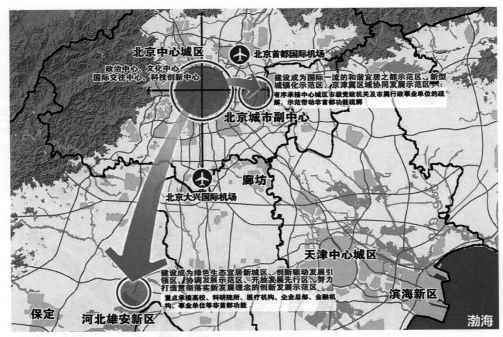

图 4-1-6　北京中心城区功能向外疏解

资料来源：李秀伟，路林，赵庆楠.北京城市副中心战略规划 [J].北京规划建设，2019（02）：8-15.

图 4-1-7　武汉六合路片区风貌区建筑功能更新规划

（a）现状建筑使用性质图；（b）建筑功能更新规划示意图

资料来源：东南大学城市规划设计研究院.武汉六合路片区历史风貌区保护规划 [Z].2012.

方面，空间结构的变化会对功能关系结构起到影响，通过空间结构的调整，吸引新的功能入驻，引发功能关系结构调整。

4.1.3.3 场所文脉新旧互动

（1）场所文脉的基本概念

从物质层面讲，空间是一种有界的或有一定用途并具有在形体上联系事物的潜能的"空"，但是，只有当它从社会文化、历史事件、人的活动及地域特定条件中获得文脉意义时方可称为场所，而文脉与场所是一对孪生概念（王建国，2010）。从类型学的角度看，每一个场所都是独特的，具有各自的特征，这种特征既包括各种物质属性，也包括较难触知体验的文化联系和人类在漫长时间跨度内因使用它而使之具有的某种环境氛围。

（2）场所文脉新旧互动的要素

1）形态。形态是关于建成形式的"如何"、位置、周界、内与外关系的描述。新旧互动应该注重形象上的连续性和视觉上的完整一体性（图4-1-8），具体包括：通过摹仿、抽象等方式，保持风格的连续，如多坡屋顶样式的简化式运用；保留、延续城市环境意象要素，如保护具有识别性、共识度的建构筑物和空间；延续积极城市空间的特性，如保持外部空间的层次性、连续性和宜人尺度；保护延续传统特色空间肌理，注重尺度、形态、形式和色彩的关联。

2）结构。城市形态是在不同历史阶段，按照城市的内部结构系统与逻辑逐步积累形成，其变化总是以原有的结构形态为基础，并在空间上对其存在依附现象。城市历史环境和传统风貌的保护不仅体现在表层上的物质空间形态保护，也是城市内部结构系统的有机生长和组织。在城市更新过程中要注重旧城内部结构系统的有机生长和组织，注重旧城格局的整体保护与延续。具体而言，主要涉及旧城道路网格局的保护，历史街区的平面形式保护，古街坊的组织模式延续，以及一些重要的空间节点和活动场所保护等方面（图4-1-9）。

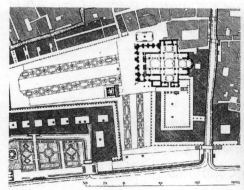

图4-1-8 圣马可广场各年代建筑空间形态整合

资料来源：王建国 . 城市设计 [M]. 北京：中国建筑工业出版社，2010.

图 4-1-9　传统城镇的城镇空间
景观结构

资料来源：Cullen G. Townscape[M].
The Architecture Press，1961.

图 4-1-10　哥本哈根老城公共生活

资料来源：（丹麦）扬·盖尔，（丹麦）拉尔斯·吉姆松.公共空间·公共生活.[M].汤羽扬，等译.
北京：中国建筑工业出版社，2003.

3）生活环境内涵。旧城在相当长的时期内形成了特定的形态，其积淀了丰富的市民生活活动氛围、社会文化气息和人情味，令旧城环境体现出一种场所精神（王建国，2010）。新旧互动应该深切了解既有空间内市民的生活习性、社会文化风俗和社会交往特征，在提升物质环境品质和满足新时代生活需求的同时，通过物质空间和业态活动类型设计，尊重延续既有场所精神（图4-1-10）。

4.1.3.4　社会关系新旧互动

（1）社会关系的基本概念

社会关系是人们在共同的物质和精神活动过程中形成的相互关系，按照层次主要包括社会组织结构与社会网络结构。城市空间的形成与发展是社会生活的需要，也是社会生活的反映，因此空间关系与社会关系密切相关。

（2）社会关系新旧互动的要素

1）社会组织结构。社会组织结构是由血缘、地缘、宗教缘、经济文化水平、职业分工、生活方式等经过长期的历史积累沉淀而成，它是一种界限模糊，却使人能强烈感受到它的无形组织（阳建强，1999），它对于社区安全和居民的精神依托，具有不可估计的作用（阳建强，等，2016）。新旧互动应该保持延续原有社区不同的组织结构，并在发展中予以完善，努力令新的建设行为引入的社会人口融入原有社会组织结构中。如在城市更新过程中避免外迁人口、破坏原有日常熟悉场所等方式（表4-1-1、表4-1-2），并设置更多的社会共享空间，促进社会交往等。

伦敦 Covent Garden 地区更新规划中对居民年龄结构发展的计划　　表 4-1-1

年龄划分	既有居民结构		未来居民结构	
	数量	比例（%）	大致数量	比例（%）
15 岁以下	332	12	900~1000	17
16~19	138	5	310~350	6
20~39	726	26	1430~1600	27
40~59	742	26	1380~1550	26
60~64	215	8	330~400	6
65 岁以上	656	23	950~1100	18
总共	2809	100	5300~6000	100

资料来源：The Great London Council. Covent Garden Action Area Plan[R/OL].[1978-01-24]. http://www.sevendials.com/resources/CG_Action_Area_Plan_78.pdf.

伦敦 Covent Garden 地区更新规划中建筑功能发展计划　　表 4-1-2

建筑功能	现状建筑面积百分比（%）			未来发展优先度 *
	1966 年	1971 年	1975 年	
办公	34	34	33	C
小型商铺	10	9	7	A
商业贸易	13	9	4	B
文化娱乐	9	12	14	B
轻工业	6	3	3	A
旅馆	4	4	4	C
教育	2	1	1	B
居住	11	10	11	A
公共设施	6	6	5	B
空置	5	12	18	—

注：*A~C 依次为非常适合、根据地点和尺度判断是否适合、一般不适合但在特殊条件下允许。
资料来源：The Great London Council. Covent Garden Action Area Plan[R/OL].[1978-01-24]. http://www.sevendials.com/resources/CG_Action_Area_Plan_78.pdf.

2）社会网络结构。指不同地理范围内的个人、社会群体组织相互形成的正式与非正式的社会联系，个人和群体在网络中寻找着自己的空间并相互协调、适应（段进，2006）。社会网络是人们在长期历史过程中积淀而成的，对各群体的物质精神文化生活尤为重要（尤其是老年人）（阳建强，等，2016）。新旧互动应当通过物质空间设计、政策宣传、活动策划等方式，保持延续更新空间相应的社会网络结构，维系加强其社会多样性，保持区别于其他地区的个性特征和社会活力，避免一切会消除社会多样性和活力的行为，避免社会空间隔离分异、空间活力丧失等现象。

4.1.3.5 生态环境新旧互动

（1）生态环境的基本概念

生态环境指与人类密切相关的、影响人类生活和生产活动的各种自然力量或作用的总和。生态环境分为自然生态条件和人工生态环境，前者包括气候、地质、地貌、水文、动植物等，后者包括人类通过各类建设技术营造的绿地、水体、微气候等。生态环境对促进城市可持续发展具有重要意义，有利于塑造城市独特的空间特色、保障提升居民生活舒适度和身心健康、促进城市吸聚投资与人口等各方面内容。

（2）生态环境新旧互动的要素

生态环境新旧互动的要素按照地理范围，可分为区域—城市、片区、地段三个层次不同内容（徐小东，王建国，2018）。

1）区域—城市级新旧互动。本层次主要考虑城市总体生态环境格局、城市绿地系统、城市重大工程、城市交通组织等要素，具体包括：①努力使人工系统与自然系统协调和谐，保护尊重自然环境，合理应对、利用城市特定自然条件（如地形地貌、水文植被和气候等），修复优化城市生态环境空间品质，形成科学合理、健康和富有艺术特色的城市总体生态环境格局；②促进城市绿地系统与生态系统、景观系统、城市气候环境、城市物理环境等因素相结合，完善优化整体连贯的并能在生态上相互作用的城市开放空间网络（图4-1-11），从而发挥生态、经济和社会多维度作用，典型的如城市绿道体系；③关注城市重大工程建设的环境影响评价，严格保护自然景观、自然物种多样性以及既有城市空间生态环境品质；④完善优化城市绿色交通体系，引导形成基于绿色交通出行的城市空间，如TOD发展、15分钟生活圈建设等，促进公交、慢行交通出行，并改善城市道路空间生态环境品质。

2）片区级新旧互动。本层次主要考虑新老城区生态系统衔接关系、旧城空间结构、棕地治理再开发等要素，具体包括：①充分考虑自然环境、生物气候条件和城市居住环境的健康舒适性，科学合理确定新区位置、新老城区间的空间联系关系（如缓冲过渡空间、交通连接方式等）；②以改善提升生态环境品质为目标，关停转移污染项目，适度降低人口密度，控制建设规模，修复整治空间品质低下的绿化水体空间，提升绿色空间数量、完善绿色基础设施网络（图4-1-12），优化缓解应对气候的空间设计（如建立城市风道、改善空间热环境、海绵城市建设等）；③通过新旧互动，对废弃、闲置或未得到充分利用的工业商业设施实施环境修复、产业升级、品质提升等处置措施。

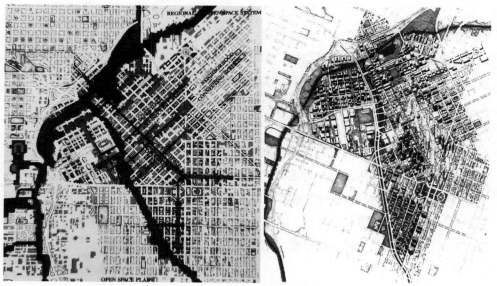

图 4-1-11 美国丹佛中心开放空间体系

资料来源：王建国.城市设计 [M]. 北京：中国建筑工业出版社，2009.

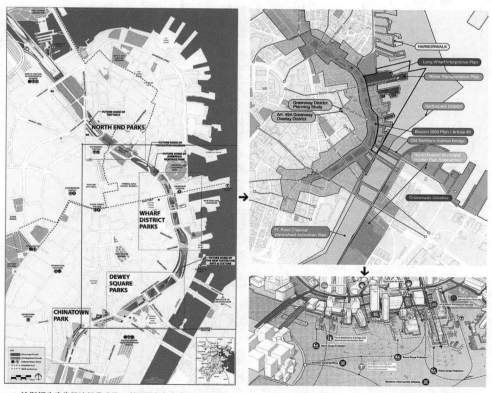

a-1 波斯顿玫瑰肯尼迪绿带建设（利用原有高速路的生态更新）　　a-2 依托绿带的滨水区局部空间土地混合利用更新建设

图 4-1-12 美国波士顿肯尼迪绿带及周边地区更新建设

资料来源：作者根据《The Rose Kennedy Greenway》（2013）和《Downtown Waterfront District Municipal Harbor Plan & Public Realm Activation Plan》（2017）整理绘制．

3）地段级新旧互动。本层次主要考虑相邻地段及地段内部的建筑群体空间、建筑单体、开放空间等要素，具体包括：①利用生态设计中的环境增强原则，强化局部的自然生态要素并改善其结构，如可以根据气候和地形特点，利用建筑周边环境及自身的设计来改善通风和热环境特性（图 4-1-13），组织立体绿化和水面，以达到有效补益人工环境中生态条件的目的；②关注特定生物气候条件和地理环境相关的生态问题，生物气候的多样性决定了建筑形式的多样性，如建筑被动式设计；③建立起室外公共空间、过渡空间、庭院空间和各种建筑物和建筑细部之间的梯度关系，能在一定范围内达到综合改善建筑物内外环境生物气候条件的效果；④针对地方自然特征和生物气候条件创造舒适的公共空间，以使居民获得更多的人性关怀；⑤促进绿色零碳社区更新（林坚，叶子君，2019），建立功能复合型社区，推广建筑绿色更新，营造绿色出行友好环境，充分利用新能源和可再生能源。

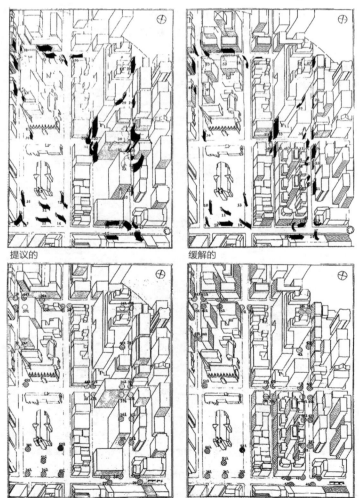

提议的　　　　　　　　　　　　缓解的

提议的　　　　　　　　　　　　缓解的

图 4-1-13　通过局部地段的优化设计实现局地风环境的改善（上）和舒适度的提高（下）

资料来源：徐小东，王建国 . 绿色城市设计 [M]. 南京：东南大学出版社，2018.

4.2 系统耦合

4.2.1 系统耦合的必要性

城市是一个具有很强整体性和关联性的复杂的系统，其作为系统具备四方面特性（李德华，2001）：第一，整体性和综合性，城市是由若干子系统或部分构成的有机整体，一般认为包括城市的社会系统、经济系统、空间系统、生态系统和基础设施系统等几个主要方面，城市整体的性质、特征和功能存在于各要素的相互联系与相互作用之中，而不是各要素的简单叠加；第二，层次性、结构性，系统内部诸多要素按不同级别层次有序地组成一个整体，系统整体中的各个层次之间形成了一个交错的网络，这决定了系统的各要素之间是相互作用，并排列组合成一定的结构，而非独立的存在或者毫无内在联系的堆积；第三，任何系统都在不断运动变化着的，动态性决定于系统内部各要素之间的相互作用，同时结构特征又决定了系统运动的方式和方向；第四，任何系统都存在于一定的外部环境之中，并不停地与环境进行着物质、能量及信息的交流。因此，城市更新作为调节城市发展的一种重要机制，充分受到城市系统性特征的影响，就必然需要采取系统耦合的方式，以应对城市复杂系统的特征。

4.2.1.1 城市更新是一个复杂多变的综合动态过程

在市场经济的现实状态下，城市更新是一个非常复杂与多变的综合动态过程。一方面，市场因素起着越来越重要的作用，城市更新不能脱离于市场运作的客观规律，而且需要应对市场的不确定性预留必要的弹性空间；另一方面，城市更新体现为产权单位之间以及产权单位和政府之间的不断的博弈，体现为市场、开发商、产权人、公众、政府之间经济关系的不断协调的过程，在政府和市场之间需要建立一种基于共识、协作互信、持久的战略伙伴关系。无论是对中心区、工业区、居住区还是对城中村的更新，都面临着产权关系的问题，在城市更新规划的编制和实施过程中，需要认识并处理好复杂的经济关系，处理好房地产的产权关系，加强经济、社会、环境以及产权等方面的综合影响评价，只有这样，城市更新才会真正落到实处，才能满足多方利益需求，适应新形势的发展需求。因此，城市更新绝不是一个简单线性过程，需要以系统耦合的复杂思维予以全程动态考量。

4.2.1.2 是城市品质长远持续提升的现实需求

从建成区品质提升的任务来看，建成区面临人口密度大、基础设施欠缺、公共服务不足、环境品质低下等问题，这些均无法依靠单个产权地块的更新改造得到完全解决，必须对市政、交通、园林、景观、公共安全等方面进行系统性优化与改善。然而在操作过程中，有许多"就事论事"的案例，就局部而言，结合小范围的城市更新解决此范围内存在的问题，似乎非常正确。但若放大到中宏观层面来分析，可能有更重要的问题必须依托小范围的空间来解决；局部更新一旦完成，中宏观层面的问题无着落，将产生较大的遗憾。（阳建强，等，2016）。甚至有些城市更新开发主体往往为了获取自身利益的最大化，破坏了城市更新的整体协调和综合开发。由于缺乏城市功能结构调整的整体考虑，单个零散的更新项目往往背离城市更新的宏观目标，无法从本质上解决用地结构、交通体系、生态体系、景观体系、服务设施体系以及城市肌理的片段化问题（张杰，2019），导致城市布局紊乱、城市交通拥堵严重、环境质量低下，以及公共基础设施利用效率低下等问题（阳建强，2018）。

此外，城市更新不仅要发挥市场的积极作用，处理好有关经济关系、产权关系，更必须体现城市规划的公共政策属性，保证城市的公共利益，全面体现国家政策的要求，守住底线，避免和克服市场的某些弊端和负能量（阳建强，杜雁，2016），这样才能够在总体利益格局下综合地实现社会、经济与环境效益，局部与整体利益，以及近期更新与远景发展的综合平衡（阳建强，等，2016）。随着以产权制度为基础、以市场规律为导向、以利益平衡为要求的城市更新的推进，各方利益主体话语权逐步提高，传统城市更新运作及管理体制机制越来越暴露出在利益协调平衡机制、公众参与协商机制、更新激励机制等方面的不足和缺位。虽然在一些城市中新近成立了城市更新管理机构，但是由于更新政策大多局限于部门内部，规划、发改、国土、房产与民政等主管部门分别从相应的领域开展相关工作，部门与部门之间缺乏联动，项目行政审批程序、复建安置资金管理以及政府投资和补助等相关配套政策仍缺乏有机衔接（阳建强，2018）。因此，综上来看，如果要实现城市长远持续的品质提升，就必须在城市更新规划、审批和建设过程中充分贯彻系统耦合思想。

4.2.2　系统耦合的原则

4.2.2.1　以保障长远发展为基本原则

城市更新是一个长期连续不断的过程，目标是促进城市结构不断进行调试，保障城市长远地、健康地、充满活力地持续发展。因此，切忌仅以眼前的短期利益作为城市更新系统耦合的目标，而缺乏对城市更为长远发展的考虑。这种短期导向的方式无视了城市系统的动态发展特征，会对未来造成不可估量的负面影响，到时需要花费巨大的代价进行弥补。

4.2.2.2　以保障整体发展为基本原则

城市系统的健康运转依赖于各子系统相互作用下发挥的整体效应。因此，城市更新的系统耦合需要从全局角度进行判断：一方面，低一级层次范围的城市更新，需要以高一级层次范围的要求作为考虑前提；另一方面，单个要素或子系统的更新，需要充分考虑对其他要素、子系统或整体系统的影响。只有时刻保持局部服从整体、单方服从综合的全局发展观，才能够切实促进系统耦合，保障城市系统具有出色的层次性、结构性和整体性。

4.2.2.3　以保障全程协同为基本原则

城市更新最明显的特点就是面广量大、矛盾众多，要保证城市更新改造目标的全面顺利实现，必须充分调动各方面的积极性，在政策制定、规划设计、实施运作、管治制度等各环节中形成合力，行动一致，促进城市更新的健康发展，这有赖于健全、明确、积极、有效的运行机制和调控机制。因此，需要以保障城市更新全程顺畅运作为基本原则，统筹实现更新目标、组织、法规、规划、实施各体系间的系统耦合，各环节的要素内容均应充分考虑与其他要素或其他体系、环节的协同。

4.2.3　系统耦合的要素

根据城市更新体系框架，系统耦合主要包括以下三方面要素内容。

4.2.3.1　城市更新目标体系的系统耦合

不同于简单的旧城改造，城市更新已不能再停留于物质环境改善与审美的角度。现代城市更新追求的是全面的城市功能和活力再生，活化城市的社会与文化，降低犯罪率，创造更多的就业机会以改善城市经济、城市财政，提升城市竞争力等。传统的城市规划原则正经受着考验，纯空间领域的物质规划正变得影响甚微，经济与社会决策正日益代替空间上的筹划。

因此，城市更新目标应建立在城市整体功能结构调整综合协调的基础上，避免仅重视单纯的城市物质环境的改善，而应该对增强城市发展能力、实现城市现代化、提高城市生活质量、促进城市文明、推动社会全面进步的更广泛和更综合目标的关注。即，要求我们针对城市结构调整日益成为城市更新改造的关键问题，以及由此导致的城市更新改造的日益复杂，应以社会经济发展为先导，跳出既定的城市框架，整体研究城市更新动力与经济环境关系、城市总体功能结构调整目标、新旧区发展互动关系、更新内容构成与社会综合发展的协调性、更新活动区位对城市空间结构的影响、更新实践对地区社会进步的推动作用等重大问题，并从城市发展内在机制的角度，通过对影响城市结构整体变革的启动因素和制约因素及其两者之间的基本矛盾、基本关系和发展趋势的分析预测，准确把握城市更新改造的基本特征，以经济目标、社会目标、文化目标、政治目标、生态目标、空间目标等方面为基本维度（表4-2-1），制定适合本地情况的城市更新总体目标和策略。

4.2.3.2　城市更新规划体系的系统耦合

城市更新规划应由传统的单一体形规划走向综合系统规划。由于城市更新改造具有面广量大、矛盾众多的特点，传统的形体规划设计难以担当此任，需要建立一套目标更为广泛、内涵更为丰富、执行更为灵活的系统规划。应结合城市规划体系，从宏观到微观，建立层次分明、系统全面的城市更新规划体系（图4-2-1）。

城市更新目标体系 表 4-2-1

目标维度	具体内容	目标维度	具体内容
经济目标	产业结构优化 促进就业 促进创业创新 促进市场繁荣 提升土地效率 ……	政治目标	和谐社会 小康社会 新型城镇化 可持续发展 生态文明建设 创新创意社会 ……
社会目标	以人为本 城乡统筹 社会公平 公众参与 资源共享 社会融合 归属感、安全感 ……	生态目标	保护利用自然资源 提升绿色空间数量质量 节约集约利用能源 节约集约利用土地 基础设施高效利用 减少排放 缓和应对气候变化 绿色建筑与环境设计
文化目标	文脉延续 文化多元 活动丰富 地方特色 自豪感 ……	空间目标	功能混合开发 公共服务设施完善 紧凑城市 公共空间活力 绿色交通引领 包容性人性化设计 ……

资料来源：作者绘制．

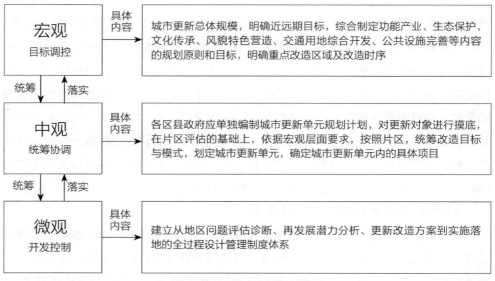

图 4-2-1　城市更新规划体系

资料来源：作者绘制．

1）在宏观层面。编制全市城市更新专项规划，确定城市更新总体规模，明确近远期目标，综合制定功能产业、生态保护、文化传承、风貌特色营造、交通用地综合开发、公共设施完善等内容的规划原则和目标，明确重点改造区域及改造时序。

2）在中观层面。各区县政府应单独编制城市更新单元规划计划，对更新对象进行摸底，在片区评估的基础上，依据宏观层面要求，按照片区，统筹改造目标与模式，划定城市更新单元，确定城市更新单元内的具体项目。

3）在微观层面。建立从地区问题评估诊断、再发展潜力分析、更新改造方案到实施落地的全过程设计管理制度体系。开展土地、房屋、人口、规划、文化遗存等现状基础数据的分析工作，建立国土、规划、城乡建设、房屋地籍等各行政管理部门基础数据共享机制，运用"大数据＋信息分析＋互联网"实行更新改造全程动态监管。同时更需要有艰苦工作的准备，充分考虑社会各方利益的多元化，对地段内各产权单位的诉求进行深入细致的调查研究。在充分详实的调研基础上，对每一项更新改造项目进行成本效益分析、产业空间绩效、空间改造价值判断以及土地增值测算，对城市功能、业态、形态等进行整体策划，明确更新方式、实施途径、设计方案，综合确定用地性质、开发强度、需要重点补充完善的公共设施，统筹协调利益相关人的改造意愿，细化权益变更、建设计划、运营管理等相关要求，使更新改造建立在可靠的现实基础上。

与此同时，在城市更新的整个过程中要加强城市设计的作用，注重旧城传统风貌的保护与延续，使城市更新规划与旧城保护规划和景观保护规划紧密结合，突出旧城景观特征和文化内涵，提升城市精细化设计和管理水平。

4.2.3.3 城市更新组织实施体系的系统耦合

纵观全球城市更新历程，随着城市更新改造的投资模式由过去单纯依靠国家拨款，转变为全社会的共同支持，形成国家、地方、企业、金融界、海内外商界等多渠道、多层次投资体系，改变了过去单一的政府组织的状况，出现政府、单位、开发企业、合作组织与私人共同参与旧城更新改造的新局面。面对这一转变，城市更新改造规划的工作过程应与此相适应，形成一个横向联系的、自下而上与自上而下双向运行的开放体系，也就是说城市更新规划的制定应当是一个多方位、多层次的公众参与过程。因此，需要从城市整体利益和项目实施推动的角度出发，明确涉及城市更新工作相关不同政府部门的职责，发挥政府、市场、社会与群众的集体智慧，不断应对复杂多变的城市更新实践需求，通过在城市更新主体、法规制度、操作平台等方面的探索创新，实现城市更新的有序推进和良性循环。

1）在更新主体上：改变以往单一的政府主导模式，基于政府、市场与社会并举的合作参与机制，充分调动政府、市场和社会三大主体参与城市更新的积极性，加强沟通协作，共同治理，共同缔造。

2）在法规制度上：进一步健全城市更新相关法律法规，在充分发挥政府统筹引领作用的基础上，明确政府行为与市场行为的边界，建立宏观的运行调控机制，在体现国家政策的要求和保障公共利益的前提下，创新财税、规划、建设、产权和土地政策，通过制定合理的引导、激励和约束政策，积极推动房地产市场的理性发展。

3）在操作平台上：搭建多方合作和共同参与的常态化制度平台，加强发改、规划、建设、房产、土地以及民政等部门的协调与合作，促进包括企业部门、公共部门、专业机构与居民在内的多元利益角色的参与和平衡，保障城市更新工作的公开、公正和公平。

4.3 土地使用

4.3.1 土地再开发的必要性

4.3.1.1 协调土地供需综合平衡

城市化背景下人口的不断增长和社会经济发展使得城市对土地的需求呈现逐步扩大的趋势，而土地作为不可再生资源，却具有一定的限度，所以土地的供给与需求之间常常产生矛盾。土地供需不协调往往会导致国民经济结构失衡，也会导致土地资源的破坏和浪费，如城市土地供大于求，则导致土地粗放开发、大量"空城""鬼城"等现象，而局部土地供小于求，则导致土地过密开发、破坏生态环境、居住条件恶化等现象。因此，协调土地的供需矛盾是土地利用规划的首要任务（王万茂，2006），也应当是土地再开发的首要任务。2015年中央城市工作会议提出"框定总量、限定容量、盘活存量、做优增量、提高质量"的总体要求，在严守生态红线，限定环境容量的背景下，土地再开发就成为协调土地供需平衡的重要途径。在协调土地供需使之达到综合平衡时，土地再开发需要遵循经济规律、自然规律和社会发展规律，以促进实现经济、生态、社会效益总体最优为目标，基于全面详实的城市更新评估，判断城市更新规模、区位和时序。

4.3.1.2 优化土地利用结构

土地利用结构是土地利用规划系统的核心内容，系统结构决定系统功能，所以优化土地利用结构也就成为土地再开发的核心内容（王万茂，2006）。土地利用结构的实质是国民经济各部门功能用地面积的数量比例关系。土地利用结构调整应根据国民经济发展的需要和区域的社会、经济与生态条件，在城市更新目标指导下，因地制宜地合理组织用地面积的数量比例关系，并作为土地利用空间布局的基础和依据。城市更新过程中，土地利用结构的调整和优化，是在不增加土地投入的条件下，实现土地产出增长以获得结构效应的有效途径，如促进产业结构升级、促进产业类型多元丰富、促进地区"职、住、娱"三类功能间的相对平衡，促进公共服务设施完善、促进交通设施服务水平提升、促进地区绿地率提升等。因此，城市更新必须通过土地再开发，在资源约束条件下寻求最优的土地利用结构。

4.3.1.3　优化土地利用空间设计

土地利用总是立足于一定的空间，相同土地利用结构会因为不同的空间布局产生明显的差异效果，如地区内选择功能分区或功能混合而产生的一系列效果是截然不同的，所以必须要对土地利用进行空间设计。土地再开发过程中的土地利用空间设计包括宏观布局和微观设计两个层次（王万茂，2006）。宏观布局，就是要结合城市更新目标和环境条件，重新确定更新对象范围内各功能使用土地的数量及其分布状态。微观设计，则是在宏观布局的基础上，对空间进行合理组织利用，最大限度地实现城市更新目标，满足社会当前及未来需求，提高利用率和经济、社会、生态多维度效益。土地利用的微观设计是对土地利用的内涵和外延扩大，是改善宜居环境的重要途径和有效措施，其过程需要借助城市设计理论及方法，以提升精细化设计水平。

4.3.2　土地再开发的原则

4.3.2.1　因地制宜原则

土地的自然条件和社会条件具有差异性，需要解决的土地再开发问题也不尽相同，这就决定了土地再开发的方向、方式、深度和广度的不同（吴次芳，宋戈，2009）。因此，土地再开发必须遵循因地制宜、实事求是的原则，必须充分分析更新对象的土地利用现状特点和影响再开发的自然因素和人为因素，以现状评价和目标指引为基础，进行多方案比较分析，制定符合实际情况并具有当地特色的土地利用方案，促进土地利用结构调适和空间布局优化。

4.3.2.2　综合效益原则

土地再开发必须使土地利用达到综合效益最优，即实现经济、社会生态三大效益协调统一，总体效益最佳的目标（彭补拙，等，2013）。随着世界范围内日益严重的人口、资源和环境问题，人们意识到过往单纯追求经济增长的发展方式并不能增加社会福利，且无法保持持续发展，与人类追求全面永续发展、享受美好生活的共同愿望相悖。只有在不断增加社会物质财富的同时，创造更适合人类居住的环境，更好地满足人们的精神需求，才能真正地促进社会发展和人类文明的进步。因此，土地再开发必须贯彻可持续发展思想，追求综合效益的最大化，同时实现保护改善生态环境、提高土地利用率和经济效益、保护延续历史文化特色和社会网络、提高城市活力、促进社会融合共享、提升城市形象品质等全面多元目标。

4.3.2.3　公共利益优先原则

公共利益有别于私人利益，会对土地利用长远效益产生重大影响。在土地再开发过程中，由于土地产权的多样化，政府不再完全掌控所有土地资源，难以统一配置公共服务设施，加之公共利益界定模糊，各利益主体受自利性驱使，往往侵害了公共服务设施供给、历史文化特色延续、社会网络维系、生态环境保护等公共利益内容，这严重阻碍了地区长远健康发展，违背了城市更新的本质目标。因此，必须在土地再开发过程中树立公共利益优先原则，从全局和整体利益出发，以公正地满足最广泛的市民利益为衡量标准，通过严格控制、弹性引导、政策刺激等多元方式，落实公共利益相关内容。

4.3.2.4　动态平衡原则

由于土地自然要素和社会经济要素是动态变化的，随着这些影响因素的改变，原有合理的土地利用结构和布局可能变得不再合理。因此，土地利用规划的合理性是相对的，它需要在动态发展中不断进行适时调整，以保持相对合理的状态。这就要求我们在土地再开发时，必须对规划指标留有余地，令空间布局具有可变化的可能性，从而赋予规划方案一定的弹性和灵活性，保证土地供需能够长期动态平衡。需要强调的是，弹性是建立在对社会安全、生态环境、历史文化资源、公共服务设施等要素严格控制的基础上的，任何弹性范围的设置均不能突破控制底线。

4.3.3　土地再开发的要素

4.3.3.1　功能提升

城市更新是针对城市功能、空间结构与城市经济社会发展之间不可调和的矛盾进行结构调适的过程，即，城市更新的本质目标是为了改善城市功能衰退或尚不完善或尚未与时俱进的现状，以更好地满足新时期的社会经济发展需求。所以说，土地再开发首先需要实现的目标就是功能提升，其具体包含三方面内容。

（1）促进产业结构调整

城市产业结构调整深刻地影响着城市功能、结构和形态的变化。纵观城市发展历史，每次产业结构的变革都会导致城市建设模式的更迭，如工业革命导致的现代城市对中世纪传统城市建设模式的颠覆，后工业城市、网络技术革命导致的消费城市、全球城市对现代工业城市建设模式的变革，以及近些年创新创意产业对城市建设模式的深化影响。总体看，产业结构演进具有一般性规律（吴志强，李德华，2010）：①产业结构将经历由一产（农业）主导到三产（服务业）主导的历程；②工业内部结构将逐渐由以轻工业为中心向重工业为中心演进；③在重工业化过程中，逐渐由原材料、初级产品为中心向加工组装为中心，再向以高、精、尖为中心演进；④逐渐由低附加值产业向高附加值产业演进；⑤逐渐由劳动密集型产业为主向资金密集型产业为主、再向技术密集型产业为主演进。在产业结构变革影响下，城市功能经历了由以生产功能主导，到金融、服务、集散、管理功能主导，再到文化、创新功能主导的历程（李德华，2001），而社会生产方式则相应经历了由传统手工生产消费到福特主义、再到后福特主义的历程。

因此，通过土地再开发促进产业结构调整，就是根据城市的社会经济发展状况，促进城市更新对象顺应城市产业结构、城市功能、城市社会生产消费方式的演进规律，向下一阶段或更高层次的演进（图4-3-1、图4-3-2、表4-3-1）。如中国改革开放后提倡实现由生产城市向生活城市的转变，再到市场经济制度建设下的现代化城市建设要求，以及近些年强调的新型城镇化建设，都成为每个时期城市更新的重要目标。而就当前看，全球的产业结构调整，都在向着以高新技术、现代服务业、创意产业为引领要素的方向发展，即，要求生产快速及时地创造出新的、高度细分的、与众不同的、高品质的产品，劳动力组织体系高度分散化，劳动力市场和消费群体多元化。相应的土地利用方式就要求具有人口功能密集、多元、混合，空间场所绿色、健康、共享、趣味、便利、个性等特征。

（2）促进基础设施完善

基础设施指为社会生产和市民生活提供公共服务的物质工程设施，是保证城市社会经济活动正常进行的公共服务系统，具体包括交通、邮电、供水、供电、燃气、防灾、城市服务事业、文化教育、卫生事业等市政公用设施和公共服务设施等。基础设施既是城市社会经济发展的载体，又是城市发展和环境改善的支持系统，其发展应与城市整体的发展互相协调、相辅相成（王建国，2010）。基础设施在城市土

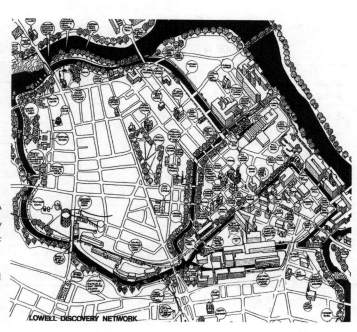

图4-3-1 美国波士顿中心区通过Lowell Discovery Network 项目促进文化产业整体发展

资料来源：Procos D. Mixed land use：from revival to innov-ation [M]. Dowden，Hutchinson & Ross，1976.

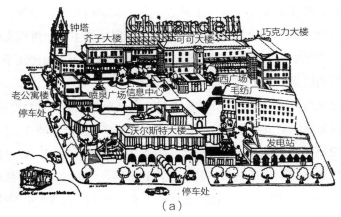

（a）

（b）

图 4-3-2　美国第一个以 Festival Market 概念进行建设的 Ghirardelli Square 街区将巧克力工
厂仓库更新升级为商业娱乐功能

（a）Ghirardelli Square 轴侧图；（b）Ghirardelli Square 内部空间透视图

资料来源：（a）沈玉麟. 外国城市建设史 [M]. 北京：中国建筑工业出版社，1989；

（b）http：//www.sfweekly.com/.

2006 年后南京老城内工业单位转化为创意办公情况　　　表 4-3-1

原企业名称	改造后名称	功能	改造时间（年）
工程机械集团	红山产业园	创意办公	2006
曙光机械有限公司	紫金科技创意特别社区	创意办公	2013
晨光集团	晨光 1865 科技创意产业园	创意办公、商业	2007
电子陶瓷总公司	垠坤创意东八区	创意办公	2006
南京印染厂	杏花村创业园	创意办公、商业	2016
金双强纺织公司	杏花村创业园	创意办公、商业	2016
第二机床厂	国家领军人才创业园	创意办公、商业	2012
无线电元件七厂	世界之窗创意产业园	创意办公、商业	2006
电影机械厂	世界之窗文化产业园	创意办公	2006
威孚金宁有限公司	中央门创意中央产业园	创意办公	2006

资料来源：作者绘制.

地使用中具有投资大、建设周期长、维修困难等特点，一旦形成，更新改造较为困难，但良好的基础设施往往又是安全、健康、舒适、便利的人居环境的基本保障，尤其是当代绿色基础设施理念的提出，令基础设施对城市可持续发展具有重要意义。因此，完善基础设施供给、提升基础设施服务水平就成为土地再开发过程中的重要工作内容。

根据市政公用设施和公共服务设施的分类，土地再开发过程中基础设施完善需要关注两方面内容。一方面，需要注意统筹原有和新增、地上和地下、传统和新型基础设施系统布局，以协同融合、安全韧性为导向，优化交通、能源、水系统、信息、物流、固体废弃物等各类基础设施一体化、网络化、复合化、绿色化、智能化布局（图 4-3-3），完善防灾减灾工程体系，针对气候变化因地制宜地推进建设海绵城市，完善基于社区的、面向防灾防疫的健康安全单元建设，同时，应为未来新型基础设施的建设预留发展空间。另一方面，需要完善分区分级公共服务中心体系布局，优化居住用地与交通、就业空间的关系，基于社区生活圈，建设全年龄友好健康城市，优化医疗、康养、教育、文体、社区商业等服务设施和公共开敞空间布局与空间场所设计（图 4-3-4），完善城市慢行系统，促进构建步行友好城市，优化蓝绿开敞空间系统以及风热环境相关设计，提升城市宜居度。

（3）促进多元效应提升

土地利用实质上是一个自然、经济、社会和生态等多种因素相互作用的持续运动过程，是以土地自然生态子系统和土地社会经济子系统以及人口子系统为纽带和

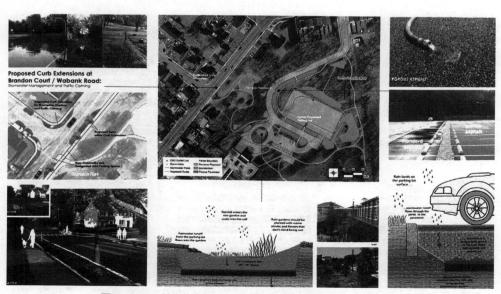

图 4-3-3　兰卡斯特 Brandon Park 地区绿色基础设施提升

资料来源：David C. Rouse，Ignacio F. Bunster-Ossa. Green Infrastructure：A Landscape Approach[M].American Planning Association，2013.

接口耦合而成的复合系统，因此其必须以同时促进社会、生态、经济发展为基本准则（吴次芳，宋戈，2009）。然而，在过去较长时间，土地再开发多以改善物质空间、提升土地经济效益为根本宗旨，其忽视了土地利用产生的更为长远的、潜移默化的社会效益和生态效益。因此，树立"以人为核心"的指导思想，促进多维价值的协调发展，就成为功能提升的本质内涵。

以土地再开发的角度看，就是要求通过调整土地利用方式，实现社会、经济、生态三方面的维度的协同提升（图 4-3-5）：①经济维度，提升可持续创新经济的空间载体建设水平，促进不同档次、规模类型、产业类型、时间类型的业态混合，避

图 4-3-4 上海 15 分钟社区设施圈层布局示意

资料来源：上海市规划和国土资源管理局. 上海市 15 分钟社区生活圈规划导则(试行)[R/OL]. [2016-08-15]. http: //hd.ghzyj.sh.gov.cn/zcfg/ghss/201609/t20160902_693401.html.

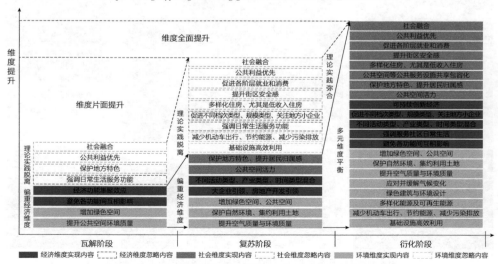

图 4-3-5 欧美国家土地再开发过程中可持续维度提升历程

资料来源：作者绘制.

免各功能间的负面影响；②社会维度，秉持公正包容理念，提升以公共空间为代表的公共服务设施共享包容化程度，提升街区安全感与归属感，保护地方特色，延续社会网络，提升社会各群体公正地享有居住、就业、消费的机会，从而促进社会融合、提升空间活力；③生态维度，保护自然资源，集约利用土地和能源，增加绿色空间，提升生态环境质量，提升基础设施利用效率，应对并缓解气候变化，提倡规划、建筑、环境等方面的绿色设计。

4.3.3.2　土地集约利用

城市土地资源随着城镇化进程日益紧缺，以往外延粗放型土地利用方式已面临门槛效应且不能适应质量型城市发展需求。土地资源的有限性及社会经济发展对土地无限的要求迫使人类社会必须节约集约利用土地，提高城市土地的使用率，不但有利于保护耕地和自然资源，而且有利于提高城市土地的产出效应，更有效地促进城市高品质可持续发展。广义看，土地集约利用指合理地投入劳动、资本和技术，充分挖掘城市土地潜力，获得土地最佳的经济、社会和生态综合效益。而从空间布局的狭义角度看，土地再开发过程中的土地集约利用指的是通过强化内部存量土地的盘活与挖潜，在不损害社会和生态效应的基础上进行的一定高密度开发，同时优化城市土地利用结构，以促进城市高质量发展。

土地再开发中的土地集约利用要素主要包括5个方面：①优化城市功能布局和总体空间结构，划分城市规划分区，促进多中心、多层次、多节点、组团式、网络化、紧凑化、疏密有致的空间发展模式，防止无序蔓延（图4-3-6）；②优先保护自然生态环境、历史人文资源、城市空间风貌格局；③确定各类建设用地总量和比例，适度提升建设容量，优化各用地结构和空间布局，促进人、城、产、交通一体化发展，注重产城融合、职住平衡，鼓励功能混合开发；④提高空间连通性和交通可达性，完善人流、物流运输系统布局，坚持绿色交通引导的城市空间发展模式，促进城市功能布局与公共交通体系、慢行交通体系协同发展；⑤促进地上、地下空间一体化开发，提升垂直空间利用效率（图4-3-7）。

4.3.3.3　土地混合利用

土地混合利用是对现代规划实践初期传统严格分区隔离的否定，其因为具有广泛的经济、社会、生态多维度效应，如促进多元功能协同作用，促进多元人群共享融合、防止土地蔓延开发、促进绿色出行、提升空间活力、保持地方特色等，因而受到世界各国规划者和管理者的推崇，被认为是可持续发展时期土地利用的基本原则和目标。土地混合利用从狭义上可以理解为混合功能开发（土地利用的混合），指城市一定空间或者时间范围内混合存在两种或两种以上的城市功能，据此延伸展开的是对土地适建性、土地兼容性、混合用地、职住平衡、促进绿色出行等议题的相关探讨。而从广义上看，土地利用是一种人地关系，是人类为了满足某种欲望对土地实施干

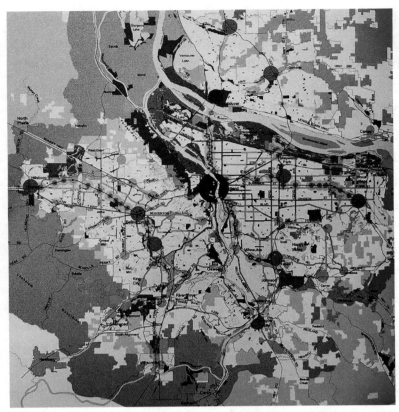

区域增长策略旨在通过维持一个紧凑的城市增长边界，以及重视靠近交通系统的新工作和住房，来增加区域中的步行者、骑行者和运输带。

图 4-3-6　美国波特兰 2040 区域增长理念
资料来源：（美）泰伦（Emily Talen）. 新城市主义宪章 [M]. 王学生，谭学者，译 . 2 版 .
北京：电子工业出版社，2016.

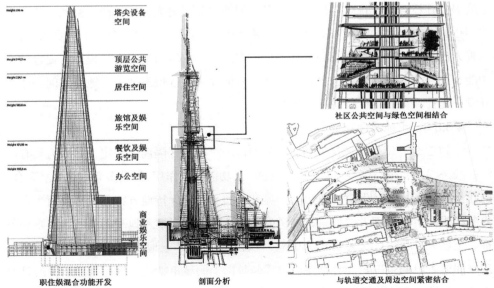

图 4-3-7　伦敦 Shard Tower 地区结合地铁站点进行垂直更新开发
资料来源：https://www.archdaily.com/.

预的过程（吴次芳，宋戈，2009），因此，土地混合利用不仅仅是功能混合，而应该是不同属性的人群混合使用土地以满足多方利益需求的一种土地利用方式，所以，混合居住、中小企业融合、空间与公共设施共享包容、新旧空间互动、全球化与地方化的共融、应对气候变化、节约循环利用资源能源、公众参与等诸多议题均属于土地混合利用的范畴，其包括利用土地的时空状态，也包括决定利用状态背后的决策机制。

从广义角度看，土地再开发过程中的土地混合利用要素应强调6方面内容：①促进不同尺度上的土地混合利用，城市、区县、街区、地块、建筑单体等各尺度上均应充分考虑基于土地混合利用理念，对不同尺度、不同区位（如中心区、郊区）、不同条件（如历史文化街区、一般地段）采取适宜的土地利用方式，充分促进绿色交通引领下的空间发展（图4-3-8）；②促进不同维度上的土地混合利用，空间维度上应充分考虑垂直、水平、共享等类型，时间维度上应考虑通过"同时共享""错时共享"等方式，提升全年24小时空间活力，并充分考虑对"过去—现在—未来"的全生命周期的应对；③在上述两方面内容中，均应公正地考虑对多元人群需求的应对，即，提升就业、居住、娱乐、交通出行等方面的共享包容度（图4-3-9）；④提高功能混合管理灵活度，如功能自由转换度、地块功能兼容度等，以应对日益紧张固化的存量空间的功能混合发展需求；⑤通过区划控制与政策奖励、开发协议、城市设计控制、可持续评价、公共空间管治等方式，保障土地再开发全程中土地混合利用容纳经济、社会、生态多维度内容；⑥建立包容、开放的决策体系，促进政府、私人、公众在规划编制、实施、运作等阶段多方参与合作，互相监督促进，以尽量满足最广泛的利益。

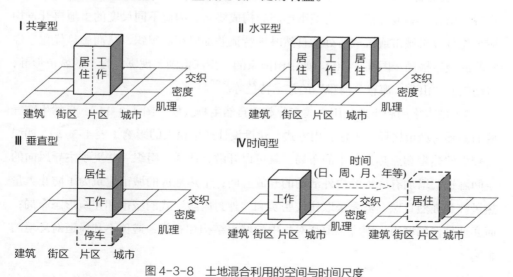

图4-3-8 土地混合利用的空间与时间尺度

资料来源：Hoppenbrouwer E，Louw E. Mixed-use development：Theory and practice in Amsterdam's Eastern Docklands [J]. European Planning Studies，2005，13（7）：967-983.

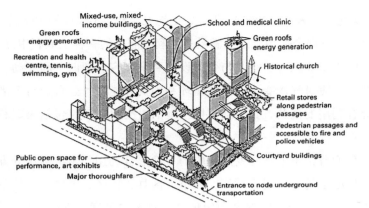

图 4-3-9　可持续城市土地混合利用空间模型

资料来源：Jenks M，Dempsey N. Future forms and design for sustainable cities [M]. Routledge，2005.

4.3.3.4　土地资源条件与禀赋的保护利用

城市的土地再开发必须重视城市土地的资源条件与禀赋，秉持因地适宜、开发与保护有机结合的土地利用理念，这充分体现在保护利用自然生态环境与历史文化资源两方面。

（1）自然生态要素的保护利用[①]

1）强化资源环境底线约束，推进生态优先、绿色发展。在明确自然生态保护控制区域边界和底线基础上，优化蓝绿空间布局和结构，重视水资源节约循环利用，推动风、光、热等清洁能源利用，严禁包括大气污染、水污染、土地污染、噪声污染等各种环境污染。

2）充分保护利用自然形体和景观要素，彰显城市特色。河岸、湖泊、海湾、旷野、山谷、山丘、湿地等都可成为城市形态的构成要素，因此不同尺度的土地再开发均应该充分分析城市或区域所处的自然基地特征并加以精心组织，从而彰显优化个性鲜明的城市格局（图 4-3-10）。如中国南京的"襟江抱湖、虎踞龙盘"的城市形胜，海南三亚"山雅、海雅、河雅"的艺术特色等。

3）城市格局和土地利用方式充分尊重自然生物气候（图 4-3-11）。自然生物气候的差异对城市格局、土地利用方式、建设设计产生很大的影响（表 4-3-2），如湿度较大的热带和亚热带城市的布局，就可以开敞、通透，组织一些夏季主导风向的空间廊道，增加有庇护的户外活动的开放空间；干热地区的城市建筑为了防止大量热风沙和强烈日照，需要采取比较密实和"外封内敞"式的城市和建筑形态布局；而寒地气候的城市，则应采取相对集中的城市结构和布局，避免不利风道对环境的影响。

---

① 本节 2）、3）文字内容参考王建国. 城市设计 [M]. 南京：东南大学出版社，2010.

（a）　　　　　　　　　　　　　　　（b）

图 4-3-10　城市自然形态和生态条件的保护利用

（a）德国海德堡生态形态及生态条件保护；（b）斯德哥尔摩山环水绕的哈默比湖城

资料来源：王建国.城市设计 [M].北京：中国建筑工业出版社，2009.

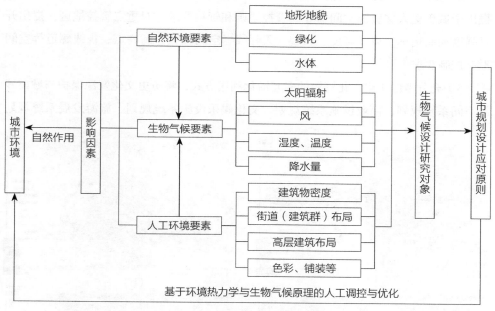

图 4-3-11　城市环境及其影响因素

资料来源：徐小东，王建国.绿色城市设计 [M].南京：东南大学出版社，2018.

不同生物气候条件下结合地形的选址原则　　　　　表 4-3-2

气候	生物气候设计特征	地形利用原则
湿热地区	最大限度地遮阳和通风	选择坡地的上段和顶部以获得直接的通风，同时位于朝东坡地上以减少午后太阳辐射
干热地区	最大限度地遮阳，减少辐射热，避开满是尘土的风，防止眩光	选择处于坡地底部以获得夜间冷空气的吹拂，选择东坡或东北坡以减少午后太阳辐射

气候	生物气候设计特征	地形利用原则
冬热夏冷地区	夏季尽可能地遮阳和促进自然通风；冬季增加日照，减轻寒风影响	选址以位于可以获得充足阳光的坡地中段为佳，在斜坡的下段或上段要依据风的情况而定，同时要考虑暑天季风的重要性
寒冷地区	最大限度地利用太阳辐射，减轻寒风影响	位于南坡（南半球为北坡）的中段斜坡上以增加太阳辐射；且要求高到足以防风，而低到足以避免受到峡谷底部沉积的冷空气的影响

资料来源：徐小东，王建国.绿色城市设计[M].南京：东南大学出版社，2018.

（2）历史文化资源的保护利用

1）挖掘本地历史文化资源，梳理历史文化遗产保护名录，明确各级保护对象及保护范围，针对城市整体以及历史文化资源富集、空间分布集中的区域和走廊，明确整体保护和促进活化利用的空间要求。

2）重点研究历史空间格局、形态、风格、意象、生活场所环境、文化内涵的特征，提出全域历史人文资源空间引导和管控原则和管控要求，对重点管控地区，提出开发强度控制指标，以及高度、风貌、天际线、空间轴线、制高点、视线廊道等空间形态控制要求。

3）充分考虑历史文化资源的多元活化利用方式，将历史文化资源保护与城市开放空间系统规划、商业设施系统规划、文化娱乐设施系统规划、旅游发展系统规划

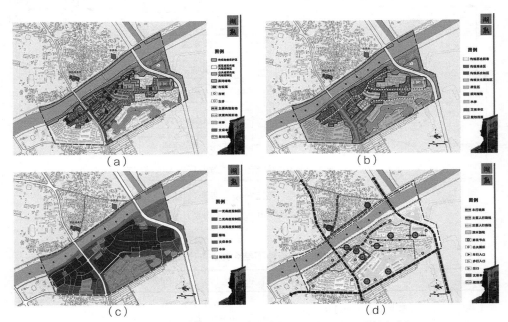

（a）　　　　　　　　　　（b）

（c）　　　　　　　　　　（d）

图 4-3-12　南京湖熟姚东姚西历史文化街区保护与整治规划

（a）保护要素分布图和；（b）功能结构规划图；（c）高度控制规划图；（d）旅游线路规划图

资料来源：东南大学城市规划设计研究院.南京湖熟姚东姚西历史文化街区保护与整治规划[Z].2012.

相结合，运用整治、改善、修补、修复、保存、保护以及再生等多种方式对历史文化资源进行综合性的保护与再利用，实现其社会、经济、生态、文化多维价值的协调统一（图4-3-12）。

4.4 强度分区

4.4.1 强度分区的必要性

快速城镇化过程，令城市规划的编制常滞后于城市的发展速度，很多城市在尚未合理确定规模和强度的情况下就经历了超常规的快速城市建设，这导致城市出现建设强度格局混乱、空间形态失序的现象，而建设强度的变更以及容积率的分配又往往是城市更新的重要动力和主要焦点、难点，因此，在城市更新过程中从城市整体层面进行建设强度分区控制（简称为强度分区或密度分区），就显得尤为重要。

4.4.1.1 控制城市建设总量

过度依赖控制性详细规划进行片段化的建设管控具有显著弊端，实施中，个案的弹性增量累计会导致系统性的超载，超越城市环境、人口、经济、社会承载能力，引发公共服务和基础设施整体或局部的供应不足，对城市生态系统造成破坏。同时，超负荷的城市建设强度还会导致土地供需失调，造成巨大的去库存压力。因此，城市更新若要实现调适城市结构的目标，就必须实施全局性的强度分区，对建设总量进行管控。

4.4.1.2 提升城市建设质量

开发强度的随意布局和更改，缺乏了基于人本化、精细化的城市空间设计考虑，导致城市空间形态杂乱无章、形态单调，城市景观风貌遭到破坏，严重削弱了城市空间品质，潜移默化地阻碍了城市商业、服务业和旅游业的健康发展，降低了城市的宜居度，从而最终削弱了城市竞争力。同时，开发强度的失控也对城市空间结构造成了负面影响，严重降低了城市运行效率，如目前中国许多城市中心区还未发育成熟，未能形成高效紧凑的理想模式，而外围地区却因为地价和拆迁成本优势，形成过高的开发密度，一方面降低了中心地区的使用效率，另一方面造成了近郊区的交通拥堵和远郊区的空城现象（韩靖北，2017）。因此，从城市整体角度出发，充分考虑城市空间内在结构和外在形象，进行整体开发强度控制就显得十分必要。

4.4.1.3 促进协调实现多元利益

城市更新意味着更新对象范围内空间权益的再分配，其中空间容量的变更成为多方利益相关者的关注焦点。空间容量的增加是促进城市更新的重要动力，但其带来的相应增值利益却往往会被私人资本获取，出现土地寻租、空间非正义、公共资源过度占用等现象。城市更新必须既能保证原有业主利益，又能保证实施主体的合理收益，同时也为城市公共服务水平的提升提供可能。因此，基于传统主观经验的片段式开发强度控制方式必须停止，取而代之的应该是综合考虑人口、经济、生态、效率、美观、便利、历史文化、公共服务、实施可行性等多方面因素的、较为科学合理的建设强度分区控制。

4.4.2　强度分区的原则 [①]

4.4.2.1　平衡整体与局部、效率与公平

整体与局部、效率与公平之间的矛盾一直以来都是强度管控的难点：一方面，基于局部地块自身经济核算、交通及生态承载力评估得出的最佳容积率与站在城市整体角度、根据总体发展导向得出的最佳容积率往往不一致；另一方面，满足土地价值收益、地块快速开发等重效率的容积率往往与重公平的容积率也有矛盾。

国际往往采取"整体重公平，局部重效率"的强度分区价值导向：第一，保护公众的健康、安全和福利应作为强度分区的基本要求，对于城市整体层面的基准分区，"普适性的强度赋值规则"有利于保障地块与地块、片区与片区之间的公平性；第二，通过划定特别意图区，可以依据片区的具体需求来制定具有针对性的策略，显著提升片区效率；第三，可以采取微观修正规则，在满足总量不变、区域平均容积率处于指标范围内的前提下，在区域内局部地块层面提升效率。

4.4.2.2　协调功能与形象的关系

"优化城市功能"与"美化城市形象"是城市更新需要达到的两项相辅相成的目标，也是强度分区的基本要求，两者之间既存在矛盾性也存在统一性。在城市整体层面，两者更多地体现为统一性。"结构清晰，重点突出"的城市功能组织往往带来"疏密有致，高低起伏"的城市整体形象；"结构混乱，重点缺失"的城市功能组织往往带来"疏密无序，鱼龙混杂"的城市整体形象。"重点突出"的功能结构与"疏密有致"的空间形象离不开与之相匹配的强度分级分区。均质化的强度空间布局不利于塑造城市空间结构，亦不利于城市整体空间风貌特色的体现。因此，同时考虑"优化城市功能"与"美化城市形象"，拉开强度分区差距，才能够避免单调扁平化的城市空间形象。

4.4.2.3　匹配主要矛盾，解决主要问题

强度分区对城市各类人群和系统存在广泛的影响，反过来各类人群和系统对强度分区"或多或少"均有要求。在无法满足所有要求的情况下，应该匹配主要矛盾，解决主要问题。如香港，将与轨道交通相匹配作为强度分区的最主要原则，认为这

---

① 本节文字内容参考薄力之.城市建设强度分区管控的国际经验及启示 [J].国际城市规划，2019，34（01）：89–98；李亚洲.精细化、指引化、体系化：国内开发强度分区管控趋势研究 [C]// 中国城市规划学会.活力城乡 美好人居——2019 中国城市规划年会论文集（14 规划实施与管理）.北京：中国城市规划学会，2019：9.

样可以最大化轨道交通效率，减少私家车需求，是高密度城市缓解交通问题的有效措施。其他国际城市的强度管控手段也体现了和轨道交通的紧密关系：纽约的特别意图区包含轨道交通内容，东京的都市再生特别区均位于轨道交通枢纽周边，新加坡的微观修正规则也主要围绕轨道交通展开。而上海除了以公共交通作为主要原则外，近些年还提出了通过开发强度控制，实现"双增双减"的目标，即，中心城要增加公共绿地、公共活动空间，降低建设容量，控制高层建设。

4.4.2.4 "消极控制"与"积极引导"相结合

以纽约为例，早期区划的主要目的在于排除地块之间的相互干扰，因此无论是用地分类还是强度管控主要集中于各类"限制"，如限制一个地块的用地类别，限制一个地块的容积率、高度上限等。这是一种相对消极的管控方法，它只能限制"不能做什么"，却不能引导"应该做什么"。之后随着区划制度的发展完善，增加了越来越多的积极引导内容。例如：通过容积率奖励可以引导在私人土地上增加公共空间或公共服务设施，引导开发企业满足城市肌理控制要求；通过容积率转移，可以引导保护自然与历史文化资源；通过各类特别意图区，引导开发企业满足局部区域的一些特殊要求，如满足艺术文化功能的集聚。因此，强度分区必须以"消极控制"与"积极引导"相结合的方式，同时体现刚性与弹性。

4.4.3 强度分区的要素

中国现已实施的各城市建设强度分区控制大都经历了由总量控制分配方式到地块开发政策调节优化的历程，按此过程，强度分区的要素可分为4方面内容。

4.4.3.1 确定城市整体开发强度

在宏观层面上，各个城市面临建设用地的供给和需求前景是不同的。有些城市的土地供求关系相当紧张，另一些城市的土地供求关系则比较宽松，应当根据各个城市的具体情况，采取合理的和可行的环境标准，由此确定城市整体开发强度。

影响城市整体开发强度确定的主要影响因素包括：①经济发展水平，经济发展水平较高意味着具有更高的吸聚人口和资本的能力，具有更高的土地价格，具有更紧迫的土地需求，因此，经济发展水平往往与开发强度呈正相关；②地价水平，地价越高意味着其区位条件越好，通常也意味着其开发强度越高，但开发强度过高反过来则会对地价起到负面影响；③人口容量，当人口密度过高或者人口增长速度较快时，需要较高的开发强度增加人均用地面积，同时也可以通过限定开发强度的方式实现疏解人口的目标；④地理区位条件，城市现状及未来可开发土地状况会受到地理条件、自然环境条件和历史保护等条件的影响，而它们均会影响到开发强度的确定，同时，各气候分区具有不同的日照标准，不同的采光、通风及防灾等要求，也会对开发强度具有明显影响；⑤城市基础设施容量，完善便捷的基础设施会促进开发强度的提升，而过高的开发强度又会增加基础设施的供给压力；⑥城市规划，战略规划、总体规划、控制性详细规划、城市设计等均会对城市宏观或微观区域的开发强度提出未来发展要求。

根据以上影响要素，综合权衡社会、经济、环境等方面进行价值判断，方能得出最终城市整体开发强度，其往往是社会经济发展的空间需求和可持续的环境标准之间综合权衡的结果。

4.4.3.2 城市开发强度分区

城市整体开发强度确定后，需要采用科学合理的决策机制，进行开发强度分配。

开发强度分配时也需要综合考虑多方面因素（表4-4-1）：①区位条件，包括交通区位（主要考虑轨道交通、道路等级等）、服务设施状况（主要考虑公共服务设施等级、数量等）、环境状况（主要考虑蓝绿生态要素、通风散热廊道等）、人文状况（主要考虑历史文化资源等）；②用地类型，大致可分为居住、商业金融、办公旅馆、其他公共服务设施、工业仓储等；③人口容量，需考虑不同区域的居住社区分布状况及其承载人口数量；④美学原则，从城市设计角度考虑空间格局、视线廊道、天际线、节点、界面等要素；⑤实施可行性，包括更新经济可行性，近年控规审批容积率情况等。

杭州市主城区建设强度分区规划决策支持目标体系　　表4-4-1

目标	反映目标达成情况的属性指标	权重
1. 容纳足够人口	1-1 可容纳的人口	0.1
2. 公共交通优先发展	2-1 轨交站点300m内新建住宅建筑比例	0.1
	2-2 轨交站点800m内新建住宅建筑比例	0.1
3. 有利公共中心建设	3-1 公共次中心1500m内新建住宅建筑比例	0.1
4. 优美而多样的居住环境	4-1 住宅多样性	0.02
	4-2 公共绿地周边住宅建筑面积比例	0.02
	4-3 江湖景观新建住宅建筑比例	0.02
	4-4 滨河景观新建住宅建筑比例	0.02
	4-5 非环境不良地区新建住宅建筑比例	0.02
	4-6 中心至外围的容积率递减数值	0.05
5. 道路通畅	5-1 非现有道路拥堵地区的人口比例	0.05
6. 服务便捷	6-1 商业中心覆盖新建住宅建筑比例	0.04
	6-2 中小学覆盖新建住宅建筑比例	0.03
	6-3 医院覆盖新建住宅建筑比例	0.03

续表

目标	反映目标达成情况的属性指标	权重
7. 用地集约	7-1 容纳不同人口需要的非居住拆迁用地	0.03
	7-2 各类用地分别能容纳的人口	0.02
8. 保护历史文化与自然环境	8-1 生态敏感区周边新建住宅平均容积率	0.01
	8-2 历史保护区周边新建住宅平均容积率	0.02
	8-3 重要高度控制区新建住宅平均容积率	0.02
9. 符合实施规律	9-1 旧区更新的经济可行性	0.05
	9-2 与近年审批容积率的对接	0.05
	9-3 符合土地价值规律的用地面积	0.05
	9-4 是否可以规则化	0.05

资料来源：薄力之，宋小冬.建设强度分区决策支持研究——以杭州市为例[J].城市规划学刊，2016（05）：19-27.

综合决定开发强度分区的决策机制目前尚未统一，中国各城市最常用的是"基准＋修正"模式（唐子来，付磊，2003）：首先，将服务区位、交通区位和环境区位等作为基本影响因素（表4-4-2），综合确定城市整体大致开发强度分区基准模型（表4-4-3），其次，在基准模型上，引入生态、安全、美学或文化原则等，对基准模型的各局部分区进行修正，从而形成扩展模型（表4-4-4）；第三，在扩展模型不同的强度分区内，根据经济学区位理论，对不同用地功能确定不同的开发强度。深圳、上海、武汉等城市均采用了此类方式。其中，针对第一个环节，各城市近些年又有所创新，如杭州主城区建设强度分区中采用的"明确问题、目标体系、方案设计、结果模拟、目标评估、综合评价、群体选择、实施反馈"八阶段决策支持框架（薄力之，宋小冬，2016），石家庄市基于总体城市设计方法进行了强度分区尝试（韩靖北，2017）。

杭州市主城区建设强度分区综合区位基础模型影响因子、权重及半径　表4-4-2

大类	一级权重	小类	二级权重	影响半径及赋值（m）			备注
				3	2	1	
服务区位因子	0.4	市级商业中心	0.4	1500	3000	4500	两者叠加取最大值
		区级商业中心	0.25	1000	2000	3000	
		文化设施	0.05	500	1000	1500	
		大学	0.05	500	1000	1500	
		医院	0.1	500	1000	1500	
		中小学	0.15	500	1000	1500	

续表

大类	一级权重	小类	二级权重	影响半径及赋值（m）			备注
				3	2	1	
交通区位因子	0.5	汽车站	0.05	500	1000	1500	
		火车站	0.1	1000	2000	3000	
		主干路	0.1	200	400	600	两者叠加取最大值
		次干路	0.05	100	200	300	
		枢纽地铁站	0.35	500	1000	1500	两者叠加取最大值
		普通地铁站	0.25	300	600	900	
		公交专用道	0.1	200	400	600	
环境区位因子	0.1	钱塘江	0.4	1000	2000	3000	两者叠加取最大值
		西湖	0.3	1000	2000	3000	
		其他河流	0.1	100	200	300	
		公共绿地	0.2	300	600	900	
		变电站	−0.1	300	600	900	
		铁路线	−0.1	300	600	900	
		工业	−0.1	300	600	900	

资料来源：薄力之，宋小冬.建设强度分区决策支持研究——以杭州市为例 [J].城市规划学刊，2016（05）：19-27.

武汉市 2011~2015 年主城区各强度分区各类用地基准容积率一览表 表 4-4-3

用地类型	强度一区	强度二区	强度三区	强度四区	强度五区	平均值
居住用地	2.80	2.70	2.50	2.30	1.50	2.48
商业、金融（含贸易咨询、服务建筑以及商务写字楼）用地	3.80~4.50（与居住混合执行下限）	3.30	2.70	2.30	1.60	2.99
办公、旅馆（办公主要为行政办公）用地	3.30	2.70	2.20	1.80	1.50	2.48
其他公共服务设施（含文化、体育、教育、医疗及其他公益性服务设施）用地	2.50	2.30	2	1.70	1.30	1.93

资料来源：徐志红.第六节 专项规划及研究 武汉市主城区用地建设强度分区指引实施评价及深化完善 [M]// 张文彤.武汉市国土规划年鉴.武汉：武汉出版社，2011：141-142.

武汉市基准容积率调节系数表（节选） 表 4-4-4

交通区位调整系数	居住用地	A1	$N_{临路数量} \geqslant 4$ 或临轨道交通站点 400m		≤ 1.2
		A2	$N_{临路数量} = 3$		≤ 1.1
		A3	$N_{临路数量} = 2$		≤ 1.0
		A4	$N_{临路数量} \leqslant 1$		≤ 0.9
	商业、服务业、金融业、写字楼、旅馆业及其他公共服务设施用地	A1	临轨道交通站点 200m	综合枢纽站	≤ 1.4
				一般站	≤ 1.3
		A2	$N_{主干道} \geqslant 2$		≤ 1.2
		A3	$N_{主干道} = 1$ 或 $N_{次干道} \geqslant 2$		≤ 1.1
		A4	$N_{次干道} = 1$ 或 $N_{支路} \geqslant 2$		≤ 1.0
		A5	$N_{支路} < 2$		≤ 0.9
用地规模调整系数	居住用地	B1	$0.8\ 万\ m^2 \leqslant S_{基地} < 4\ 万\ m^2$		≤ 1.0
		B2	$4\ 万\ m^2 \leqslant S_{基地} < 8\ 万\ m^2$		≤ 0.95
		B3	$S_{基地} \geqslant 8\ 万\ m^2$		≤ 0.90

资料来源：黄宁，徐志红，徐莎莎.武汉市城市建设用地强度管控实证研究与动态优化 [J]. 城市规划学刊，2012（03）：96–101.

4.4.3.3 地块开发强度分配

微观层面上的地块强度分配是对于中观层面上的城市开发强度分区的精细化，但不应当导致建筑总量的明显突破（图 4-4-1）。

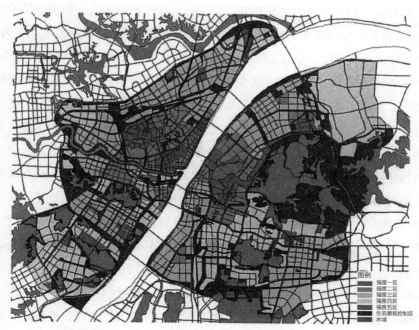

图 4-4-1 武汉市主城区用地建设强度分区区划图

资料来源：黄宁，徐志红，徐莎莎.武汉市城市建设用地强度管控实证研究与动态优化 [J]. 城市规划学刊，2012（03）：96–101.

地块强度分配时应考虑几方面影响要素（唐子来，付磊，2003）：①土地用途，如混合功能地块的容积率显然需要与单一用途地块的开发强度具有差异性；②地块规模，地块面积较大时，也许需要配置各类公共服务设施，所以相应的开发强度会有所降低，而当公共服务设施用地较为独立时，地块规模对地块开发强度的影响则较小；③交通条件，依据周边道路，尤其是轨道交通条件，相应地块容积率允许在容积率指标上限基础上进行适度的上浮；④城市设计，各个地区的城市设计会提出一定特殊要求，如地标建筑、视线通廊等，其相应的就需要提升或降低容积率指标。

4.4.3.4 动态优化

城市更新是一个长期不断的动态调适过程，所以城市强度分区也不是一劳永逸的，需要进行定期检讨和调整，调整的主要原因包括（唐子来，付磊，2003；黄宁，等，2012）：①由于基础数据不足或测算存在误差等原因，理想的总量测算往往会无法与复杂的现实发展保持一致，如人口总量测算、经济发展测算、土地供应与需求等数据，均无法达到十分精准，当发生明显差距时，开发强度必须进行优化；②城市更新成本逐年上升，为保证项目的顺利实施，往往需要对一些重点项目给予容积率政策扶持，从而必须突破原有容积率控制，如棚户区、城中村改造项目；③城市建设不断出现新的变化，如新的功能区的划定、重大项目实施、重要法定规划修编、重要城市设计方案出台等，这些均是应对城市新时期需求，提升城市竞争力的重要举措，因此，开发强度分区必须进行相应调整；④随着社会价值取向的变化，需要重新考虑各影响因子的权重，如从注重发展效率到注重生态环境保护的转变，如历史保护内涵的扩大，导致保护对象的增多、保护范围的扩大；⑤具体地块的影响因素变化更为频繁，如土地用途、地块规模、交通条件、城市设计要求等均有可能发生明显改变。

开发强度分区动态优化的方式主要包括：①细化强度分区，如根据新时期的各方面要求，将原本处于同一强度的用地，根据不同条件（如区位、功能、交通条件等）进行进一步细分调整（图4-4-2）；②调整基准容积率，按照新的土地供需状况和近期建设状况，调整各类用地、各强度分区的基准容积率；③调节系数优化，根据新的目标原则，将基准容积率的修正系数权重指标进行重新界定，从而满足特定需求，如倾向公共交通导向发展、小街区密路网发展、生态优先发展等；④充分利用容积率转移、容积率奖励等政策，通过调整奖励力度，实现鼓励建设经济性住房、公共基础设施、公共开放空间、绿地空间、慢行交通系统、保护历史文化资源和自然生态环境、实施混合功能开发、绿色更新、提高空间环境品质等公共利益内容（表4-4-5）；⑤以空间形态分区取代开发强度分区，如近些年提出的基于形态的条例（Form-based Zone）（图4-4-3），强调以三维空间形态作为评价准则，打破了传统开发强度限制方式，不但有利于提升城市空间形象与品质，而且有利于促进地块内的微更新活动的开展，有效应对了日益固化的城市空间的更新需求。

20 世纪 60~90 年代美国基于容积率奖励的新型区划技术　　表 4-4-5

区划技术	实施方式	
激励性区划 （Incentive Zoning） （可以与以下所有 其他区划技术同时 运用）	运作机制	以地块容积率奖励为主要手段，通过设立奖励标准以及是否给予奖励的不同评价方式，促进土地混合利用开发，同时政府也能实现依托私人资本提供公共服务的目标
	具体内容	①促进功能混合开发：地块内满足不同功能比例开发下限要求。②建立公共设施：公共空间、街面零售、立面装饰、公共艺术设施、水环境。③提供步行设施：道路步行道、全气候设施、街道植被与设施、地块穿行廊道。④提供住房与人力设施：就业培训设施、低收入群体保健设施、社会性住房、日托设施。⑤提供交通提升设施：接驳换乘设施、停车设施。⑥提供文化设施：影剧院、艺术中心、美术馆等。⑦提高保护措施：历史遗存、自然资源、低收入住房街区等
特殊地段区划 / 混合功能区划 （Special District Zoning/Mixed Use Zoning）	运作机制	可以看作是 Incentive Zoning 的特殊形式，其目标在于保持某一地区的某一特征，Special District Zoning 与 Mixed Use Zoning 的区别在于，前者倾向于某种主导功能，如纽约 Special Theater District 强调保护剧院功能，而后者则规定了具体混合功能类型，如华盛顿的 C-R（Commercial-Residential）街区。运作机制是将区域地块统一规划，把控总体功能特征，而并不管控具体位置，同时许以开发商容积率奖励，从而在保持地块特征的同时实现政府更广泛的公共目标
	具体内容	保证有所主导功能倾向的功能混合开发（如文化主导、办公主导、产业主导或某几种多元混合功能等），对区域内具体功能布局和比例均实施弹性要求。 设立容积率奖励或设计导则，以保证地块内其他公共利益目标
条件性区划 / 浮动性区划 （Conditional Zoning/Floating Zoning）	运作机制	在原有传统区划基础上通过设置额外的要求和标准作为触发条件，从而打破原有区划的限定，允许对区划进行调整以适应多元化的发展需求。Conditional Zoning 与 Floating Zoning 的区别在于，前者大多应用于较小地块（a Single Lot），而不是大范围的整个街区，并仅以明文条件方式存在于具体某一个地块的实施方案中；而后者则并不特殊针对某一地块，因此并不在某一区划图中显示，而是在区划条例中通过设置某一标准要求，对满足此要求的地块均起作用，所以其控制影响范围更广，也更具弹性
	具体内容	触发要求的前提就是促进地区土地混合利用开发，例如，在居住区内建设商业设施时或在商业地块中建设居住功能时等，从而地块的业主可以突破既有区划功能限制，但同时也要满足触发要求中关于建设尺度、规模、设计或其他公共利益目标要求
包容性区划 / 捆绑政策 （Inclusionary Zoning/Linkage Policy）	运作机制	颠覆以往对贫困阶层的居住排斥，以确保在某一地区内提供足够的可支付性住房，主要通过容积率补偿和捆绑（Linkage Policy）建设等方式实现，Linkage Policy 后来也包括要求在进行商业性建设的同时捆绑提供社区居民就业培训、低收入群体就业岗位、公共设施等内容，有时可以允许开发商以补偿款替代
	具体内容	其主要目标是实现中心区住房建设的同时保证可支付性住房供给，后期由于 Linkage Policy 内容的扩展，而实现更广泛的社会公共利益目标

资料来源：作者绘制．

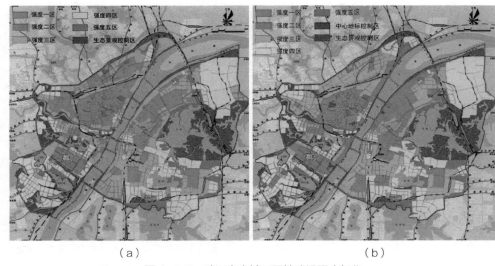

（a）   （b）

图 4-4-2　武汉市主城区用地建设强度细化
（a）居住用地建设强度分区区划图；（b）公共服务设施用地建设强度分区区划图
资料来源：黄宁，徐志红，徐莎莎.武汉市城市建设用地强度管控实证研究与动态优化 [J].
城市规划学刊，2012（03）：96-101.

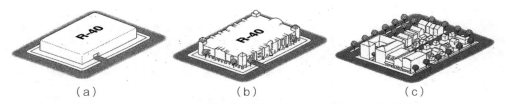

（a）   （b）   （c）

图 4-4-3　传统区划、城市设计导则与形态条例对地块控制效果对比
（a）传统区划对地块控制效果；（b）城市设计导则对地块控制效果；（c）基于形态的条例对地块控制效果
资料来源：Farr D. Sustainable urbanism：Urban design with nature [M]. John Wiley & Sons，2011.

4.5　活力提升 [①]

4.5.1　活力提升的必要性

4.5.1.1　是城市健康成长、持续激发社会演进正向动能的本源之一

　　城市活力对于人作为一种群体性生物种群的生存发展具有必要性。历史地看，城市活力是城市健康成长、持续激发社会演进正向动能的本源之一，并可以划分为狭义的活力和广义的活力：狭义的活力即可直观认知到的人际交流互动、城市生活活动；广义的活力包括创新创业激励、经济制度、人才政策，以及对于异质元素的包容度、成规模建制且年龄级差合理的知识创新人群等。近些年,随着社会经济发展,人们对城市更新的关注已经由物质空间转向更为广泛内涵的方向，如空间共享包容、

[①]　本节文字内容主要参考王建国 . 包容共享、显隐互鉴、宜居可期——城市活力的历史图景和当代营造 [J]. 城市规划，2019，43（12）：9-16；蒋涤非 . 城市形态活力论 [M]. 南京：东南大学出版社，2007.

环境健康生态、承载创新创意要素、传承历史文化文脉、营造引人入胜的空间场所，其均可看作是对空间活力的关注。总体来说，活力与人们对自身家园或者"第二家园"人居环境和生活场所的认同密切相关，城市是否有活力已经成为城市竞争力比较的重要尺度，因此也就成为城市更新的重要关注内容。

4.5.1.2　是国际学界基于城市更新实践经验的共识

对城市活力的专业关注由来已久，欧美学者针对战后重建引发的种种问题，提出了一系列恢复城市活力的思想理论。其中，乔治·齐美尔（George Simmel）强调了陌生人在现代城市文化体验中的作用。这些"陌生人"既不像传统的游荡者一样从一座城市迁移到另一座城市，也不像在很多紧凑关联的社区那样不少人留了下来，经过社会化成为熟人。城市中的陌生人能够停留在现代城市中是因为他们保持匿名，创造与异化成为城市现代性不可分割的一体两面。简·雅各布斯（Jane Jacobs）则认为，城市多元化是城市生命力、活泼和安全之源。城市最基本的特征是人的活动。人的活动总是沿着线进行的，城市中街道担负着特别重要的任务，是城市中最富有活力的"器官"，也是最主要的公共场所。威廉·怀特（William H Whyte）用"公共空间"这个带有物权意味的名词概括街头巷尾，并系统开展了对城市中那些小广场、小公园、小嬉戏场和无以计数的零星空间的社会行为研究。他认为"亲切宜人"是最需要遵循的设计准则。桑内特（Richard Sennett）证明了公共交往并非天生就会，而是一个习得的过程。佐金（Sharon Zukin）则认为社区和公共空间都在升级改造，一个又一个街区失去了小尺度和地域特色的标识，产生了同质化的结果。这种由资本、政府、媒体和消费者品位所形成的合力共同推升了一种普遍性的、粉饰过的城市更新，也即是通常所说的"绅士化"（Gentrification）。由此可见，虽然各学者对城市活力的理解角度不同，但均是从"以人为本"的角度出发，强调关注人各方面的感受，促进多样性社会活动的发生，增进社会交往，而这恰恰是城市更新的核心价值观。

4.5.1.3　是应对新时期城市更新发展趋势的必然选择

新时期城市建设发展具有明显的三方面趋势，在此背景下，城市活力成为十分重要和具体的命题：首先，新时期社会的主要矛盾已经转变为"广大人民群众日益增长的对'美好生活'的追求与不平衡不充分的发展之间的矛盾"，探寻"活力城乡，美好人居"的新愿景，正当其时；其次，城乡规划已经由城市、农村、林业、草原、海洋、环境分治转变为城乡统筹、资源一体、统合不同类型资源和尺度层级的生态文明时代，城市活力的提升有助于破解城乡二元结构和制度隔阂；第三，城市规划和城市设计正在由对城市发展的宏观空间增长性的制度设计，包括政策制订、空间治理、管理方式，转向内涵品质提升、增量存量结合并逐渐以存量为主的城市环境营造和精细化管理的主题，而提升城市活力正是城市内涵品质提升的重要内容。

4.5.2 活力提升的原则

城市活力可以分为显性和隐性两个不同的方面。

显性活力，或者说具象的活力，是指人们直接可以感知和观察到的活力，如大量存在于城市街道、广场、公园、公共建筑外部空间中的人群活动，包括各种广泛存在于中国、墨西哥、印度、秘鲁等中等收入的发展中国家的"非正式性"（Informality）经济活动，小店铺、小作坊、街头摊贩、临时性观演等（图4-5-1）。显性的城市活力历史上大多建构在一定的社会圈层内，并主要与活力四大来源——市井生活活动、拥有共享愿景的人群、人与自然的互惠共处、文化习俗传统和节庆事件相关。今天的显性活力还可以包括美国社会学家欧登伯格（Ray Oldenburg）所提出的，居所、工作场所之外的"第三空间"，如城市的酒吧、咖啡店、博物馆、图书馆、公园等公共空间。在中国，则还可延伸到茶室、书店、轻食乃至打牌场所等。

同时，隐性活力在数字化、网络化，万物互联的时代正在悄然兴起，催生了城市活力新形态。各类数字化、可开放搜索信息的电子地图、移动数字通信装备、各种公共电子信息屏幕及数字艺术影像正在对传统的通过人际交流、分享信息、建立全息亲密关系的方式产生"颠覆性"影响，开始影响了过去常常由影视、文学作品描述的人际邂逅的感情体验和经历。数字化转型正在深刻改变我们的日常认知和社会现实。通过地理空间既有形式和边界划定等塑造日常生活的方式需要重新调整。城市公共空间作为城市交往和沟通实践节点的功能正在被新的逻辑全面地改造。正如麦夸尔（Scott McQuire）所说，"地点"并未消失，相反，许多特定的场合和实践正从时间和空间维度中被重新"打开"，并且被新媒体带来的信息记录、归档、分析

佛罗伦萨夕阳观景　　　　哈尔滨中央大街人像写生　　　　香港兰桂坊

成都宽窄巷步行街　　慕尼黑利用历史建筑举办主题商业活动　　美国纽约时代广场

图 4-5-1　城市活力

资料来源：王建国. 包容共享、显隐互鉴、宜居可期——城市活力的历史图景和当代营造 [J].
城市规划，2019，43（12）：9-16.

和获取能力所重构。

事实上，今天的城市早已跨越"熟人社会"，尽管分层、分群、分社区的"亚社群"依然存在，但总体进入了"开放、包容、共享"的城市社会。因此，思考城市活力全新的观念和建构方式非常重要。活力仍然由人所生，但是这种活力与人在一个物理空间的"在场"或者"不在场"都可能有关，甚至同时相关。简单说，未来的城市公共空间除了经典的审美和功能属性，考虑怀特所说的"阳光、可坐性、亲切宜人"以及扬·盖尔关注的必要性和选择性的公众环境行为外，还必须有信息基础设施的支撑。有了信息基础设施，单一的城市空间场所就可能成为全球互联互通中的一个节点，除了日常生活、交流和互助外，互动式学习、知识生产和各种创新都可能产生在这个节点。匿名或者分散的户外公共空间也同样会成为城市中积极的活力要素。

因此，当代城市活力培育和营造需要做到"显隐互鉴"。营造"显隐互鉴"的城市活力需要做到三个适宜。

4.5.2.1 适时原则

城市的不同历史背景阶段和状况下呈现的活力不同。历史城市是日积月累发展起来的，是熟人社会、较小圈层化的人群，亲身经验的分享交流比较多。但最近规划兴建的雄安新区等则不同。雄安新区的城市活力愿景应该建立在来自不同地域的新一代创业者的生活习惯、情感交流和家园感的共同缔造上；深圳是一个新移民最多、最具创新能力、平均年龄最小的一座城市，在这里的人比较少怀旧、不笃信权威，他们心目中共同拥有的是一片未来的蓝海；在海南，由于温润的气候条件，北方老年人移居、定期居住已成为城市的重要人口构成，与城市活力营造提升相关的公共空间、公园绿地空间等就不仅与本地人相关，而且也和这些新的城市移民相关。城市系统具有高度的开放性和自组织性，这意味着具有新属性的人群会自动激发城市活动产生新的变化，因此，城市更新过程中的活力提升应当紧跟城市的时代需求，以更包容的精神，满足更多元化人群的融合。

4.5.2.2 适群原则

一个场所应该根据所在地点、可达性和毗邻城市功能等有相对主导的适用人群，包括具有共同生理特征、具有共同生活特征的人群等，这样易于形成有特色的城市活力。同时，也不要因为过度强调适群，而造成空间排斥现象，应时刻秉持空间公共性要求，即，场所社会活动的主体和事件类型均不应有所摒弃，而应当在提高所有人对空间可融入性的基础上，通过适群原则，提高场所的独有特色。

4.5.2.3 适度原则

把握不同阶层、不同年龄、不同文化传统、不同生活背景的合理融合，兼顾狭义活力和广义活力。有人将纽约称为大熔炉（Melting Pot），意指纽约这座城市可以兼顾不同特质的文化、不同背景的人的和睦相处。他们和而不同，共同为纽约城市的繁荣发展做出重要的贡献。落实到空间上，就要求秉持适度"交混"理念，促进城市空间的混合使用，包括多层面、多功能、多时间区段、多形态风格、多文化习俗、多行为习性等方面的混合。

4.5.3　活力提升的要素

城市活力应该具有一定的"灰度"。活力场所营造应该是一种介于正统主流价值认为应该管束与活力产生主体个性驰骋之间的一种公共产品的供给。对于参与和分享的社会人群，需要将交往和交流变得自由自在，并让多数人感到舒适惬意，并通过闲暇休憩、生活交往和思想激发碰撞产生正向推动社会进步的动能。今天，我们迫切需要重新认识"显性活力"和"隐性活力"共构的未来宜居城市。而与此同时，城市规划、城市设计及具有城市意识的建筑设计仍将在其中继续发挥关键性的作用。

4.5.3.1　在观念上重新认识城市活力营造

在观念上重新认识活力营造的科学内涵，正确把握城市发展建设决策主体介入的度和实效性，淡化"自上而下"的简单"赋予"。城市更新应该淡化利益格局、上下结合，致力于营造"百姓满意、专家认同、领导接受"的城乡活力场所，真正体现城市更新的"以人民为中心"的理念：要真正"以人为本"，要让人们主观能动地参与城市发展并有"获得感"，今天，在"人人互联"和"万物互联"的新一代互联网发展前景下，"个体即主体"已经成为可能。

4.5.3.2　把握好显性活力营造的当代规划设计途径

可采用五种城市设计途径以促进显性活力提升，亦即：①空间尺度宜小、步行化，关注"小微环境"和个人尺度，建构局部地区的"熟人社会"和步行区，如城市综合体及其周边空间、文化商业步行区、城市居住组团及周边地区、特定的基于职住平衡规划建设的科研社区、教育社区、员工社区，以及部分城中村等，设计可根据社区生活公共服务设施或开放空间（如广场、绿地、滨水），建构步行生活圈内的城市慢行系统，形成众多城市组团群落或具有高度共享特点的"亚社区"；②强调杂而不乱，喧而不闹，动静相宜（图4-5-2），如人车交融的街道空间、全年龄社会共享的开放空间、"职、住、娱"多元功能混合的步行活力区；③关注自发、自愿、自主、自为的城市活力载体，理解和包容城市的非正规性，有利于存量更新中社区参与和活力培育；④促进留意、观察城市活动和景观的行为，人看人也是一种活力提升途径，例如看热闹、看表演、探新猎奇这样的百姓行为，从古至今都是城乡空间中的真实存在，城市各种传统集市、城市节庆、乡土民俗活动都是人们所喜爱的社会生活，其高度和谐、分享、互动的社会参与正是城乡活力所在，也是地域独特的"名片"，而具有"开放的艺术实践"性质的文

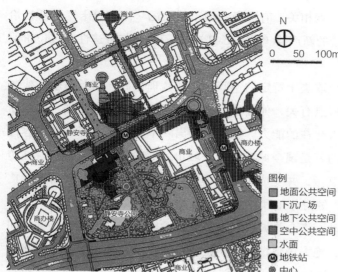

图例
■ 地面公共空间
■ 下沉广场
▦ 地下公共空间
■ 空中公共空间
□ 水面
Ⓜ 地铁站
◎ 中心

图 4-5-2 　上海静安寺地区公共空间结构

资料来源：卢济威，王一. 特色活力区建设——城市更新的一个重要策略 [J]. 城市规划学刊，2016（06）：101-108.

化创意等事件也同样可以重新打开城市生活的审美维度，提升城市公共空间的体验质量；⑤营造场所感使城市活力获得质量并持之久远，通常，场所感建立在物理世界和人类社会演进的确定性和连续性的基础上，诚如挪威建筑理论家诺·舒尔茨（N Schulz）所说，建筑师的任务就是创造有意味的场所（Meaningful Place），人们为了发展自身，发展他们的社会生活和变化，就需要一种相对稳定的场所体系，同时场所的营造需要政府、私人、公众在制度、规划、设计、建设、管治、参与等各方面共同协商合作。

4.5.3.3　特别关注新数据环境下的隐性活力的营造

在新一代移动互联网、大数据和万物互联的新数据环境下，需要关注更具城市发展活力催化作用的"信息流"的作用。今天的"大众点评""饿了吗"和外卖等改变了"金角银边草肚皮"的地理区位原则，对传统的商业布局方式和模式产生重大影响，人们选择消费可能不再仅仅关注便捷，而是取决于用户评价乃至"网红"推送，这些对于未来的城市形态架构、空间布局模式、环境设施支撑均会产生巨大影响。历史地看，城市就是人类聚居的产物，街道广场一直是人流和信息汇聚的中心。虽然高层建筑增加了人流和信息的叠合度，但城市规模和尺度还是有流量边界的，而今天这种信息传播汇聚已经不完全是地理尺度上的了。在今天和未来，多中心和"泛中心化"的城市可能会呈现出普遍的意义。

城市可能会由很多具有多元、动态、非永久性物理中心建构特点的人流聚集界域或地区所构成，包括：城市中一个一个升级后的传统商业热点地区（如增加夜市）及分布更为广泛的、线上线下结合和人群类别分享的星巴克、健身房、"网红"专卖店这样的"信息流量"的汇聚点等。当今的城市活力与"网红"形象的中心性临时建构还和流行时尚元素相关，有些激发城市活力的"网红打卡"场所恰恰是网络传媒为主要信息渠道的新产物（图 4-5-3），它们并不与可达性和区位价值直接相关。

隐性活力营造不再完全取决于特定的空间场所和物理边界，而是与新一代数字时代"原住民"的行为特点有关，他们热切拥抱未来，勇于探索新知，并不断在日常行动中习得与陌生人交往的能力，从而建构出一个更加具有开放和包容性的现代社会，而与此相关的就是现今城市和未来城市的"隐性活力"营造。在传统城市空间交往功能逐渐衰微，并变成主要是中老年人聚集活动场所（聊天、广场舞、打牌等）的情况下，健身休闲和建立在移动 IP 线上终端交往基础上的人际沟通、商业购物和社交活动，将会是城市和建筑设计师需要在营造城市公共空间环境时特别关注的。当然，绝大多数情况下，世界的变化总体还是渐进的。我们不需要推倒重来，不需要"运动式""倒计时"地推进和打造，只需要对变化进行一些优化完善即可。

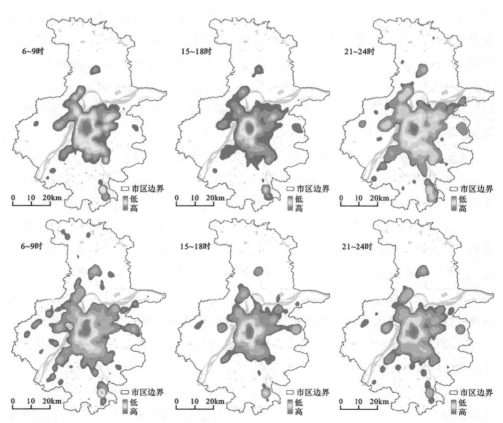

图 4-5-3　基于网络签到数据的南京市区活动空间动态变化（上：工作日；下：休息日）
资料来源：王波，甄峰，张浩 . 基于签到数据的城市活动空间动态变化及区划研究 [J].
地理科学，2015，35（02）：151-160.

思考题

1. 请阐述新旧互动五方面要素的概念和释义。

2. 城市更新目标体系、规划体系、组织实施体系的核心内容是什么？

3. 请说说功能提升、土地集约利用和土地混合利用等方面需关注哪些内容。

4. 请结合实际案例谈谈不同层级的强度分区可运用的技术方法。

5. 如何理解城市活力的含义，并请结合实际案例说说显性与隐性活力提升的主要路径。

参考文献

[1]   Cullen G. Townscape[M].The Architecture Press，1961.

[2]   David C. Rouse，Ignacio F. Bunster-Ossa. Green Infrastructure：A Landscape Approach[M].American Planning Association，2013.

[3]   Farr D. Sustainable urbanism：Urban design with nature [M]. John Wiley & Sons，2011.

[4]   Hoppenbrouwer E，Louw E. Mixed-use development：Theory and practice in Amsterdam's Eastern Docklands [J]. European Planning Studies，2005，13（7）：967-983.

[5]   Jenks M，Dempsey N. Future forms and design for sustainable cities [M]. Routledge，2005.

[6]   Procos D. Mixed land use：from revival to innovation [M]. Dowden，Hutchinson & Ross，1976.

[7]   The Great London Council. Covent Garden Action Area Plan[R/OL].[1978-01-24]. http：//www. sevendials.com/resources/CG_Action_Area_Plan_78.pdf.

[8]   （丹麦）扬·盖尔，（丹麦）拉尔斯·吉姆松.公共空间·公共生活 [M].汤羽扬，等译.北京：中国建筑工业出版社，2003.

[9]   （美）泰伦（Emily Talen）.新城市主义宪章 [M].王学生，谭学者，译.2版.北京：电子工业出版社，2016.

[10] 薄力之.城市建设强度分区管控的国际经验及启示 [J].国际城市规划，2019，34（01）：89-98.

[11] 薄力之，宋小冬.建设强度分区决策支持研究——以杭州市为例 [J].城市规划学刊，2016（05）：19-27.

[12] 陈萍萍.上海城市功能提升与城市更新 [D].上海：华东师范大学，2006.

[13] 邓刚.城市环境新旧对话 [J].城市规划汇刊，1995（01）：31-34，65.

[14] 丁凡，伍江.城市更新相关概念的演进及在当今的现实意义 [J].城市规划学刊，2017（06）：87-95.

[15] 东南大学城市规划设计研究院.南京湖熟姚东姚西历史文化街区保护与整治规划 [Z].2012.

[16] 东南大学城市规划设计研究院.武汉六合路片区历史风貌区保护规划 [Z].2012.

[17] 段进.城市空间发展论 [M].南京：江苏科学技术出版社，2006.

[18] 韩靖北.基于总体城市设计的密度分区：方法体系与控制框架 [J]. 城市规划学刊，2017（02）：69–77.

[19] 黄宁，徐志红，徐莎莎.武汉市城市建设用地强度管控实证研究与动态优化 [J]. 城市规划学刊，2012（03）：96–101.

[20] 贾新锋，黄晶."拼贴"与中国城市的更新 [J]. 建筑学报，2006（07）：12–14.

[21] 蒋涤非.城市形态活力论 [M]. 南京：东南大学出版社，2007.

[22] 李德华.城市规划原理 [M]. 北京：中国建筑工业出版社，2001.

[23] 李秀伟，路林，赵庆楠.北京城市副中心战略规划 [J]. 北京规划建设，2019（02）：8–15.

[24] 李亚洲.精细化、指引化、体系化：国内开发强度分区管控趋势研究 [C]// 中国城市规划学会.活力城乡　美好人居——2019 中国城市规划年会论文集（14 规划实施与管理）.北京：中国城市规划学会，2019：9.

[25] 林坚,叶子君.绿色城市更新：新时代城市发展的重要方向 [J]. 城市规划,2019,43（11）：9–12.

[26] 刘健，黄伟文，王林，等.城市非保护类街区的有机更新 [J]. 城市规划，2017，41（03）：94–98.

[27] 刘巍，吕涛.存量语境下的城市更新——关于规划转型方向的思考 [J]. 上海城市规划，2017（05）：17–22.

[28] 卢济威，王一.特色活力区建设——城市更新的一个重要策略 [J]. 城市规划学刊，2016（06）：101–108.

[29] 彭补拙，周胜路，陈逸，等.土地利用规划学 [M]. 南京：东南大学出版社，2013.

[30] 上海市规划和国土资源管理局.上海市 15 分钟社区生活圈规划导则（试行）[R/OL]. [2016–08–15]. http://hd.ghzyj.sh.gov.cn/zcfg/ghss/201609/t20160902_693401.html.

[31] 沈玉麟.外国城市建设史 [M]. 北京：中国建筑工业出版社，1989.

[32] 唐子来，付磊.城市密度分区研究——以深圳经济特区为例 [J]. 城市规划汇刊，2003（04）：1–9，95.

[33] 王承旭.以容积管理推动城市空间存量优化——深圳城市更新容积管理系列政策评述 [J]. 规划师，2019，35（16）：30–36.

[34] 王波，甄峰，张浩.基于签到数据的城市活动空间动态变化及区划研究 [J]. 地理科学，2015，35（02）：151–160.

[35] 王建国.城市设计 [M]. 北京：中国建筑工业出版社，2009.

[36] 王建国.城市设计 [M]. 南京：东南大学出版社，2010.

[37] 王建国.包容共享、显隐互鉴、宜居可期——城市活力的历史图景和当代营造 [J]. 城市规划，2019，43（12）：9–16.

[38] 王万茂.土地利用规划学 [M]. 北京：科学出版社，2006.

[39] 伍江.从历史风貌保护到城市有机更新 [J]. 上海城市规划，2018（06）：10–11.

[40] 伍江.告别旧城改造，走向有机更新 [M]// 中国城市科学研究会.中国城市更新发展报告 2018–2019. 北京：中国建筑工业出版社，2019：12–16.

[41] 吴次芳，宋戈．土地利用学 [M]．北京：科学出版社，2009．

[42] 吴良镛．北京旧城居住区的整治途径——城市细胞的有机更新与"新四合院"的探索 [J]．建筑学报，1989（07）：11-18．

[43] 吴良镛．旧城整治的"有机更新" [J]．北京规划建设，1995（03）：16-19．

[44] 吴志强，李德华．城市规划原理 [M]．4版．北京：中国建筑工业出版社，2010．

[45] 徐小东，王建国．绿色城市设计 [M]．南京：东南大学出版社，2018．

[46] 阳建强．走向持续的城市更新——基于价值取向与复杂系统的理性思考 [J]．城市规划，2018，42（06）：68-78．

[47] 阳建强，杜雁．城市更新要同时体现市场规律和公共政策属性 [J]．城市规划，2016，40（01）：72-74．

[48] 阳建强，杜雁，王引，等．城市更新与功能提升 [J]．城市规划，2016，40（01）：99-106．

[49] 阳建强，文爱平．有机更新，让城市更持续 [J]．北京规划建设，2018（06）：189-194．

[50] 阳建强，吴明伟．现代城市更新 [M]．南京：东南大学出版社，1999．

[51] 叶怡君，张一兵．城市中心区毗邻隔离住区整合与更新研究——基于有机更新理论 [J]．城市规划，2019，43（10）：80-85．

[52] 张杰．存量时代的城市更新与织补 [J]．建筑学报，2019（07）：1-5．

第 5 章

城市更新的
实践类型与模式

导读：经过三十余年的城市快速发展，我国的城镇化已经从高速增长转向中高速增长，进入以提升质量为主的转型发展新阶段，城市更新在注重城市内涵发展、提升城市品质、促进产业转型、加强土地集约利用的趋势下日益受到关注。近年来，北京、上海、广州、南京、杭州、深圳、武汉、沈阳、青岛、三亚、海口、厦门等城市结合各地实际情况积极推进城市更新工作，呈现以重大事件提升城市发展活力的整体式城市更新、以产业结构升级和文化创意产业培育为导向的老工业区更新再利用、以历史文化保护为主题的历史地区保护性整治与更新、以改善困难人群居住环境为目标的棚户区与城中村改造，以及突出治理"城市病"和让群众有更多获得感的城市双修等多种类型、多个层次和多维角度的探索新局面。具体而言，主要包括旧居住区的整治与更新、中心区的再开发与更新、历史街区的保护与更新、老工业区的更新与再开发、产业园区的转型与更新和滨水区的更新与再开发等类型。城市更新改造是一个复杂的过程，更新策略的制定受到多种因素的支配和制约。因此，城市更新的类型模式选择不能仅从单纯的经济效果出发，将问题简单化，而应深入了解社会、经济、文化和空间等多种因素的影响，在充分考虑旧城区的原有城市空间结构和原有社会网络及其衰退根源的基础上，针对各地区的个性特点和功能需求，因地制宜，因势利导，运用多种途径和多种手段进行综合治理和更新改造。

5.1　旧居住区的整治与更新

　　一般说来，旧居住区随着时间的推移和岁月的流逝，其住宅和设施常常会超过其使用年限，变得结构破损、腐朽，设施陈旧、简陋，无法再行使用，而且由于社会历史的诸多原因，还存在人口密度高、市政公用设施落后、道路狭窄和用地混乱等与现代文明和城市生活相悖的严重问题。与此同时，作为旧居住区，因历史悠久，多保留着大量的名胜古迹和传统建筑，维持着千丝万缕的社群网络，呈现出复杂的空间结构形态。因此，只有在对旧居住区的结构形态进行科学的分类与评价的基础上，才能有针对性地对旧居住区的真实状况做出正确诊断，进而制定出适宜的更新改造策略。

5.1.1　旧居住区的分类与评价

完整的旧居住区结构形态包括其物质结构形态和社会结构形态两方面，旧居住区结构形态差异的根本成因在于其背景因素的不同和变化，而形成机制则是将结构形态及其背景联结在一起的纽带，是从原因到结果的催化剂。根据旧居住区结构形态形成机制的不同，可将旧居住区分为有机构成型、自然衍生型和混合生长型。

5.1.1.1　有机构成型

在物质结构形态特征上，有机构成型旧居住区是以"目标取向"作为结构形态的形成机制，其目标取向的依据主要为型制、礼俗、观念、规范和规划等。传统居住区历经里坊制、坊巷制等型制，直至近现代在西方居住区规划理论影响下产生的居住街坊、邻里单位和居住小区，其演化过程反映了社会政治、经济、生活方式等方面的变革和进展。虽然不同的历史阶段有不同的结构形态的具体表现，但由于它们以目标取向作为形成机制，因而有一些共同的结构形态特征，表现出系统稳定性、目标性和自我协调性等特征。

在社会结构形态特征上，有机构成型居住区主要包含同质性和明显的社会网络的特点。聚落形成之初，居民在不同的方面呈现"同质性"（等级、职业、血缘、祖籍、宗教等），人们总是倾向与特征相近的人交往。因而，虽经社会经济的发展和政治文化的变迁，居住人群的同质性却大体上保留下来。此外，有机构成型的居住区还往往有比较明显的社会网络，居民们之间的熟识程度较高，居民的归属感较强，比较容易形成共同的社会生活，为公共活动提供组织和心理上的可能性。

5.1.1.2　自然衍生型

在物质结构形态特征上，自然衍生型旧居住区的形成没有明确的目标，而是通过自然生长力和自发调谐力不断协调的过程取向达成的，从而具有自然、随机的特点。自然衍生型旧居住区的形成大致有两种情况，一种是原来属于城郊或乡村的自然形成聚落，因城市范围的扩大而被同化。另一种是老城区内的外来人口聚集地，位于城市外围区域或重要性相对较低的地区,在城市的强制力之外自然发展。此类居住区中，人们总是顺应正常的生理需要，依自己的经济能力去建造，在空间组织上有一定的序列性和层次性，他们常常注意公共交往空间的营建。但其环境质量差，建筑破损现象十分严重，甚至没有起码的基础设施和公共服务设施，而且用地功能性质混杂。

在社会结构形态特征上，依据选择目的不同，居民按类型产生了分区。如南京在《首都计划》中将居住区分为四等，一等为官僚等上层阶级住宅区，二等为一般公务人员住宅区，三等为距市区远而偏僻的市郊及下关的棚户区，四等则为原封不动保留的旧住宅区，其中三、四等中的大部分属于自然衍生型旧居住区。在这一类旧居住区居住的居民有共同的生活背景、相关的利益和相同的观念意识，因而有内在的凝聚力。但由于此类旧居住区生活环境条件差，拥挤的居住条件使人们尽力占领公共空间，居民非自愿地进行日常交往，并产生矛盾和摩擦，表现出人际关系复杂矛盾的一面。

5.1.1.3 混合生长型

在物质结构形态特征上，混合生长型旧居住区是比较复杂的一种类型。其结构形态不是由目标取向，也不是由过程取向单独作用，而是以两种机制共同作用形成的。根据两种机制对混合生长型旧居住区结构形态影响作用的时间先后和范围的不同，可将它们分为时段性和地域性两种。"时段性"类型主要指目标取向和过程取向两种机制常常不是同时作用，而是以其中一种为主，当居住区所处的环境背景变化后，原先的机制被另一种代替，继续发挥作用，而原先机制作用的结果却在一定程度上被保存下来。这样，居住区结构形态在某些方面表现出这一种特征，在另一些方面又表现出另一种特征，呈现复杂多元的趋向和特征。如北京槐柏树危房区，它地处皇城西南角，历史上是清末八旗兵营，主要建筑是兵营式布置，后变为居住区，经当地居民在原有基础上加建东西厢房，逐渐形成适于居住的四合院，而居住区的总体布局却仍保持兵营式整齐方正的格局特点。"地域性"类型主要指当两种机制的更替发生在居住区的局部地域时，居住区结构形态则形成地域性混合。混合型旧居住区是最常见的一种类型，也是最复杂的一种类型，其复杂性表现于结构形态的各方面。

在社会结构形态特征上，在不同机制使用下，由于居民来源不一，聚居心态和聚居方式均不相同，而且各自的职业文化水准、心理素质以及生活目标和价值观念也不尽相同。此外，由于此类居住区内居住环境质量差别很大，不同环境内居住生活所面临的主要问题也不一样。居住环境质量较好的地区内，主要问题在于如何满足文化、娱乐和社会交往等高层面的需求；而居住环境质量较差的地段内，主要问题还停留在如何满足人的基本生理需求这样的较低层次上。由于差异悬殊，不同层次的居民很难打破实际的和心理的界限进行交往，或者以次属关系为基础进行人际交往。

5.1.2 旧居住区整治与更新的典型模式

从某种意义上说，旧居住区是一个涵盖了历史与现实双重意义的概念。旧居住区整治、更新与改造即在更新发展的前提下，对旧居住区结构形态进行基于原有社会、物质框架基础上的整合，保持和完善其中不断形成的合理成分，同时引进新的机制和功能，把旧质改造为新质。通过这样的整治、更新与改造，使得旧居住区在整体上能够适应并支持现代的生活需求。

目前对旧居住区的更新改造多侧重于其物质结构形态方面，很少考虑其社会结构形态方面。实际上，旧居住区社会结构形态也存在着更新改造的需求，有时甚至比物质结构形态的改造更为迫切。正确的更新改造应满足从物质结构形态和社会结构形态两方面对旧居住区做全面分析和评价，在此基础上，去除和整治旧居住区结构形态中不合理的和与现代城市生活不相适应的部分，对旧居住区结构形态中合理的良性成分则可采取保留、恢复和完善等方式。

其整治与更新的典型模式可分为以下几类（表 5-1-1）。

旧居住区的更新改造类型模式　　　　　　　表 5-1-1

	类型	有机构成型	自然衍生型	自然衍生型	混合生长型	混合生长型	混合生长型
现状特征	物质结构形态	良好	较差		良好		较差
	社会结构形态	和谐整体、内聚力强	矛盾整体，有内聚力		复杂、松散		复杂、松散
更新改造措施		保留原有设施，保持社会网络的延续性	改造建筑及设施，使社会网络在改善了的物质环境下得以保存		保留原有建筑及设施，改变建筑使用性质，使之为新的社会活动服务		拆除原有建筑，新建各种设施，使之为新的社会活动服务

5.1.2.1　有机构成型旧居住区的更新改造

有机构成型旧居住区通常位于城市中心区域且保存得较为完好，较少混杂其他性质的城市功能，整体上具有有机、统一的特点，形成城市及区域的特色，成为当地历史、文化、民俗等的现实体现。保存较好的旧居住区，有文化性的观瞻价值和较好的使用价值，经过因地制宜的改造整治，可作为富有特色的城市形态和功能在现代生活中继续发挥作用，应视其必要性和可能性，有选择、有重点地进行保护，对整个区则普遍采取加强维护和进行维修的整治办法，对既无文化价值又无使用价值的危房区，可推倒重建。此外，有机构成型旧居住区中和谐的人际关系和富有凝聚力的社会网络，既是源于其稳定、有机的物质结构形态所创造的空间氛围，也来源于居民整体的同质。保存原有的空间氛围和保存居民的同质性，对于维护良好的社会网络都是必不可少的。

（1）北京菊儿胡同改造工程的有机更新

菊儿胡同是北京旧城内比较典型的四合院住宅区，整个街坊面积约 8.28hm²，其改造工程从 1989 年开始持续到 1994 年。20 世纪 80 年代街坊内的居住质量很差，原有的四合院已经面目全非，各院内临时搭建的现象严重，急需改造更新。吴良镛院士将胡同的房屋按照质量分为三类，质量较好的 20 世纪 70 年代以后建的房屋予以保留，现存较好的四合院经修缮加以利用，破旧危房予以拆除重建。重新修建的菊儿胡同按照"类四合院"模式进行设计，所谓的"类四合院"模式，即抽取传统四合院空间形态的原型，用新材料和理念创造新的人居环境，同时解决一些当时如基础设施匮乏、居住条件差等问题。

新的四合院体系在老北京四合院格局的基础上，建设功能完备、设施齐全的单元式公寓，其组成的"基本院落"不仅保持了公寓式住宅楼的私密性，并且在此基础上，利用连接体和小跨院的设计，与传统四合院形成新的群体，给予了住户群体间一定的交往空间，保留了中国传统住宅重视邻里情谊的精神内核。新四合院布局错落有致，既实现了建筑的现代化，又与原有的院落融为一体，保持了地段的特色（图 5-1-1）。改造方案中街区顺应城市肌理，并向城市开放，小区内部通过鱼骨式的小巷相通，可以自由地到达每个院落单元内部，不仅给城市交通和居民出行提供了便利，也使得人与人之间交往更加紧密。在更新改造过程中，主张"自上而下"和"自下而上"的城市规划方法相结合，鼓励各种类型的居民参与，从居民的现实需求出发来制定更新规划，以便充分调动居民和参与单位的积极性。

菊儿胡同改造工程通过有机更新和新四合院的创新，保持了原有的街区风貌并且改善了居民的居住环境，也保持了一定的原有社会结构，探索了一种历史城市中住宅改造更新的新途径，是一次成功的旧居住区改造的试验，赢得了"联合国人居奖""亚洲建筑师协会金奖"等奖项。

（2）苏州平江历史街区保护与改善的探索实践

苏州平江历史文化街区是苏州古城内保存最为完整、规模最大的历史街区，拥有世界文化遗产古典园林耦园、各级文物与历史建筑 100 多处，传统风貌建筑 16.7 万 m²。街区至今保持了自唐宋以来水陆结合、河街平行的双棋盘街坊格局，城墙、河道、桥梁、街巷、民居、园林、会馆、寺观、古井、古树、牌坊等历史文化遗存

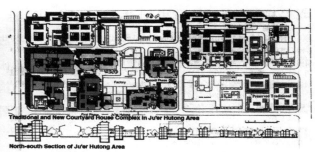

图 5-1-1　菊儿胡同改造工程

资料来源：方可 . 当代北京旧城更新：调查・研究・探索 [M]. 北京：中国建筑工业出版社，2000.

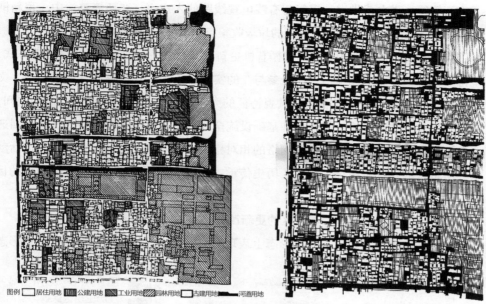

图 5-1-2　1988 年平江历史街区 21、22 街坊土地利用现状与空间肌理图
资料来源：柯建民，等. 古坊保护 [M]. 南京：东南大学出版社，1991.

类型丰富且为数众多，堪称苏州古城的缩影，是全面保护苏州古城历史风貌的核心地区（图 5-1-2）。

1997 年，由同济大学编制完成了平江历史街区第一轮保护规划。2000 年以后，随着苏州新区建设效应逐步显现，古城保护压力得到缓解，开始进入完善城市功能和提升城市品质的内涵式发展阶段。古城内所留存的共 2km² 的历史街区成为城市中最具魅力和发展潜力的重要区域，历史街区保护工作也因此进入了实质性的发展阶段。2000 年为迎接世界遗产大会在苏州召开，平江历史街区保护被市政府确定为实施启动的重点项目，对基础设施进行了重点整治。

2002 年，苏州市启动了"平江路风貌保护与环境整治先导试验性工程"。首先，利用河道下方的综合管廊，对平江路沿线的基础设施进行彻底更新。同时，按照"修旧如旧"的原则，对平江路北段旅游街道的墙面、窗户、空调等立面要素进行了风貌化处理。

2004 年后，在建筑风貌整治的基础上，平江路两侧功能开始逐步调整。新的功能调整以文化型商业服务为主，以原有传统院落为单位，将现代城市新的功能融入历史空间环境中，如高档的民居客栈、摄影工作室、会所沙龙、艺文创作室、博物馆等。平江路的保护与利用走出了传统旅游服务的商业街模式，既保持了功能上的活力，又保持了风貌的协调一致。同时，逐步完善市政基础设施，排除传统建筑的安全隐患，改善人居环境条件和质量，将历史街区保护与整治定位为长期的、循序渐进的过程。

2007 年起，又对街坊内部近 80 条巷道进行整治。在市政基础设施方面，扩大了排污管线、供电、供水、煤气与有线电视线路的入户率。在环境整治中，重新铺设石板或水泥路面、增建传统风貌的垃圾收集点、晾衣架等生活服务设施。

　　平江历史街区的保护与整治遵循有机更新的原则，采取小规模的更新改造方式，坚持"政府主导、专家领衔、社会参与"的实施合作模式，注重街巷河道格局、文物古迹古建筑及所有能代表古城风貌特征的元素的保护，重视整合公共活动空间，改善了居住条件和环境，保证各种基础设施全部到位。通过政策引导，保留与回迁原住民，保持了古城内社会结构网络的相对稳定性，避免各种利益驱动和改造活动及其所带来的建设性破坏，实现了历史传承、经济繁荣、环境适宜与社会和谐的目标（图5-1-3、图5-1-4）。

5.1.2.2　自然衍生型旧居住区的更新改造

　　自然衍生型旧居住区在结构形态上表现出自然、随机的特征，其物质结构形态

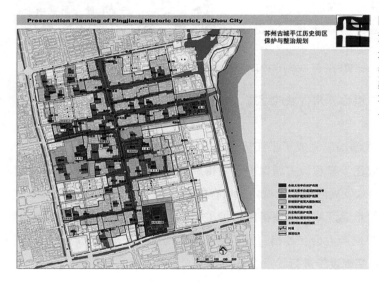

图5-1-3　苏州古城平江历史街区保护与整治规划——保护范围划定

资料来源：仇保兴. 风雨如馨——历史文化名城保护30年[M]. 北京：中国建筑工业出版社，2014：119.

图5-1-4　整治后的苏州平江历史街区

的总体状况较差，住宅年久失修或原本就是非永久性的棚户，基础设施不全、居住条件较为恶劣。对此类旧居住区的更新改造，不能只以居住品质来决定，而应视其综合价值。其社会结构形态特征表现为社会组织是有一定内聚力的矛盾整体，在整体上有一定的保存价值，但需解决其中的矛盾性，使其更为有机、和谐。近年来随着城市用地紧缺，越来越多的城市开始进行存量开发，传统大拆大建的城市更新往往会产生城市开发强度陡增、拆迁赔偿成本巨大、排斥外来人口等负面作用，衍生出新的社会问题，导致这一类型旧居住区更新举步维艰，各地在政策条件允许下进行了一系列的更新改造模式的探索。

（1）广州猎德村的全面改造

猎德村是广州市天河区街属下的行政村，位于珠江新城南部，地理位置优越，历史悠久，并且富有岭南水乡特色，承载着颇具区域代表性的古村落民俗文化和建筑文明，总面积约 54 万 m²。随着 20 世纪 90 年代广州市城市化加速，原本从属郊区的农村地区，被逐渐纳入城市范围，猎德村也随之变为城中村，又因其地处珠江新城中央商务区的黄金地带，其改造的迫切性进一步加强，相关改造规划和建设工作被提上日程。

猎德村的改造采取政府主导的模式，以市、区政府主导，村集体为改造实施主体，形成职责明确、协调分工的组织工作模式。市政府明确改造的总体要求，并给予政策支持；区政府负责统筹组织指导编制城中村改造方案，协调解决城中村改造中遇到的各种难题；村集体负责做好土地调查确权，推进土地征收、拆迁、补偿、居民搬迁等重要工作，并按照基本建设程序的要求，全面落实城中村改造规划及工程实施工作。创新性地以"土地产权置换资金"的方式引入房地产开发商，创造了城中村改造中典型的"猎德模式"。猎德村集体通过土地产权置换的方式筹集改造资金，在房地产开发商不直接介入城中村开发的前提下，引入社会资金，从而解决村民拆迁安置和集体物业发展需要。在改造过程中坚持民主公开，通过政府主导的政策措施调控，协调了各方的利益，且保证了改造后的效益。在改造的同时，对村民的安置、回迁做了提前规划，保障其社会网络不被破坏。整个规划方案尊重了当地文化，在对历史建筑和水系进行了保留的情况下，新建的公共场所进行了一系列富有猎德文化特色的设计，延续了其岭南水乡的传统景观风貌，实现了传统文化与现代都市景观的有机融合（图 5-1-5）。

（2）深圳福田街道水围村整村统筹与综合整治

水围村位于深圳市福田区福田街道，位于连接深圳市中心与香港的城市中轴线的空间节点，交通便捷，北邻福民路，南临福强路，东临金田路，上接皇岗村，下临福田口岸和皇岗口岸，整村社区面积为 23.3hm²，具有 600 多年的历史。近年来，深圳市受到土地资源以及旧区拆改难度的限制，以及在短时间内为外来人口提供足够的廉价保障性住房的要求下，城中村该如何更新改造成了一个巨大的难题。

图 5-1-5　猎德村改造工程

资料来源：广州日报

　　2012 年，深圳市城市规划设计研究院有限公司项目团队负责水围村更新规划研究，先对水围村价值要素进行大量挖掘和研判，在对深圳市大拆大建的城中村更新模式和 2006 版水围村旧改专项规划全部拆除重建的规划模式进行深刻反思后，决定确立采取可持续的有机更新模式。在长达六年的全过程更新规划过程中，以社区规划师工作方式充分进行利益协调，引导水围原住民的自主性、培育社会共治能力，引导微更新方式，确定了以整村统筹的综合整治为主，以城中村的"空间共生、文化共生和社会共生"为规划目标，提出保留和传承城中村的特色与多样性，合理确定小规模拆除区域，并实现村落新旧的融合，共同打造"城市有机生命体"（图 5-1-6）。

　　在水围村整村统筹与综合整治中，柠盟人才公寓项目作为深圳市首个将城中村"握手楼"改造为人才保障房社区的试点。2016 年，在市、区两级人才住房政策指引下，规划设计将国企整租的 29 栋统建楼整改为户型多样的 504 套优质公寓，作为青年人才福利住房出租。改造设计保持了原有的城市肌理、建筑结构及城中村特色的空间尺度；通过提升消防、市政配套设施及电梯，成为符合现代标准的宜居空间。更新将其中的巷道分为商业街和小横巷，将其划分成不同的庭院，并在楼缝中植入立体交通系统形成立体社区，空中连廊和室内连廊相互串联，三维的交通流线系统

图 5-1-6　水围村渐进式有机更新引领过程式规划

资料来源：深圳市城市规划设计研究院有限公司 . 福田区福田街道水围村整村统筹更新规划 [Z]. 2019.

图5-1-7　水围柠盟人才公寓改造前后对比

资料来源：谷德设计网.水围柠盟人才公寓 DOFFICE[EB/OL].https://www.goooood.cn/lm-youth-community-china-by-doffice.htm.

图5-1-8　水围村围绕"街巷、场所、里坊"营造水围共生城市生活

资料来源：深圳市城市规划设计研究院有限公司.福田区福田街道水围村整村统筹更新规划 [Z].2019.

连接了所有楼栋、屋顶花园、电梯庭院和青年之家，成为居民休憩、交流的公共空间，围绕"街巷、场所、里坊"营造水围共生城市生活，将公寓里的青年们联系在一起，形成一个真正的社区（图5-1-7、图5-1-8）。

水围村整村统筹与综合整治探索出一条由政府出资统筹、国企改造运营、村社筹房协作的"整租统筹＋运营管理＋综合整治"更新改造新路径。通过创新性的更新整治模式，保留了水围村的空间肌理、历史文脉和集体记忆，并为老村注入新的生命力和价值，促进了水围村人居环境的整体改善。

5.1.2.3　混合生长型旧居住区的改造更新

混合生长型旧居住区结构形态在三类旧居住区中最为复杂，物质结构形态差异大，布局和使用功能混乱，社会结构形态极为复杂、松散，而且此类旧居住区在城市中分布最广，因而更新难度也较大，简单地重建、整建或维护难以从根本上解决其存在的问题。

　　时段性混合区结构形态与自然衍生型旧居住区较为类似，原则上可以采取与自然衍生型旧居住区相类似的更新改造方式。而地域性混合区情况则不同，它在同一居住区域里混杂着两种形成机制或目标完全不同的居住类型，对它的更新改造不应是针对其中某一种类型，而应根据其不同的老化程度和面临的主要问题，分别采取不同的更新改造方式。

　　对于这一地区内出现早期枯萎迹象，但区内建筑和各项设施还基本完好的地段，只需要加强维护和进行维修，以阻止更进一步的恶化；对于存在部分建筑质量低劣、结构破损，以及设施短缺的地段，则需要通过填空补齐进行局部整治，使各项设施逐步配套完善；对于出现大片建筑老化、结构严重破损、设施简陋的地段，并且该地段的社会结构形态呈现复杂松散的状态，期待以单纯的更新改造来解决问题极不现实，对其的更新改造需要与社会规划结合起来，通过土地清理，进行大面积的拆除重建，在更新改造中创造有利于交往和公共活动的空间与环境氛围，加强居住区基层组织的作用，以及在居民的需要中注意将文化素质和价值观念相近的人相聚在一起，重新建构良性的社会网络和人际关系，以提高社区凝聚力和集体感。

　　（1）南京大油坊巷传统民居类历史风貌区的微更新

　　南京老城南地区为南京的发源地，沉积了古城发展过程遗留的历史痕迹，集中保存着许多文物和大量明清建筑风格的传统民居，具有十分丰富的历史文化内涵。与此同时，由于各种复杂的历史原因，该地区发展长期处于停滞状态，与之并存的是简陋陈旧的基础设施、狭窄拥挤的道路和破旧老化的居民住宅。在很长一段时间，由于一系列复杂的社会原因和阶段认识的缺陷，南京老城南地区的更新改造走过一段弯路，许多传统民居未能得到很好的保留，迁出的居民难以回迁，原社区社会网络未能得到很好的维护。随着近年来对历史文化保护和民生福祉改善的高度重视，相关人员开始致力于将传统风貌保护与居民生活品质提高相融合，改变过去"留下要保护的、拆掉没价值的、搬走原有居民"的操作方式，转变强制征收开发方式，建立产权主体自愿参与、多方协商的平台，逐渐转向渐进、小规模与和谐式的有机更新。

　　大油坊巷历史风貌区保护与整治是其中实施效果突出的优秀案例。大油坊巷历史风貌区位于南京老城东南部，内秦淮河东段以东，紧邻夫子庙历史文化街区，是南京老城南传统民居类历史风貌区之一。为完善南京市历史文化名城保护体系，实质性开展保护利用工作，2012 年，南京市规划局委托东南大学城市规划设计研究院编制《大油坊巷历史风貌区保护规划》。风貌区四至范围分别是小油坊巷、箍桶巷、马道街、大油坊巷，总面积约 4.69hm^2。

　　风貌区现存多处名人故居建筑，是南京老城南各阶层、各行业精英的聚居地缩影。曾存有市隐园、快园，故名"小西湖"。风貌区内历史街巷空间格局延续，环境安静古朴，保有大量民俗活动和传统技艺的相关印迹，是目前老城内现存的明清传统住区中历史格局清晰、传统风貌完整、历史遗存丰富的地区。与此同时，街区内人口密集，涉及居民约 1173 户、2700 人，工企单位 25 家，现状物质空间衰败不堪，建筑多为 1~2 层，市政公用设施严重不足，人均居住面积仅 12m²，远低于 2018 年全市 34.26m² 的人均面积，面临严重的物质性老化和功能性衰退，亟待保护更新。

《大油坊巷历史风貌区保护规划》基于全面详实的综合评估，确定街巷空间、建筑肌理、市隐园林文化为风貌区的核心价值，并据此构建整体保护体系框架、开展具有针对性的详细整治设计、制定保护规划图则，将"以价值保护为核心"的保护利用规划思想贯彻始终。同时致力于将保护核心价值与提高居民现代生活品质相融合，以此目标调整用地功能布局、优化道路交通结构与停车体系、完善公共活动空间与绿色景观系统、筹划展示游览路线、因地制宜地布置各类市政管线和设施，并进行重点建筑整治设计引导。在规划实施过程中，充分动员当地居民、政府部门、社会公众、专家学者等多方力量，通过规划前期入户调查、社区座谈、发放问卷，规划设计邀请当地居民、社会公众与专家学者积极参与，规划方案开展广泛公众意见征询等方式，保证规划公众全程参与，创新形成政府引导、社区共建、公众参与的规划模式（图 5-1-9~ 图 5-1-13）。

2016 年，规划得到南京市人民政府批复，成为相关规划设计，尤其是街区各类建筑保护整治工作的直接参考与依据。同年，堆草巷、朱雀里、马道街、大油坊巷在规划指导下开展了街巷空间和景观环境修缮整治，并启动了小西湖危旧房棚户改造项目，取得良好成效。在规划引导下，由南京市规划局等部门联合发起，东南大学、南京大学、南京工业大学三所高校的研究生志愿参加，开展了小西湖片区保护与复兴规划研究活动，探索了以街区居民为主体，充分尊重政府、居民、公众、专家、开发商等多方意见的保护规划创新路径，受到社会的高度评价，积极推动了基于公众参与的社区微更新活动，破解了长期困扰传统民居类历史风貌区更新举步维艰的

（a）　　　　　　　　　　　　　　　　（b）

图 5-1-9　大油坊巷 1928 年和 2012 年影像图

（a）大油坊巷 1928 年影像图；（b）大油坊巷 2012 年影像图

资料来源：南京东南大学城市规划设计研究院有限公司 . 大油坊巷历史风貌区保护规划 [Z]. 2012.

图 5-1-10　大油坊
巷现状老化与衰退的
复杂情况

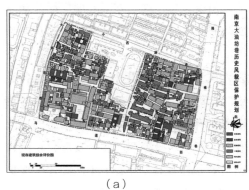
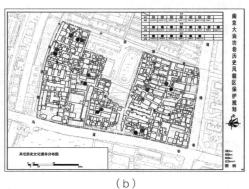

（a）　　　　　　　　　　　　　　　（b）

图 5-1-11　大油坊巷现状调查分析图

（a）现存建筑综合评价图；（b）其他历史文化遗存分布图

资料来源：南京东南大学城市规划设计研究院有限公司.大油坊巷历史风貌区保护规划 [Z]. 2012.

图 5-1-12　大油坊巷保护规划图则

资料来源：南京东南大学城市规划设计研究院有限公司.大油坊巷历史风貌区保护规划 [Z]. 2012.

图 5-1-13　大油坊巷部分重点地区的实施情况

资料来源：南京规划资源公众号，2020.

难题，有效带动了历史风貌区的保护与复兴。

（2）重庆市渝中区社区微更新

渝中区位于重庆市主城核心，是唯一完全城市化行政区，也是重庆 3000 年母城发源地，陆地面积 20.08km²，常住人口 65 万，日均流动人口 30 万人次，辖 11 个街道共 77 个社区。经过快速城镇化变迁过程，渝中区面临上下半城一城两面、老旧社区参差不齐，发展与滞后发展并存的不均衡状态。渝中区"十三五"规划的重点落脚于全区城市更新，其中社区更新成为重要抓手。

在此背景下，重庆大学研究团队历时 3 年，通过建构跨学科、跨行业、跨部门，自上而下与自下而上相结合的协作更新机制和平台，并结合社区服务供给与社区生活圈概念，完成全区社区更新总体思路和试点更新行动。尤其针对渝中区社区人口分布、空间规模、服务供给三方面不均衡的突出矛盾，构建社区规模评估指标体系，创立"社区实际管理服务需求量"与"社区服务圈"基本概念，并结合社区生活圈理念，构建了适合渝中的"人—空间—服务"社区综合治理提升框架。在试点行动规划中，依托社区社会组织,引导居民参与更新行动,实现社区公共空间营造和社区文化修复,从社区空间网络修补到社区精神网络重塑;依据城市空间文化结构思想,梳理社区文化资产,激活山地城市社区特有的生活空间原型,包括线性空间、节点空间及闲置空间;运用场景规划与设计理念,保护既有的美好生活场景,精细化设计和营造富有山地地域特色的宜居社区。目前该社区更新项目作为重庆首个统筹全区社区可持续发展的更新研究与落地实施行动计划,通过社区公共空间营造和社区文化修复、梳理山地城市社区生活空间原型以及社区场景规划与设计等措施,有效促进了渝中区社区微更新和社区生活品质的提高,对重庆乃至西部山地城市社区更新具有示范意义(图5-1-14、图5-1-15)。

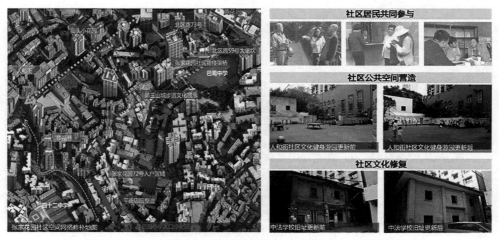

图 5-1-14 渝中区社区微更新社区公共空间营造和社区文化修复

资料来源:重庆大学规划设计研究院有限公司,重庆大学建筑城规学院.重庆市渝中区社区更新总体思路研究与试点行动规划[Z].2019.

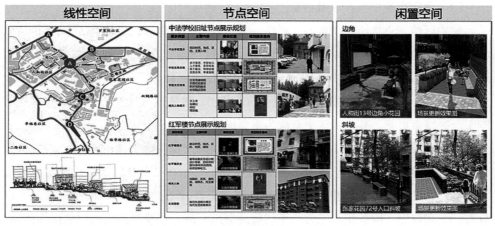

图 5-1-15 渝中区社区微更新山地城市社区生活空间原型梳理

资料来源:重庆大学规划设计研究院有限公司,重庆大学建筑城规学院.重庆市渝中区社区更新总体思路研究与试点行动规划[Z].2019.

5.2 中心区的再开发与更新

城市中心区是城市独特的地域组成，是城市的核心和中枢，为城市提供经济、政治、文化、社会等活动设施和综合服务空间，是城市公共服务设施和第三产业的集中地域，是城市功能最为集中、文化活动最为丰富、人口与建筑最为密集，以及变化周期和城市更新活动最为频繁活跃的核心地区。20世纪的西方城市中心已经成为近代工商业和政府行政活动的集中地。在城市化发展、经济与技术水平迅速提高的现代化进程中，城市功能与结构重构普遍围绕着中心区进行。这一状况直到"逆城市化"发展现象出现时才略有变化。在功能发展的推动下，中心区物质环境及其功能结构一直处于更新建设与再开发之中。这里的交通设施持续建设，建筑物不断增加，现代通信设施密如网络，集中体现出当代工程科技和社会财富的水平。随着中国城镇化进程的推进和城市社会经济的发展，相应地需要城市进行产业结构调整、转型与升级，大力发展第三产业，提高和复兴城市中心机能，真正使城市成为国民经济的增长极。由于城市中心区通常具备较好的交通条件和区位优势，集聚着城市功能活动的重要部分，自然成为城市再开发和功能结构调整的主要载体。

5.2.1 现代城市中心的高层次要求

5.2.1.1 传统城市中心的特点

由于20世纪80年代以前的中国城市经济建设受到所谓"先生产、后生活"和"重生产、轻消费"的方针影响，城市的流通功能萎缩，服务业很不发达，严重制约了城市中心功能作用的发挥。归纳起来，传统的城市中心有如下特点：

（1）城市中心功能不明显

广义的城市中心功能是提供公共服务，包括公共管理、商业零售、金融贸易、文化娱乐四种主要功能。但在传统的城市中心，除京、津、沪等全国中心城市和广州、武汉等有传统商业遗留的城市外，大多数城市中心功能较弱。这一方面表现在行政职能比重较大，另一方面则是商业、金融、贸易等活力不足。

（2）城市中心商业首位度和聚集度不高

商业首位度和聚集度是衡量城市中心商业职能程度的主要指标。首位度是根据中心区网点数、面积规模、零售总额在全市商业体系的分权评价中所占比重和排序得出，它可以反映出中心商业在全市商业等级体系中的重要程度。对于单核心城市，中心区首位度越高，其中心功能越强。商业聚集度是指中心区商业服务设施的密集程度，一般可取中心区商业服务业建筑总面积与中心区总建筑面积的比值。聚集度越高，说明商业服务功能在中心区的比重越大，也说明中心区商业功能越强。传统城市中心的首位度与聚集度不高与改革以前的产品销路有关。层层分设的批发站和零售网点是按照配给制均匀分布的，此外日用百货、五金交电、轻工纺织、文化用品等专业系统没有竞争，中心区的集聚效应对于产品经济的流通方式影响不大。因此，中心区商业除规模上比区级中心较大以外，在功能方面的重要性并不突出。

（3）城市中心的空间特性较弱

传统城市中心在空间上与城市其他区域是相似的，除行政中心区有较强的识别性外，城市中心和空间结构、土地容量以及建筑形式都缺乏明显的特征，这一点是与前面两个问题相联系的。一般来说，中心功能越强，中心区范围越大，那么它的空间识别性也就越大。如北京的王府井、西单和上海的南京东路等全国性商业中心，具有较明显的空间特性。相反，许多的城市的中心除十字街头的几家商场，基本上与城市其他区域相差无几。

5.2.1.2　现代城市中心的发展趋势

随着世界人口和各类型工商业越来越集中于城市，以及全球化和信息化的到来，城市中心区亦越来越表现出特殊的功能作用，呈现出以下特征：

1）中心性

城市的中心功能使城市的组成部分均与中心区紧密联系并受其支配。中心区由此成为城市的政治、经济和文化活动中心，成为城市中最富有活力的地区，是经济吸引力和辐射力最强的核心。

2）高价性

中心区位是城市地价最高的区位，在城市地价梯度曲线上，城市中心总是位于峰值区段。此外，其商务活动是城市土地利用中价值最高的用途，并且总是能够支付最高的地租。

3）集聚性

中心区是城市商业及相关活动最为集中的地区，同时它也是最高等级商业活动的地区，活动集聚性使中心区呈现"规模经济"特征。中心区的活动集聚导致了空间的集聚，因为它必须在有限的范围内为所有的中心活动提供空间场所。导致空间集聚的另一个原因是用地的高价性，中心区高昂的地价必须在土地的高强度利用中得到回报。空间集聚使城市中心的土地利用呈现出强烈的空间特征，无论建筑高度、密度和土地总容量都明显超出城市其他地区。

4）流通性

在城市中心区，除不动产以外的一切物质要素都处于高速流动中，其中最为主要的是人流、信息和资金的流通。活动的集聚和交往流通使中心区呈现出繁忙和拥挤景象，并伴随着昼夜人口的周期性反差呈现不同特征。资金流通的需要使金融业在城市中心区聚集，而信息流通又使各类商务办公机构、公司总部和信息服务设施进入城市中心之中。近年来随着全球化、信息化的深入发展，城市日趋向着多中心结构转变。

5）可达性

要求城市中心即使不位于城市的几何中心，也应当在较为居中的位置，使城市的各个边缘到中心区都有相对的最短路程。同时也要求具有到达城市中心的良好交通体系，包括动态交通设施和静态交通设施。这些均对传统城市中心区提出高层次要求，要求传统城市中心区的产业结构、空间结构、总体布局以及基础设施进行全面的重新建构和更新改造。

5.2.1.3　现时期中国城市中心区的更新动因

（1）城市中心更新再开发的形势需求

1）从城市发展宏观背景看。中国的城市发展已经进入一个以快速发展与结构性调整并行互动为特征的城市化中后期阶段。据《全国城镇体系规划（2006—2020）》判断，2011~2020年间，我国城镇发展迎来空间结构调整的高峰，逐步由新区外延扩张向新区与旧城协同发展转变。在颁布的《国家新型城镇化规划2014—2020》中，根据世界城镇化发展普遍规律和我国发展现状，指出"城镇化必须进入以提升质量为主的转型发展新阶段"。因此，如何在新的发展条件下进行城市中心的功能与结构调整成为当前中国城市发展的重要主题。

2）从国家经济发展政策看。国家"十三五"规划纲要强调"贯彻落实新发展理念、适应把握引领经济发展新常态，必须在适度扩大总需求的同时，着力推进供给侧结构性改革，使供给能力满足广大人民日益增长、不断升级和个性化的物质文化和生态环境需要"。具体而言，经济发展方式转变的实质在于：在内涵上既要实现经济增长由粗放型向集约型、外向型向内生型转变，也要求实现需求结构、产业结构、要素结构的优化升级。这些变化将直接或间接影响城市发展的路径和城市空间的扩展形式，这无疑对城市中心再开发提出了新的任务和要求。

3）从城市产业结构升级看。城市社会经济已进入到产业布局、类型、结构的重构和转型的实质性实施阶段。随着产业结构升级及社会形态的演进，服务业尤其是生产性服务业将成为未来决定城市功能及城市在区域城镇体系中地位的重要因素，生产性服务业的等级和服务范围一定程度上决定了该城市在全国或区域城镇体系中的等级和地位。城市中心作为城市服务业最为活跃和最为集中地区，必然在中国城市产业结构转型中扮演重要角色。

（2）实践工作中存在的主要问题

1）粗放式更新造成空间资源浪费严重。由于片面追求经济目标的导向，导致盲目的房地产热和市场的过度开发，忽略中心区成长规律与市场培育周期，采取粗放和简单的"大拆大建"方式，远远超出城市实际消化能力，造成空间资源的严重浪费。一方面表现为存量居高不下形成的空间浪费，另一方面是储备用地成本升高与市场需求减弱造成的用地出让停滞，大量已完成拆迁的净地闲置，随着时间的推移反而进一步增加了中心区更新的成本，加剧了更新的难度。

2）高强度开发导致整体环境品质下降。在强大的资本力量影响下，由于政府干预失灵和妥协退让，中心区的更新再开发常常只屈从开发商的个体项目和超大商场建设，大体量、高强度、高密度满铺开发，造成了城市中心尺度的巨型化。特别在交通、市政、公共等基础设施的营建上，一方面基础设施的开发落后于项目开发，导致基础设施与建筑内部功能结构的脱节；另一方面土地成本及取利空间作用下，空间开发规模盲目扩大，从而造成中心区人口规模过度集中，交通等基础设施压力加大，以及生态环境进一步恶化，中心区土地利用综合效益失衡，最终导致中心区整体环境与空间品质的下降。

3）过度商业开发造成人性化空间缺乏。城市中心区"绅士化"更新特点开始出现，具体体现为高尚消费空间逐步取代普通人群共同享受的公共场所，高收入群体的集聚取代不同阶层的融合，大量增加的商业商务功能代替了原有中心区的文化、体育等公共服务功能，造成中心区的功能相对单一、文化特色严重不足和活力大幅度下降，一些珍贵的历史文化遗产遭到破坏，城市传统风貌荡然无存。此外，面向市民的无差别、公益性设施场所的减少，中心区活动多元化和丰富性大大减弱，缺乏人性活动空间和特色环境，造成中心区活力不足和品质不高。

4）单一的利益导向导致产业结构雷同。由于中心区土地效益较高，决策者和开发者往往以追逐利益为前提将各类项目向中心区集中，往往缺乏对自身城市禀赋和发展阶段的正确评估判断，局限于独立地段和个别商业项目开发，对城市中心组织系统的结构性调整和整体机能提升重视不够，忽视产业之间的内部关联、集聚效益和区位选择，造成中心区更新再开发目标定位与模式选择盲目、产业过度集聚、产业结构单一以及功能布局随意等问题。

5.2.2　中心区的功能转型与更新再开发

城市中心区是城市最具活力的地区，也是城市问题最集中、最严重的地区。中心区的城市更新不仅是我国城市更新工作的核心，也是破解城市问题、实现城市可持续发展和新型城镇化目标的关键。针对新时期城市中心区更新面临的机遇与挑战，基于以人为本和城市可持续发展理念，城市中心职能加强和功能重构的再开发行动采取的是"城市中心体系的调整优化"与"城市中心结构调整完善"相结合且并行的发展战略，其具体内容涉及中心体系重构、城市规模调整、基础设施更新改造、交通组织完善、功能结构调整以及人性化空间营造等实质内容，对建立集约持续、多元包容的城市中心区更新机制具有重要的现实意义。

5.2.2.1　城市中心体系的调整与优化

随着后工业化社会的到来和经济全球化的发展，城市公共活动中心经历了多功能融合和多中心网络的演进过程，越来越丰富的城市职能要求城市中心功能更加综合和多样，更突出人的体验和活动。同时要求在整个区域范围内进行协调，各级中心分工合作，摆脱过去摊大饼的单中心发展模式，以疏解单中心的发展压力。

上海是我国直辖市之一，长江三角洲世界级城市群的核心城市，在过去的几十年间，上海经济快速发展，吸纳了大量的就业人口和资本，充分利用对外开放的地理优势和现有的资源底蕴，由开始的以轻化工、纺织工业为主的工业城市逐步转变成为具有全球资源配置能力和国际竞争力的国际化大都市。

但在经历了多年的快速城市化进程后，上海作为大都市的"城市病"问题相当突出。一方面，摊大饼的单中心发展模式导致了经济效率与交通效率的低下，人口和经济活动过于集中，造成中心区房价飞速上涨，城市空间失衡；另一方面，快速的城市化带来了庞大的用地规模，超过了资源环境承载的能力。早在2015年，上海的建设用地规模就已经突破了3145km²，约占全市陆域面积的45%，逼近现有资源环境承载力的极限，随之而来的是环境污染问题，严重影响了城市的居住品质（庄少勤，2015）。

目前上海正进入新一轮的发展周期，在新一版上海市城市总体规划当中，将上海定位为国际经济、金融、贸易、航运、科技创新中心和文化大都市，并将建设成为卓越的全球城市、具有世界影响力的社会主义现代化国际大都市。上海在迈向卓越的全球城市过程中，面临着人口继续增长和资源环境紧约束的压力。为应对挑战和城市未来发展的不确定性，上海将以成为高密度超大城市可持续发展的典范城市为目标，落实规划建设用地总规模负增长要求，牢牢守住常住人口规模、规划建设用地总量、生态环境和城市安全四条底线，实现内涵发展和弹性适应，积极探索超大城市睿智发展的转型路径。

近年来，上海以提升全球城市功能和满足市民多元活动为宗旨，构建城市主中心（中央活动区）、城市副中心、地区中心、社区中心四个层次组成的公共活动中心体系。城市主中心（中央活动区）是全球城市核心功能的重要承载区，服务全市域，包括小陆家嘴、外滩、人民广场、南京路、淮海中路、西藏中路、四川北路、豫园商城、上海不夜城、世博—前滩—徐汇滨江地区、徐家汇、衡山路—复兴路地区、中山公园、虹桥开发区、苏河湾、北外滩、杨浦滨江（内环以内）、张杨路等区域，重点发展金融服务、总部经济、商务办公、文化娱乐、创新创意、旅游观光等功能。城市副中心是面向市域的综合服务中心，兼顾强化全球城市的专业功能，包括9个主城副中心、5个新城中心和2个核心镇中心。在中心城内继续提升江湾—五角场、真如、花木—龙阳路3个主城副中心的功能，并新增金桥、张江2个主城副中心。在虹桥、川沙、宝山、闵行4个主城片区内分别设置主城副中心，实现主城区各片区的均衡发展。在嘉定、松江、青浦、奉贤、南汇5个新城内分别设置新城中心，在金山滨海地区和崇明城桥地区设置核心镇中心，强化面向长三角和市域的综合服务功能，承载全球城市部分功能（图5-2-1、图5-2-2）。

城市更新理论与方法

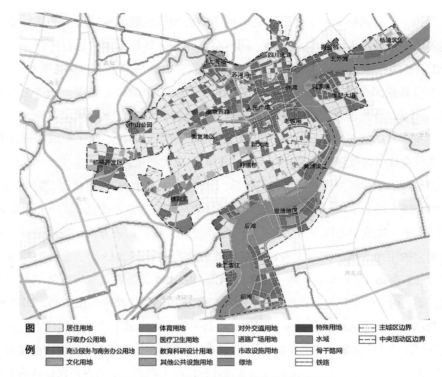

图 5-2-1　上海市中央活动区用地布局规划

资料来源：上海市人民政府.上海市城市总体规划（2017—2035 年）[Z]. 2018.

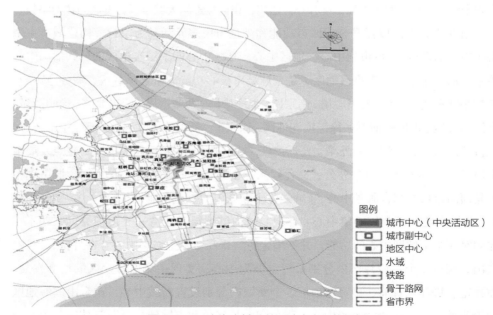

图 5-2-2　上海市域公共活动中心网络规划

资料来源：上海市人民政府.上海市城市总体规划（2017—2035 年）[Z]. 2018.

　　上海多中心体系的转型调整，不仅有利于缓解单中心庞大的人口与交通压力，改善环境条件，在区域层面上，意义也非常重大。对于上海市而言，多中心能够疏解单中心过大的压力，增强上海整体能级与核心竞争力；对长三角地区而言，上海长期存在的过于极化的问题将得到解决，大量的非中心功能如工业、商业等，对于已经高强度开发的上海市中心而言是累赘，但对于上海周边的城市来说却是发展的机会。上海周边的城市可以随着非中心功能的迁入而得到发展，从而提升区域整体的活力。

5.2.2.2　城市中心结构的调整和完善

　　产业结构巨大变化必然带来城市结构的巨大变化。随着城市第三产业的迅速发展，第三产业结构布局与第二产业结构布局要求的巨大差别，也就必须在城市结构布局变化中反映出来。以第三产业为核心的城市中心区自然首当其冲。过去，由于我国城市的经济建设受到所谓"先生产、后生活""重生产、轻消费"的思想影响，城市的流通功能萎缩，商业中心区普遍存在着功能混乱、布局缺乏系统、土地利用率低、基础设施不足、交通拥挤等问题。国家经济实力的迅速发展和城市人民生活水平的迅速提高、信息时代的到来等，将城市的发展推进到现代化发展的新时期，对城市中心的布局提出了新的挑战。特别是大城市中心区的布局，需要高度集中，便于市场经济活动和发展。在这个统一的发展机制驱动下，许多城市对原中心区的用地结构、布局形态和交通组织等方面进行了全面调整和综合治理。

　　以南京新街口中心区1980年以来的业态升级为例。南京是江苏省省会城市，也是长三角地区重要的枢纽城市，服务产业比较发达，其主中心为新街口，位于南京市的几何中心，城市主干道在这里十字交汇，是南京商业、商务、文化、娱乐等功能集中的地区。近四十年来，南京社会经济全面发展，地区产业结构、产业规模均发生了巨变，服务业占比不断提高且发展态势良好。在此背景下，新街口中心区范围持续扩张，由零售商业中心逐渐演变为以贸易和金融产业为主导的现代综合性城市中心区（图5-2-3）。

　　新街口中心区的发展演变分为起步阶段、快速发展升级阶段和成熟发展转型阶段：

　　1）1927~1980年中心区处于起步阶段。商业中心地位得到初步确定。1927年《首都计划》将新街口划为商业区，随着中心区的扩展和城市发展，金融保险、商务办公、旅馆业、商业办公混合、医疗卫生功能经历了从无到有的过程，百货零售业成为中心区主导产业。

　　2）1980~2000年中心区处于快速发展升级阶段。零售商业中心逐渐蜕变为CBD。随着改革开放的发展，贸易、金融、综合服务所占城市产业比例持续上升，金融、商业、文化娱乐、办公等功能大量出现在城市中心区。在南京市总体规划和南京市

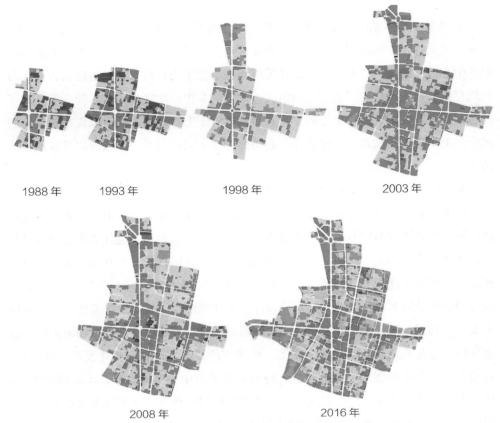

1988 年   1993 年   1998 年   2003 年

2008 年   2016 年

图 5-2-3   1988~2016 年新街口中心区土地功能与规模演化图

资料来源：吴贝西 . 1980 年代以来南京新街口中心区发展演变 [D]. 南京：东南大学，2017.

中心综合改建规划的指导下，新街口中心区开始大规模开发与改造，这一时期中心区金融、商业、文化娱乐、办公等空间大规模增加，商贸活动也由核心区向外围扩展。在城市功能转变、产业增长的推动下，新街口地区的内涵和空间结构产生了新的变化。随着商务空间的进一步集聚，新街口已成为一个具有强大吸引力、辐射力、开放式、跨区域的商务产业集群，完成了 CBD 的蜕变。

3）2000 年至今，中心区处于成熟发展转型阶段。在经济全球化和中国加入世界贸易组织的背景下，南京国际贸易业规模明显拓展，商务产业发展呈现出以国际、国内贸易和金融三大产业并驾齐驱的局面。这一阶段中心区金融保险、商务办公、商办混合以及商住混合功能有所增加，其他各项功能都有所下降。中心区正处在产业升级转型的关键时期，在贸易、金融产业的拉动下，迅速扩展，逐步走向稳定成熟。

经历了四十余年的更新和发展，如今的新街口呈现出明显的簇群关系，形成以"十"字路为商业、商务主轴，由点串线、由线连面的功能复合的布局结构。其中，中心区以东是以长江路、大行宫一带形成的文化、商务核心区；西部是围绕汉中路形成的医疗保健核心区；北部是以鼓楼广场为中心形成的电信、邮政及高等院校核心区；南部是以建业路、白下路以北形成的金融、商务核心区（表5-2-1）。各个功能簇群通过"十"字路网和轨道交通等空间要素加以协调组织，形成高度聚集、联系紧密和高效运转的城市中心区。

新街口中心区各区位公共服务设施分布表　　　　表5-2-1

区位	示意图	主要功能	主要单位
中心区北部		电信、邮政、医疗	电信：中国电信股份有限公司 邮政：南京邮政局 医疗：鼓楼医院、口腔医院
中心区南部		金融、商务办公	金融：中国人民银行、中国建设银行、中国农业银行、中国银行、南京互联网金融中心 商务办公：花样年华商务会所、苏发大厦、万里商务中心、天元大厦、福鑫国际大厦、龙吟大厦、汇鸿大厦、洪宇大厦
中心区东部		文化、文物古迹、商务	文化：南京文化艺术中心、南京图书馆、江宁织造府、江苏省美术馆、六朝博物馆、梅园新村纪念馆、江南戏院、紫金大戏院、曼度文化广场等 文物古迹：南京总统府景区、人民大会堂、美术馆旧址、毗卢寺 商务：长安国际中心、新世纪广场、长发中心CFC、南京外贸口岸管理处
中心区西部		医疗、保健、商务	医疗：江苏省中医院、南京口腔医院、南京医科大学附属眼科医院 保健：南京市妇幼保健院 商务：金鹏大厦、星汉大厦、鸿运大厦、金丝利会所、金泽大厦
中心区中部		商业、商务	商业：南京新街口百货、南京中央商场、大洋百货、东方福来德、悦荟广场、金鹰国际购物中心、德基广场等 商务：南京国际贸易中心、天安国际大厦、南京世界贸易中心、亚太商务楼等

资料来源：吴贝西.1980年代以来南京新街口中心区发展演变[D].南京：东南大学，2017.

5.2.2.3　中心区人性化空间的营造与提升

城市中心区具有高密度的建筑集聚、稠密的人车活动和稀缺的土地资源等特点，十分有必要强调人的尺度和使用感受，通过丰富的绿化景观、安全舒适的林荫道、统一美观的公共设施和宜人的城市共享空间等方面的城市设计，积极构建舒适宜人的步行系统和活跃丰富的景观空间体系，建设高度人性化的城市中心活力区。

以重庆市渝中半岛山城步道的规划建设为例。渝中半岛是重庆的政治、经济、文化中心，作为重庆的老城中心，具有独一无二的山水资源禀赋，多元的历史文化遗存、丰富的传统街巷系统和高低变化的地形，使步道成为渝中半岛独特的城市景观，并增加了步行的无穷魅力。但是机动车增长与旧城更新使步行活动与传统街巷空间受到严峻挑战，面临人口稠密、高差巨大、用地短缺等问题，如果不建立绿色的出行方式，渝中半岛作为重庆市商务中心区的城市功能将无法实现。随着现代步行理念的回归，公众健康受到重视，以及营建具有地方特色的城市空间的需要，重庆市人民政府从 2001 年开始，将山城步道的复兴作为渝中半岛老城更新的一项重要任务。2002 年，重庆市政府启动了《重庆渝中半岛城市形象设计》方案，其中山城步道作为重庆市重点打造的一张城市名片，其依托渝中半岛原有的步行巷道，经过统一规划改造后，融入周边具有吸引力的公共空间和特色建筑，串接公园绿地和城市阳台，形成结构完整、联系上下半城的城市步行网络；2011 年，重庆市规划设计研究院编制了《重庆市渝中半岛步行系统规划》，规划针对半岛步行网络发育不健全、南北不连续、东西不重视、滨江不可达等问题，在现有步道的基础上，打通、新增 12 条南北向、5 条东西向的步行走廊，增加 1 条连续的滨江步道，改善现有步行环境，形成"十二纵五横环"的步行网络（图 5-2-4）。2018 年，为了让城市融入大自然，让

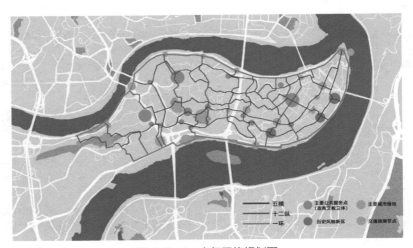

图 5-2-4　步行网络规划图

资料来源：重庆市规划设计研究院 . 渝中半岛步行系统规划 [Z]. 2017.

图 5-2-5　山城第三步道实景图

居民望得见山、看得见水、记得住乡愁,《重庆市城市提升行动计划》提出,打造山城步道特色品牌;2019 年,《重庆市主城区山城步道专项规划》编制完成,在重庆市主城区共规划 60 条山城步道,并将市民出行需求最迫切、彰显山水特色最突出、串联历史文脉最厚重的步道作为近期建设重点(图 5-2-5)。

　　渝中半岛的山城步道对重庆老城中心环境品质的提升起到了重要作用:①山城步道利用步道连接轨道交通站点和公交站点,方便市民出行,增强中心区活力;②山城步道利用老旧街区梯坎、坡道、街巷串联了中心区街巷的历史人文资源;③山城步道辅助利用重庆独特的地形特征,挖掘步道沿线视野开阔、风景优美的能观江、观山、观桥、观城的节点资源,形成动静结合的城市风貌眺望窗口;④融入"两江四岸"特色资源,注重自然生态维育和山林的历史文化、景观文化体验,构建了中心区全时全域的景观体系;⑤山城步道盘活了部分中心区的低效用地和闲置的边角地,带动街巷步道沿线"微更新""微改造",让步道充满生机活力。

5.3　历史地区的保护与更新

　　历史文化保护对文明传承和文化延续具有十分重要的战略意义。历史城市通常具有悠久的历史、灿烂的文化,保存着大量历史文化遗产,是宝贵的不可再生的文化资源,是社会、文化和科技发展的历史见证,具有文献价值、历史价值、考古价值、美学和象征性的价值、建筑学的价值、科学价值以及情感价值等多维价值。

　　历史地区作为城市传统空间格局和风貌的集中区域,保存许多文物古迹、历史建筑和重要的历史环境要素;与此同时,历史街区也是城市的有机组成部分和居住生活单元,仍有许多人生活居住在其中,是历史形态的活的见证,提供了与社会多样性相对应的生活场景。日常生活、社会网络和物质遗存共同构成了历史地区弥足珍贵的精神财富,历史地区的这些历史底蕴在城市发展过程中最具关键性和价值性,是城市传统文化和风俗民情的集中体现,因此,真实和完整性地保护好历史街区显得格外重要。

5.3.1　历史地区的基本定义与类型

5.3.1.1　历史城区

2011年11月发布的《关于历史性城市景观的建议书》重新强调了历史城市整体性保护的重要战略意义，指出"历史城区（Historic Urban Areas）是共同的文化遗产中最为丰富和多样的表现形式，旨在将"历史性"对象的保护与城市发展及再生过程的管理有机结合。在更广阔的城市背景下，以景观方法去识别、保护和管理历史地区，充分考虑其物质形态、空间布局、相关联的自然特征和自然背景，以及社会、文化和经济价值等方面的相互关系。

我国2018年颁布的《历史文化名城保护规划标准》GB/T 50357—2018明确历史城区的定义为："城镇中能体现其历史发展过程或某一发展时期风貌的地区，涵盖一般通称的古城区和老城区。本标准特指历史范围清楚、格局和风貌保存较为完整、需要保护的地区。"由于复杂的历史原因，留存下来的历史城区的状态有所不同，通常有三种典型类型：①历史格局清晰的历史城区，如苏州、平遥和阆中等；②不同历史时期并存的历史城区，如北京、沈阳、洛阳等；③传统与现代复杂叠压的历史城区，如南京、长沙和无锡等。

历史城区的保护规划以及整体控制管理，尤其是历史城区的范围判定、价值评估和保护规划是历史文化名城保护的重要内容之一，然而，由于多种因素的影响，这一涉及历史文化名城整体保护的重要工作，目前在城市规划领域还是一个相当薄弱的环节。

5.3.1.2　历史街区

历史街区指文物古迹、历史建筑集中连片，或能较完整地体现出某一历史时期的传统风貌和民族特色的街区、建筑群、小镇、村寨等。具体由街区内部的文物古迹、历史建筑、近现代史迹与外部的自然环境、人文环境等物质要素，以及人的社会、经济、文化活动、记忆、场所等丰富的精神要素共同构成。主要包括历史文化街区、历史风貌区和具有保护价值的一般历史地段。

（1）历史文化街区

历史文化街区是指经省、自治区、直辖市人民政府核定公布的保存文物特别丰富、历史建筑集中成片、能够较完整和真实地体现传统格局和历史风貌，并具有一定规模的区域。

根据《历史文化名城保护规划标准》GB/T 50357—2018规定，历史文化街区应具备以下条件：

1）应有比较完整的历史风貌；

2）构成历史风貌的历史建筑和历史环境要素是历史存留的原物；

3）历史文化街区核心保护范围面积不应小于$1hm^2$；

4）历史文化街区核心保护范围内的文物保护单位、历史建筑、传统风貌建筑的总用地面积不应小于核心保护范围内建筑总用地面积的60%。

（2）历史风貌区

目前，历史风貌区不是法定概念，也没有统一的定义。与历史文化街区相比，历史风貌区指一些历史遗存较为丰富或能体现名城历史风貌，虽然达不到历史文化街区标准，却保存着重要的历史和人文信息，其建筑样式、空间格局和街区景观能体现某一历史时期传统风貌和民族地方特色的街区。对于历史风貌区的保护可以参照历史文化街区，但具体要求可适当灵活。

（3）一般历史地段

一般历史地段是指保存一定的历史遗存、近现代史迹、历史建筑和文物古迹，具有一定规模且能较为完整、真实地反映传统历史风貌和地方特色的地区。一般历史地段与历史文化街区、历史风貌区一样，是城市历史文化的重要组成部分，对保护城市传统风貌与格局肌理，以及延续城市记忆与历史文脉起着重要作用。对于一般历史地段的保护，根据各历史地段的具体情况，按照最大化保存历史信息的原则，采取灵活多样的保护方法。

5.3.2　历史地区的整体保护与有机更新

历史地区保护需要建立在整体的保护与发展系统规划的基础上，城市总体布局拓展和功能结构调整为历史地区保护提供了前提保证，而进行精心的城市设计，则更能保护和强化历史地区的传统风貌与特色。这样可以妥善处理好保护与发展的关系，减少旧城更新改造和城市现代化建设可能对历史文化保护造成的不良影响。

5.3.2.1　传统风貌与格局保护

传统风貌与格局是历史城市物质空间构成的总的宏观体现，也是城市风貌特色在宏观整体上的反映。它包括城市平面轮廓、功能布局、空间形态、道路骨架、自然特色等。传统风貌与格局保护对城市固有特色的保护起着举足轻重的作用，但保护上难度也最大，因为首先它面积大、范围广，不容易控制；其次由于经济的迅猛发展，常常会强烈地改变城市原有格局，如不有意识地加以保护与继承，会将古城改造得面目全非。因此，需要以积极谨慎的态度，在旧城更新改造中坚持以全面的旧城更新改造规划和古城保护规划作指导，把握历史地区的传统风貌与格局。应注意保护城址环境的自然山水和人文要素，对体现历史城区传统格局特征的城垣轮廓、空间布局、历史轴线、街巷肌理、重要空间节点等提出保护措施，采取城市设计方法，对体现历史城区历史风貌特征的整体形态以及建筑的高度、体量、风格、色彩等提出总体控制和引导要求，明确历史城区的建筑高度控制要求，强化历史城区的风貌管理，延续历史文脉，协调景观风貌。

南京是世界著名古都，是国务院公布的第一批国家级历史文化名城之一，在中国乃至世界建城史上有着重要地位。南京名城的价值特色主要体现在"襟江带湖、龙盘虎踞"的环境风貌，"依山就水、环套并置"的城市格局，"沧桑久远、精品荟萃"的文物古迹，"南北交融、承古启今"的建筑风格，以及"继往开来、多元包容"的历史文化五个方面。

南京历史文化名城保护规划以保护南京历代都城格局及其山水环境、老城整体空间形态及传统风貌为重点，形成名城"一城、二环、三轴、三片、三区"的空间保护结构，整体保护和展现南京历史文化名城的空间特色及环境风貌（图5-3-1）。

1）"一城"：指明城墙、护城河围合的南京老城。

2）"二环"：为明城墙内环和明外郭、秦淮新河和长江围合形成的绿色人文外环。

3）"三轴"：为中山大道（包括中山北路、中山路、中山东路）、御道街和中华路三条历史轴线。

4）"三片"：为历史格局和风貌保存较为完整的城南、明故宫、鼓楼—清凉山三片历史城区。

5）"三区"：为历史文化内涵丰富、自然环境风貌较好的紫金山—玄武湖、幕府山—燕子矶和雨花台—菊花台三个环境风貌保护区。

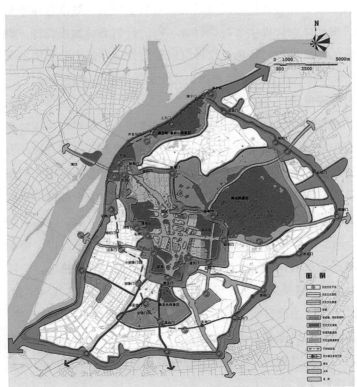

图 5-3-1　南京主城文化景观空间网络图

资料来源：南京东南大学城市规划设计研究院有限公司．南京历史文化名城保护规划 [Z]. 2015.

　　秦淮区老城南地区凝聚六朝、南唐以及明、清、民国各代丰富的历史痕迹及信息，是古都南京历史的缩影。其历史文化资源分为城市格局要素、历史城区、历史地段、文物古迹和非物质文化遗产。城市格局保护主要包括南唐御道（今中华路）、明代御道（今御道街）、中山东路轴线、内外秦淮河、明城墙与护城河、明外郭以及城南历史城区和明故宫历史城区等要素，并由山水圈层、历史城区、景观轴线、景观节点和门户节点等要素共同构成多层次的空间格局结构（图5-3-2、图5-3-3）。

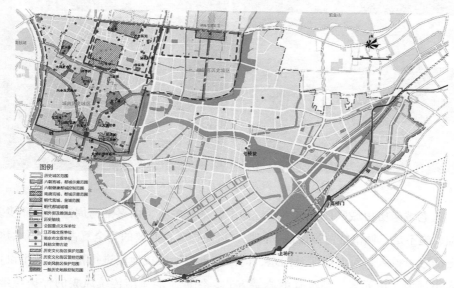

图 5-3-2　秦淮历史城区历史文化保护规划图

资料来源：南京东南大学城市规划设计研究院有限公司.南京历史文化名城保护规划 [Z]. 2015.

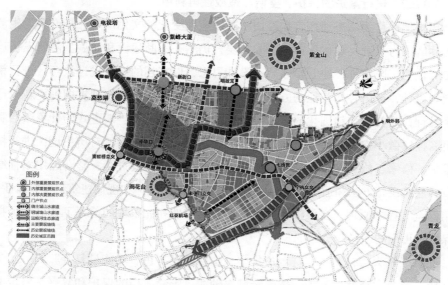

图 5-3-3　秦淮历史城区整体空间格局控制引导图

资料来源：南京东南大学城市规划设计研究院有限公司.南京秦淮区总体规划（2013-2030）[Z]. 2015.

图 5-3-4　秦淮老城南历史城区保存状况

在老城南历史城区保护与更新规划中，系统解决了内秦淮河周边建成环境差、基础设施不足、城市特色被侵蚀等问题，避免街区不必要的完全复古和大拆大建所导致的过量投入，对南捕厅及门东、门西等重点地段按地块进行精心的城市设计，引入小规模、单元式、渐进式的修缮方式，保证了老城南传统风貌的保护与延续（图 5-3-4）。

5.3.2.2　进行渐进的保护、整治与适应性再利用

历史地区作为活态遗产，是经历不断适应性变化的文化遗产，是许多人生活的居住社区，为了满足现代日常生活的需要，仍然在不断建设和发展。需要发扬珍惜历史文化的工匠精神，建立整体城市设计思想，以高超的城市设计技巧，进行精心的规划设计，提出各尽其能的方案构思，将城市设计思想和原则贯彻到更新改造的整个过程；需要加强精细化的城市设计管理，通过小规模、渐进式的针灸激活和有机更新，以微小空间为切入点，融入春风细雨润无声的境界，对历史地区进行精心的维护、修缮、修补和整治；同时也需要基于可持续发展理念，整合运用多种绿色城市和建筑设计方法和适用技术，通过文化传承、环境保护和现代建筑科学技术手段，利用保全工程学原理，在保护历史整体环境真实性和完整性的前提下找寻到可持续性保护和再生的途径。

北京崇雍大街是北京"资源最集中、生活最具特色、功能最复合"的一条集历史文化、商业和交通功能于一体的老城次轴线。崇雍大街的保护和复兴是坚定文化自信国家战略下未来首都核心区的核心工作和难点，也是一次探索老城街区复兴范

式的重要实践。崇雍大街城市设计与综合提升工程设计由中国城市规划设计研究院（以下简称"中规院"）负责。

崇雍大街位于北京市东城区，北起雍和宫，南至崇文门。大街所在的天坛至地坛一线文物史迹众多，历史街区连续成片，是展示历史人文景观和现代首都风貌的形象窗口。20世纪90年代以来的数次整治工程，均未跳出"涂脂抹粉"的惯常做法和思路桎梏。2018年项目启动之初，中规院技术团队尝试以综合系统的视角，重新审视这条北京老城内连接"天地之间"的城市干道，统筹考虑居住环境、交通出行、公共服务、对外交往、文化展示、旅游形象等多种功能需求，规划设计对象也由之前单纯的物质环境向社会、文化、经济等多维度拓展。

崇雍大街环境整治提升工程是区别于大街历年实施的局部、专项、临时性整治措施的第一次系统性的综合提升。同时，也是落实北京总规对老城疏解、提升新要求，使北京老城走向有机更新、可持续治理模式的新尝试和新实践。具体创新与特色体现在以下几个方面：

1）坚持以人为本理念。采用"顶层规划设计＋基层城市治理"，搭建了一个城市共治共建的开放平台，充分体现了城市治理理念、策略与方式的转变。

2）坚持文化引领。崇雍大街是元大都时期建成的南北通渠大道，历经元、明、清、民国直至现在，不断延续并向南北两侧扩展。项目组基于对崇雍大街的历史演变提炼出四个方面的历史文化价值：一是"天地之街，人杰地灵"——贯通老城南北的文化次轴；二是"释道雍和，尊孔尚礼"——崇文尊孔重教的精神圣地；三是"八街九陌，漕运要冲"——民俗闹市汇聚的商贸中心；四是"中外合璧，五四源起"——文化交融碰撞的先锋阵地。在历史文化价值提炼的基础上总结出崇雍大街"文风京韵、大市银街"的整体定位，将崇雍大街自北向南分为人文休闲精华段、胡同生活体验段、多元特色商业段和现代都市风貌段四部分，分区段进行主题展示。

3）把握整体思维。崇雍大街作为北京比较有代表性的街道，在崇雍大街保护更新项目中，项目组采用从遮挡走向展示、从立面走向环境、街面走向院落、从街道走向片区的思维模式，把背街后院和大街公共空间作为一个整体来进行考虑，把街道和城市作为一个整体来统筹考虑。

崇雍大街城市设计与综合提升工程设计项目强调从街面走向院落更新，在实践中提出了整理居住院落、恢复居住于院落、还原院落格局、腾换院落功能、织补院落肌理等九大分类，根据每栋房屋具体的产权、现状、功能、人口等综合判定院落类型，构建院落分类整治决策系统。充分体现了十九大"打造共建、共治、共享的社会治理新格局"的理念，探索了从修补走向提升的工作方法（图5-3-5、图5-3-6）。

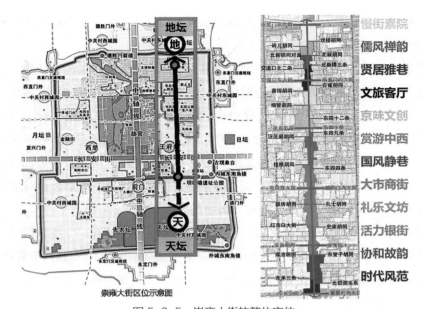

图 5-3-5　崇雍大街的整体定位
资料来源：中国城市规划设计研究院.崇雍大街城市设计与综合提升工程设计 [Z].2019.

图 5-3-6　崇雍大街的实施效果
资料来源：中国城市规划设计研究院.崇雍大街城市设计与综合提升工程设计 [Z].2019.

5.3.2.3　注重历史地区的文化传承、创新与提升

长期以来，许多人片面地认为，保护历史文化风貌和景观特色妨碍了城市经济发展，影响了城市现代化，以致由此演化成破坏性建设行为。其实，城市的历史文化风貌和景观特色也是一种珍贵的资源，是不可替代的无价之宝，具有很高的使用价值，通过制定适合古城特点的城市经济和社会发展战略，通过科学合理的城市规

划布局和高水平的城市设计，并严格实施保护控制和管理，不仅可以处理好历史文化保护与经济建设的关系，而且文化保护项目的实施也可带来良好的经济效益、社会效益和环境效益，并与使城市具有竞争性的社会经济发展战略目标完全一致。

基于历史地区真实性、层叠性和多样性，历史地区的保护利用不仅需要重视历史建筑的修缮与更新，同时也需要不断修补与完善历史地区的内部功能，谨慎植入适合历史街区发展的新的业态和功能，有效平衡历史地区中的传统风貌延续、地方特色保护、居民民生保障、人居环境改善及城市更新之间的关系，保持和激发历史街区的活力。

与此同时，鼓励历史地区的文化传承和创新，建立历史地区保护与发展的关联，让城市遗产在新的时代背景下得到价值提升，更好地融入当代社会生活，营造更美好、更宜居和更具文化内涵的历史空间环境，促进历史街区持续、多元与和谐发展，最终实现文化遗产推陈出新。

中央大街作为哈尔滨最早形成的城市主街之一，是早期国际经济都市——哈尔滨的缩影，街道全长 1450m，街区总面积约 1.8hm²。它集中反映了哈尔滨 1898~1931 年开埠通商并作为俄国殖民地的历史，是西方文化植根哈尔滨的具体体现，以西方折衷主义、新艺术运动风格为主导的建筑风貌，加之一条欧式方石路及繁华的商业活动，突出地体现了该地区浓郁的欧式商业街道的风貌特色，具有较高的景观价值和旅游价值。

1984 年，哈尔滨市政府将中央大街确定为保护街道后，为了整治"文化大革命"对中央大街造成的环境破坏，至今已进行了三次环境整治工作。1997 年的环境整治一期工程首次提出了"步行化"改造策略，对主街建筑立面进行了整饬。2003~2004 年，中央大街进行了二期、三期环境综合整治提档升级（图 5-3-7），整合区域内各种历史文化资源，重点突出中央大街的欧式建筑风貌，扩大步行街长度，减少横穿机动车通道，完善各项街道设施小品（图 5-3-8），并设置 11 个开敞休闲空间（图 5-3-9），分段保护修缮历史文化建筑。此次整治将中央大街分为四段风貌区并设四个节点，整治范围扩大到 25 条相邻辅街，完成了红专街音乐文化街、大安街美食街、东风街理容化妆品街的改造，逐步形成了占地 94.5hm² 的历史风貌商业街区。

历经二十余年的整治与经营，中央大街带来了良好的经济与文化效益，截至 2019 年日均客流量达到 30 万人／天，同年，哈尔滨市对中央大街商务区改造提升和业态升级进行了全面规划设计，制定了《中央大街商务区业态升级扶持政策》和《中央大街商务区业态指导目录》，调整完善了街区绿化、亮化、牌匾广告、交通组织和智慧街区建设的总体方案，使规划设计和商贸业态布局更加突出欧陆风情，彰显文化底蕴。中央大街的整治工程不仅提高了其区位价值，还带动了道里区的经济社会发展。其步行化和置入休闲空间的整改策略在改善区域交通的同时，促进了业态多

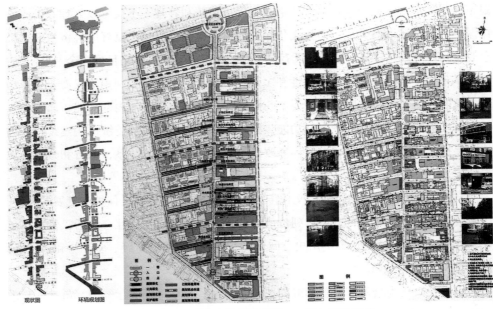

图 5-3-7　中央大街整治规划一、二、三期方案
资料来源：哈尔滨规划展览馆

图 5-3-8　中央大街街道小品

图 5-3-9　啤酒广场休闲空间

样化和街道活力，通过传统风貌的保护与因地制宜的业态策划，让百年老街再现"东方小巴黎"的历史神韵。

老道外中华巴洛克历史街区是哈尔滨另一处典型的旅游开发型历史街区，该街区占地 50.27hm²，是哈尔滨开埠之地和民族工商业、关东文化的发源地，其核心保护范围面积 20.27hm²，包括以靖宇大街为主轴的"鱼骨式"街道串联"四合院"构成的街坊（图 5-3-10）。靖宇街是哈尔滨出现较早的商业街之一，集聚了全市的老店、名店，这些老字号的振兴和再开发可充分发扬风貌区传统商业特色的优势。

随着城市发展中拆旧建新以及片区的商业衰落，老道外的物质环境和历史风貌都受到了较大的损坏，哈尔滨市政府曾于 2008 年及 2012 年分别完成了一、二期保护工程。一期改造工程面积 2.6hm²，以靖宇街、南勋街、南二南三街区围合地段为主要改造对象，改造通过建筑修复和庭院整治对环境整体提升，并将"前店后厂"

的居住—商业功能混合的街区改造为纯商业街区。经过2012年的二期改造工程，街区作为文化旅游片区进行更大范围的开发改造，总面积13.9hm²，建设控制地带的建筑全部拆除并新建2~3层的商业建筑，增设了更多展现民俗生活的街道小品，如铜像、牌坊。但街区以小商品零售为主的商业经营模式和更新投入产生的高额的租金，阻碍了招商工作的推进，除南二道街得到政府补助引入一些知名餐饮店入驻外，其余店面基本闲置、业态空心化。为破解困局、提高综合效益，2017年起，哈尔滨市住房建设集团组建市场化运营公司，联手商业地产规划运营集团对其进行商业地产化运营，为改造片区逐步恢复活力（图5-3-11、图5-3-12）。历史街区现已招商传统餐饮、文化主题、休闲娱乐、商业零售、特色住宿五大类业态153家，面积9.5万m²，区内汇集张包铺、老街砂锅居等30余家特色餐饮，传统二人转、相声、评书、快板等极具地方特色的民俗民艺演出，年均接待游客百万人次以上。打造哈尔滨漫生活商旅综合体，以商业地产运作模式，将文化保护与旅游开发有机融合，保护并

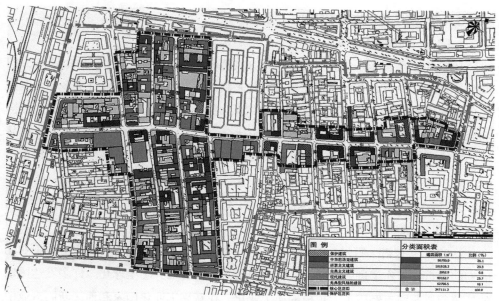

图5-3-10 老道外历史街区核心区建筑风格及保护建筑分布

资料来源：哈尔滨市城市规划局.道外传统商市风貌保护区规划设计.2003.

图5-3-11 改造后的南二道街

图5-3-12 老道外历史街区新旧院落

延续地方的传统产业和生活空间，体现复合生长的城市更新理念。由此可见，历史街区的旅游开发不仅要注重物质遗产和非物质遗产的传承保护，更应将街区的原真性和活力营造纳入更新的基本原则中。

5.4 老工业区的更新与再开发

20 世纪后半期，发达国家制造业达到最终成熟，逐渐进入被迅速成长的信息社会、国际交流和全球经济深深影响的"后工业化时代"。这导致过去在制造业基础上发展起来的大部分城市出现不同程度的结构性衰落，造成日益严重的城市用地大量闲置和废弃问题，出现了"逆工业化"现象。一些曾经强盛无比的传统工业中心逐渐解体和衰退，为了给老工业区注入新的活力并获得经济上的复兴，不遗余力地进行大规模的更新改造与再发展。

5.4.1 后工业化与城市转型

5.4.1.1 后工业化时期

1959 年，美国未来学家丹尼尔·贝尔（Daniel Bell）最先提出了后工业社会的概念，并在 1973 年出版的《后工业社会的来临》一书中对"后工业社会"作了全面的理论阐述和实例分析。贝尔以技术为中轴，将社会划分为前工业社会、工业社会和后工业社会三种形态，并归纳了后工业社会的基本特征：①经济方面——从产品生产经济转变为服务性经济；②职业分布——专业与技术人员阶级处于主导地位；③中轴原理——理论知识处于中心地位，它是社会革新与制定政策的源泉；④未来的方向——控制技术发展，对技术进行鉴定；⑤制定政策——创造新的"智能技术"。

5.4.1.2 后工业时期的城市特征

1997 年，彼得·霍尔（Peter Hall）在《塑造后工业化城市》一文中对后工业化时期的城市特征作了进一步诠释，将其归结为三大特征：①全球化。许多发达国家的传统制造业城市经历了大规模的逆工业化，在新兴工业化国家和地区新制造业中心开始发展。城市在不断重新界定它们的经济功能，寻找信息的创造、交换和新功能的使用，产品制造和处理方面的功能已经丧失。与之相关联的交通物流中心（如铁路货物站场、港口设施）重组和重新布局，导致发达国家城市的就业岗位进一步流失和大规模衰退。②第三产业化、第四产业化和信息化。发达国家在服务领域，发达服务业（进行信息的创造和交换）所代表的比例不断上升，代表了从工业化向信息化生产模式的根本性转变，许多城市在 20 年内将其自身由制造业城市转型为服务业城市。③向心性与多中心性。一方面，高端服务业的集聚提升了城市 CBD 的地位；另一方面，城市中心区的就业开始下降，出现了分散化的趋势。

5.4.1.3 后工业化时代的城市变化

后工业化时代，城市功能结构与形态发生以下变化。

（1）出现世界城市

后工业化催生了世界城市。在世界范围的劳动分工过程中，跨国公司在全球范围内的经营起了关键作用，将其生产功能放在成本最低的区位，而将金融、研发、总部等功能留在发达国家，这种国际分工导致发达国家制造业的衰退，但催生了以世界经济体系高度集中为代表的世界金融中心，如纽约、伦敦和东京等"世界都市"成为世界经济的"控制中心"。

（2）旧城更新和边缘开发，城市呈现网络化特征

从欧美发达国家的趋势来看，后工业经济活动使城市呈现内城更新和边缘开发的趋势。一是产业的空心化，促进了新产业的移入，带来了新的经济增长、就业和融入全球的机会，这种新产业更替促进了旧城更新，使高端服务、研发、金融中心向旧城中心集聚。二是新兴产业因信息技术进步和交通发展改变了传统区位选择要素，在城市边缘地区集聚，以高科技产业和金融服务业产业密集为特征，进而带来边缘区购物、服务、休闲中心和新的散布式的住宅开发[①]，由此形成了多中心、网络化的城市形态特征。

（3）城市开发建设的相对静态化和小规模化，土地使用功能的再次混合化

工业社会之前土地利用是以典型的混合使用为主要特征；20世纪50~70年代，在功能主义的主导下开始进行土地的分区；20世纪80年代以来，在后工业背景下，城市土地混合利用又成为新的发展趋势。土地功能的混合使用，使得城市就业不再集中于城市工业，而呈现分散化趋势，城市居住等其他功能也不再围绕工业区展开，而是以公共服务设施和交通服务设施为导向，人口开始向郊区迁移，产生"郊区化"和"逆城市化"现象，进而形成卫星城镇以及城市地域互相重叠连接而形成的城市群和大城市集群区。总体来看，后工业化时代城市化水平已比较平稳，工业化对城市化的进程几乎不再产生影响，城市人口稳定，甚至有所下降，城市发展呈现相对静态化的特征，即大规模的城市扩张、城市开发已经停止，渐进式、小规模的城市更新成为城市发展和建设的主题。

5.4.2 老工业区更新的典型类型

老工业区的更新模式是指在经济、社会、文化和环境复兴等目标的主导下对老工业区实施的一系列更新方法和技术手段的集合。根据历史背景、地理位置、经济结构、产业类型、体系规模等要素，可大致分为以下类型（表5-4-1）。

---

① Aspa Gospodini. Portraying, classifying and understanding the emerging landscapes in the post-industrial city[J]. Cities, 2006, 23（5）: 311-330.

更新类型模式总结   表 5-4-1

分类方法	类型模式	模式要点
按更新主体	集中更新模式	组建开发公司，利用市场机制与社会力量；推出资助与奖励政策，鼓励多方力量参与
	分散更新模式	由市场、民间力量和投资主体主导的老工业区更新改造。多为民众对老工业区特殊价值的发掘与再利用
	两类模式结合	两类模式有层次、有重点地结合互补
按更新目标	经济振兴模式	以高新产业、金融业等为契机，带动产业升级和经济振兴。一般通过环境改善、设施开发和政策等开拓市场，吸引资金
	社会改造模式	全面改善居住环境，改造物质条件和基础设施，营建新型社区；发展新兴产业、新技术培训，扩大就业市场，保持社会稳定
	文化复兴模式	完善文化服务网络；提升文化知名度，吸引人流聚集和参与；发展文化产业和倡导文化消费
	环境修复模式	对环境污染进行治理，建立生态运作模式；完善生态绿化网络体系和休闲体系
	综合目标模式	从经济、社会、物质、文化、生态等方面综合考虑，制定出整体综合的更新目标和策略
按更新方式	保护性修复模式	对重要地段和建构筑物进行保护性修复；可适当引入新功能；实际应用中常与工业旅游结合
	保护性改造再利用模式	重点在于文化、景观和生态价值等多方面，通常采用保护与改造再利用并重的方法
	主体重建模式	偏重经济、功能、开发，强调土地物质价值；以大规模的开发行为为主；适当保护工业时代的要素
按土地与空间布局转换	产业调整升级模式	依托信息、科技、人才、资金、管理等优势发展新兴产业；新产业要与地区功能协调；优先考虑高新产业、都市产业、创意产业和现代服务业等
	公共设施建设模式	对现有设施进行改造与再利用；将工业用地转换为商务、商业、文化、体育等用地；通常改为大型的展示类或标志性的文化产业设施和活动场所
	开放空间营造模式	利用保留的景观元素，创造公共交往、开放休闲的空间；在城市滨水地区采用较为广泛
	居住社区建设模式	提倡混合社区和公众参与；改善社区环境，吸引人们的入住和休闲活动；包括住宅及商业、教育、办公、科研等的建设
	土地混合利用模式	对用地进行多功能混合型开发再利用，是老工业区更新的重要方式之一

资料来源：根据相关资料整理.

5.4.3 老工业区更新与再开发途径

5.4.3.1 将工业遗产保护与产业、社区、城市生活融为一体

老工业区是一个复杂的有机体，其内部涉及经济结构、社会构成、市场环境、空间布局、科学技术等多项内容。对于老工业区的更新而言，单以某一种模式很难

实现预期的整体更新目标。只有从经济结构、社会发展、物质环境、文化传承、生态修复等多个方面综合考虑，制定出整体综合的更新目标和策略，才能实现老工业区产业结构调整优化，土地合理布局，物质空间改善等多方面综合发展，最终实现老工业区全面复兴。

景德镇，是中国最重要的、鼎盛时间最长的世界级瓷器生产地，也是丝绸之路的起点之一。景德镇河东老城，是上千年来陶瓷业不断传承与迭代的核心区域。以景德镇"十大瓷厂"为代表的现代工业遗产聚集区，在近半个世纪创造了陶瓷史上的诸多奇迹，是瓷器业发展带动城市发展的典型例证。城市建设依托陶瓷产业，在河东老城区成片发展，工厂办社会产业链模式，使得工厂成为城市生活的核心，这也是景德镇陶瓷人挥之不去的情结。但是，随着20世纪90年代的全面改制，工厂办社会的城市结构破裂，规模庞大的厂区成为老城中心沉重的负担。在此背景下，景德镇开始尝试将旧工业区的改造作为老城复兴的带动点，景德镇工业遗产保护利用系列规划与实施，有幸成为这一历史事件中的引擎项目，并获得广泛认可（图5-4-1、图5-4-2）。其获得成功的经验主要有：

1）保护工业遗产，恢复集体记忆，创造性活化利用。广泛梳理包含生产流程、生产设备、厂区环境、工业建筑、瓷厂生产生活组织模式等在内的历史脉络，细致甄别、正确认识被明显低估的现代工业遗产在城市中的地位、价值，提出保护措施和改造目标。从创新角度统一保护并活化路径，让遗产与产业、社区、城市生活融为一体。

2）工业遗产与城市片区互为资源、深度融合。将工业遗产作为城市不可分割的部分，从城市整体出发研究局部，再以局部引领片区发展。空间与产业的匹配设计，形成城市新旧动能转化的抓手。

图 5-4-1 景德镇陶溪川工业遗产保护更新利用规划

资料来源：北京清华同衡规划设计研究院有限公司.景德镇陶溪川工业遗产保护更新利用规划 [Z]. 2019.

图 5-4-2 陶溪川示范区博物馆内景

资料来源：北京清华同衡规划设计研究院有限公司.景德镇陶溪川工业遗产保护更新利用规划 [Z]. 2019.

3）多方参与的 DIBO 动态服务模式，将工业遗产的"全生命周期"一根线索管到底。采取 D（设计）I（投资咨询）B（建造）O（运营）一体化模式的动态服务，由规划设计团队为主导，衔接多学科、多专业、多视角，调动政府、业主、社区的力量，从而实现更广泛的公众参与。

4）以社群聚集带动产业复兴，培育城市的创新创业社区。以市场调查为基础，由遗产保护为引领，产业约束空间，及重点业态招商与设计同步的做法，减少大量重复投入，使城市与工业遗产的契合度达到新的水平。不同层次的业态链条和新的社群营造也为当地社区提供了大量的就业机会。

5）建立"总体城市设计研究—片区城市设计—片区修建性详细规划—运营实施预判及落实"的动态规划设计与决策平台。健全沟通反馈机制，全面指导河东老城现代工业遗产的保护、利用及具体的环境整治工作，持续带动河东老城地区的复兴。

景德镇陶溪川工业遗产保护更新利用的成功印证了规划统筹在老工业区更新中的优势与作用。陶溪川、建国瓷厂等示范区的实施强调"工业遗产保护与活化"齐头并进，在空间塑造和功能安排上强调"场景 + 内容"双管齐下，以传统工艺流线组织示范区的展示利用方式很好地实现了现代工业遗存融入城市并重新成为城市生活核心社区的双赢目标（图 5-4-3）。

5.4.3.2 建立基于核心价值导向的工业遗产保护与再利用

以文化为媒介将新的要素融入老工业区的更新运动是促进工业城市活力恢复的重要途径。遗存的工业建筑与构筑物、工业区风貌与格局、居民的生产生活方式等决定了老工业区具有独特的物质与非物质文化价值。文化导向更重视文化因素，通过改造利用工业遗产，建设与公共空间、慢行系统结合的文化商业设施，构建与历史资源协调、功能混合的文化区，举办文化创意活动等吸引投资与建设人群，发展根植于工业文化的旅游业与生产性服务业，延续工业记忆与恢复地区活力。

南通是一座具有深厚江海文化底蕴的国家历史文化名城，堪称"中国近代第一城"，其"一城三镇"的城市规划布局被吴良镛先生誉为可与霍华德"田园城市"相媲美（图 5-4-4）。唐闸近代工业城镇作为南通"一城三镇"历史格局的重要组成部分，是以"大生纱厂"为中心，沿通扬运河兴办一系列相关地方事业发展起来的近代工业城镇，是清末状元张謇实践其社会理想、推进南通近代工业化和早期现代化转型的肇始和重要基地。

唐闸现仍基本保持原有近代工业城镇的格局与风貌，保存有大量近代产业遗产。南通唐闸近代工业城镇保护利用规划充分吸取国际上历史工业城镇保护的先进理念与经验，在全面评估唐闸近代工业城镇的遗产价值与特色的基础上，提出保护的总体目标，构建了其保护利用总体框架，同时开展重要地段的保护与整治规划设计，制定了建筑遗存分类整治模式和保护整治设计导则，为唐闸古镇近现

图 5-4-3 陶溪川、建国瓷厂等示范区

资料来源：北京清华同衡规划设计研究院有限公司.景德镇陶溪川工业遗产保护更新利用规划 [Z]. 2019.

1895 年以前唐闸　　1895~1921 唐闸　　1921~1949 年唐闸　　1949~1980 年唐闸　　1980 年至今唐闸

图 5-4-4 南通唐闸近现代工业城镇的发展演变

资料来源：南京东南大学规划设计研究院有限公司.南通唐闸近代工业城镇保护利用规划 [Z]. 2017.

代工业遗产保护与可持续发展提供了规划依据和技术指南（图5-4-5、图5-4-6）。南通唐闸近代工业城镇保护利用规划在以下方面进行了有益探索：

1）深入挖掘近代工业城镇的遗产特征，建立综合系统的遗产价值评估体系。采用历史空间推演、横向综合比较法以及层次分析法评估技术，分析研究唐闸工业遗产在中国近代工业发展历程中的地位与作用，对其价值、现状、管理进行了全面评估。

2）突破文物保护局限，提出近代工业城镇遗产整体保护与利用的体系框架。立足世界遗产保护要求和工业城镇遗产特殊性，对唐闸近代工业城镇涉及的工业设施、仓储设施、商贸设施、生活设施、交通水利设施、教育慈善设施、卫生医疗设施以及文化景观设施等要素提出整体性的保护与利用，传承延续工业城镇完整的生产与生活文脉。

3）运用现代城市设计方法，对整体及重点地段提出因地制宜的保护与整治设计。将城市设计贯穿到古镇保护与发展全过程，采用"以价值为核心的保护规划"模式，制定了包括延续历史文化环境、优化用地功能结构、突显特色空间格局、提升绿地景观环境以及完善交通市政公共基础设施等方面的保护利用城市设计体系框架，在

图 5-4-5　南通唐闸近现代工业城镇的保护利用规划设计
资料来源：南京东南大学规划设计研究院有限公司.南通唐闸近代工业城镇保护利用规划[Z].2017.

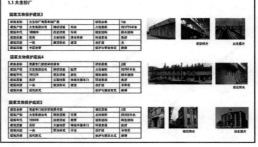

图 5-4-6　南通唐闸近现代工业城镇的工业遗产档案
资料来源：南京东南大学规划设计研究院有限公司.南通唐闸近代工业城镇保护利用规划[Z].2017.

对重点地段历史沿革、历史资源分布以及保存状况等进行研究的基础上,就功能布局、空间形态、道路交通、开敞空间、景观系统等提出因地制宜的整治设计方案。

南通唐闸近代工业城镇保护利用项目统一了地方政府、市民、专家学者等对古镇价值和保护工作的认识,提出了相应的保护利用措施,很好地处理了近代工业城镇积极保护与合理利用的关系。目前大生纱厂、油脂厂、造纸厂、唐闸红楼、大达内河轮船公司、河东民居等重点地段已在规划指导下进行了建筑修缮与整治,取得良好的实施效果,有效促进了近代工业城镇的保护利用、品质提升与可持续发展(图 5-4-7)。

大生纱厂公事厅修缮前

大生纱厂钟楼修缮前

大生纱厂清花车间修缮前

大生纱厂公事厅修缮后

大生纱厂钟楼修缮后

大生纱厂清花车间修缮后

银光大戏院维修改善前

油脂厂造纸厂保护整治前

油脂厂造纸厂保护整治前

银光大戏院维修改善后外部实景

油脂厂造纸厂保护整治后

油脂厂造纸厂保护整治后

图 5-4-7 南通唐闸近现代工业城镇保护利用的实施成效

资料来源:南京东南大学规划设计研究院有限公司.南通唐闸近代工业城镇保护利用规划[Z].2017.

5.4.3.3 通过大事件驱动实现老工业区的全面复兴

城市事件可分为政治性、文化性、商业性和体育性四大类，具有物质、经济、社会、政治及政策影响效应，可以为城市发展提供契机与外部动力，促进城市转型、加速城市工业用地更新（罗超，2015）。城市事件对老工业区的优化升级不仅包括空间的发展、环境的优化、工业遗产的保护与再利用，还包括对旅游产业的带动、产业结构的转变。

首钢老工业区转型发展是通过大事件驱动实现老工业区复兴的成功典范。2005年，党中央国务院基于国家经济转型升级、首都发展方式转变的判断，批准首钢搬迁调整方案，首钢老工业区作为全国老工业区搬迁改造 1 号试点项目探索全面转型之路。百年历史、800 万 t 产量、十万员工的大型老工业区转型，是绝无先例可循的综合系统工程。不仅是浓烟焦土向绿水蓝天的环境提升，更是从要素驱动向创新驱动的发展方式升级，从单一拆迁开发模式向企业、政府和社会力量多元协同共治的城市治理转型，十余万职工及其家属"不让一人掉队"的社会重塑。基于首钢"规划—建设—管理—运营一体化"模式，由北京市城市规划设计研究院、北京市建筑设计研究院有限公司、清华大学建筑学院、北京首钢筑境国际建筑设计有限公司、北京戈建建筑设计顾问有限责任公司、奥雅纳工程咨询（上海）有限公司和首钢集团有限公司规划团队从 2005 年开始，十年磨一剑，从整体规划到项目深化，从综合专项到要素管控，从规划到实施，全过程服务首钢转型发展。2010 年首钢完成搬迁，遗留下 8.63km² 的旧工业厂区，大面积的工业用地亟待优化升级，大规模的工业建筑亟需保护更新。2015 年，中国成功申办 2022 年冬奥会，首钢工业区迎来了加速功能转型的契机。随着冬奥组委入驻首钢，工业园区整体改造和周边景观提升工程加速推进。作为重大城市事件，北京冬奥会推动首钢工业区建成国家体育产业示范区，集聚国家级体育资源，将奥运要素与工业文化要素结合，实现老工业区创新发展与整体更新的目标。

可以说，首钢老工业区综合转型探索了中国老工业区转型再生的首钢模式，形成了北京城市复兴新地标和实施绿色转型示范区。其成功经验体现在以下方面：

1）规划体系方面。面对长期艰巨的转型任务，立足规划、建设、管理、运营全过程，抓住老工业区转型的不同阶段主要矛盾，发挥规划引领全过程转型发展作用，以规划逐渐推进老工业区从战略走向策略，从策略走向方案，从方案走向实施。实现规划"持续性"和"动态性"的统一。

2）空间改造方面。冬奥会的举办拓展了高效合理地保护与再利用工业遗产的方式，推动了对工业园区及单体构筑物深入的创新设计与功能策划。筒仓是首钢工业遗址中最典型和独特的建筑之一，在内部宽大的空间中嵌入办公与展示单元，实现了工业建筑向创意办公建筑的转变；筒仓的地下空间被改造为创意休闲广场，其中 1 号筒仓的地下空间改造为工业遗产展厅，再现首钢历史脉络；联排筒仓顶部原

图 5-4-8　筒仓空间改造

图片来源：微博 . 城中好去处 [EB/OL].https：//weibo.com/5633037226/IrUZ2hgiX.

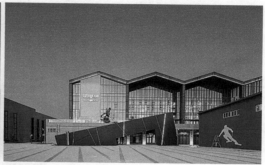

图 5-4-9　由工业遗产改造的冬奥场馆

图片来源：筑龙学社 . 老工业区变身首钢冰球馆 [EB/OL]. https：//bbs.zhulong.com/101010_group_678/detail41145283/#f=weibo_tk.

有的通廊改造为观光餐厅和空中连廊，为办公和商务活动提供了良好环境（图 5-4-8）（赵玮璐，2018）。此外，作为冬奥会赛场的首钢园区对原有四座冷却塔和制氧厂进行升级改造，建成永久性保留和使用的滑雪大跳台场地，在赛后将继续用于比赛和训练并对公众开放，为普及冰雪运动做出贡献（图 5-4-9）。

　　3）区域发展方面。首钢园区以冬奥为用地功能更新和拓展的契机，推动发展"体育 +"城市区域发展新格局。冬奥组委入驻拉开了首钢工业区转型和功能转换的序幕，使其成为北京石景山区在区域经济发展层面具有带动和辐射作用的战略抓手。大事件驱动下的首钢工业区更新，为北京西部地区带来新的发展机遇和提供新的动力引擎，对京津冀协同发展、推进非首都功能疏解，调整首都战略布局和资源要素布局具有重要意义（图 5-4-10、图 5-4-11）。

　　目前，首钢老工业区实现了产业功能和发展方式转型、社会民生治理、历史文化传承、环境景观治理提升的全面转型目标。十余年来，规划设计、实施建设、管理部门组成的综合项目团队，以坚持不懈的创新和坚守的信念有效推进了首钢的更新改造，赢来国内外盛誉。

图 5-4-10　首钢老工业区转型发展北区详细规划

资料来源：北京市城市规划设计研究院 . 首钢老工业区北区详细规划 [Z]. 2019.

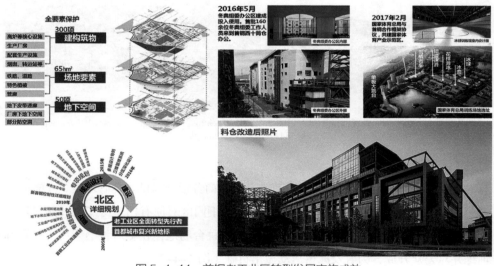

图 5-4-11　首钢老工业区转型发展实施成效

资料来源：北京市城市规划设计研究院 . 首钢老工业区北区详细规划 [Z]. 2019.

5.5　滨水区的更新与再开发

5.5.1　城市滨水区的发展与演变

　　滨水区在人类几千年的城市生活空间中占据着重要的地位。进入文明社会以后，许多滨水区在有人类聚居的地方逐渐形成了城、镇的雏形。工业革命以后，工业规模、世界贸易规模的急速扩大以及运河的改造与海运的发展，促使港口和码头得到空前的繁荣，滨水区迅速成长为城市核心的交通运输枢纽与运转中心。

随着世界性的产业结构调整，发达国家城市滨水地区经历了一场严重的逆工业化过程，滨水地区作为城市主要交通运输地带的功能逐步削弱，大量的滨水工业、交通用地出现闲置待用现象。20世纪60~70年代，在社会、经济、生态、文化、政治等多重因素综合作用下，滨水区的整治与复兴改造逐渐成为人们的共识。结合全球范围内呈现出的旅游休憩热潮，以及经济转型时期滨水区开发带来的城市经济增长优势，全球掀起了一场大规模的有关滨水区改造的研究与实践热潮（王建国，2009）。

"让滨水重新回归城市"这一世界性的发展趋势，正成为城市更新中的重要课题和关注热点。

5.5.2 滨水区更新类型

近年来的滨水区继续综合再开发建设，更加强调各滨水区的个性表达与差异化体现，针对滨水区各自的现状问题，探索丰富多元的滨水区再生目标与策略。基于滨水区多元策略的滨水区更新与再开发类型如下（郭红雨，2010）：

5.5.2.1 修复生态环境的滨水区更新

以水环境生态修复为主，从修复城市滨水区生态环境入手，将增加水环境水源、集污水治理、堤岸建设、防洪、景观建设为一体，将河涌整治与城市滨水景观塑造、旧城更新、城中村改造、市政综合配套、城市景观形象提升相结合。

5.5.2.2 塑造城市景观形象的滨水区更新

城市滨水区是展现城市空间景观、诠释城市文化的最佳空间之一。在综合再开发目标下，以景观环境建设为出发点的设计思路，不仅仅表现滨水区自身的景观特征，更关心如何以滨水区的景观建设为契机，整合带动城市整体景观形象。

5.5.2.3 整合城市空间的滨水区更新

许多跨河形态的城市，由于跨江河交通的滞后，城市一江两岸的发展速度和形象差异巨大，城市空间在两岸缺少完整联系和整体态势。现阶段的滨水区再开发，以平衡城市发展为目标，从整合城市空间入手进行开发建设。

5.5.2.4 复兴城市历史文化的滨水区更新

功能重组的方式上，以循序渐进的方式将商业娱乐置换工业仓储的"退二进三"，对滨水区中一些有重要影响力的工业仓储和构筑物进行适应性更新改造与再利用，如将有保留价值的工业仓储建筑改造为艺术展廊、文化沙龙场所等，以此带动滨水区的更新。

5.5.3　城市滨水区更新与再开发的关键要素

5.5.3.1　整体性

滨水区是城市整体空间的有机组成部分，应通过积极有效的更新手段，加强滨水区与城市腹地、滨水区各开放空间之间的连接，将水域和陆域的城市功能结构、景观系统、开敞空间和人的活动有机结合在一起。在空间布局上要力求体现城市绿色开敞空间体系整体性。在交通系统组织上，要把握交通的系统性原则，提倡布置便捷的公交系统和步行系统，把市区的活动引向水边，以开敞的绿化系统、便捷的公交系统把市区和滨水区连接起来。在城市的空间结构上，要注意保持原有城市肌理的有机延续。

5.5.3.2　生态性

城市滨水区是城市重要的生态廊道，承载着贮水调洪、净化空气、吸尘减噪等功能，对于保障整个城市生态环境健康安全具有重要的作用。滨水区更新与再开发应该加强对滨水地区生态资源的保护，注意加强其自然环境建设与人工环境开发之间的平衡，确保滨水廊道生态功能的正常发挥，并促使其与城市其他开放空间联为一体，建构起一个完整的河流绿色廊道，形成完整的城市开放空间生态网络。

5.5.3.3　共享性

滨水区往往是城市景色最优美、最能反映出城市特色的地区之一，滨水区赋予了城市公共生活空间特殊的人文价值与景观价值，滨水区以其优越的亲水性和舒适性满足着现代人的生活娱乐需要，这是城市其他环境所无法比拟的，这种亲水的公共开放空间对人的视觉、心理乃至生理产生了强烈的刺激；丰富多变的水体形状，色彩斑斓的光影效果，启发人们去思考，去想象；清新的空气调整着人的精神和情绪；动植物的共生共存让人们体味大自然的丰富与可爱。因此，在制定滨水区更新规划时应确保滨水区休闲空间的共享性，这不仅具有重要的社会效益，而且具有巨大的经济效益。

5.5.3.4　通畅性

滨水区的交通组织十分复杂，应在城市总体规划和分区规划的框架下进行有序组织，应注意处理好该地区的水陆换乘、过境交通和滨水区的内部交通以及步行系统和车行系统的关系。为简化交通，应采用过境交通与滨水地区的内部交通分开布置的方法。如悉尼达令港，过境交通采用高架的形式，既保证了快捷通畅，又不会对湾区内的交通造成影响。同时滨水区作为吸引大量人流的地带，停车场的位置、规模也是一个重要的交通组织问题。

5.5.3.5　观赏性

滨水区是形成城市景观特色的重要地段，沿岸建筑群富有节奏感的天际线和随季节变化产生的丰富多样景致会增强城市景观的生动性。对其景观环境的建设，旨在打破城市发展、市民生活与水相隔的状态，让市民充分享受多姿多彩的滨水景观。因此，应借助城市设计处理好滨水区的空间组织和特色塑造，创造优美的滨水城市轮廓线、激动人心的滨水节点、连续的开放空间及开阔的视线走廊等。

5.5.4 滨水区更新与再开发的典型案例

5.5.4.1 立足产业结构转型和品质提升的滨水区再开发

随着全球化市场化的推进，上海城市发展越来越注重世界金融和国际贸易的功能建设，逐步向"世界城市"迈进，与城市功能调整相匹配的产业结构调整成为黄浦江、苏州河沿岸滨水区更新发展的重要动力。

黄浦江、苏州河沿岸地区作为上海建设"国际大都市"的代表性空间和标志性载体，以打造世界一流滨水区为发展目标。为体现"创新、协调、绿色、开放、共享"理念，全面提升黄浦江、苏州河沿线的城市品质，开展了规划编制工作。规划以"谋全局、聚重点、重实施"为特点，从功能布局、公共空间、历史文化、绿化生态、天际轮廓、城市色彩、综合交通、旅游休闲、地下空间、市政设施等方面提出规划策略，并确定了各方面的规划管控指标，同时，提出了沿岸各行政区的分区指引和近期行动计划。

（1）黄浦江沿岸地区

以建设世界级滨水区为总目标，规划愿景一是国际大都市核心功能的空间载体，二是人文内涵丰富的城市公共客厅，三是具有宏观尺度价值的生态廊道。规划确定徐汇滨江WS3单元区段、虹口北外滩段等若干典型地区的规划目标和策略，结合各区的实际情况，提出了沿线各区的分区指引。规划内容落实于指导详细规划编制和相关项目建设，沿线北外滩、杨浦滨江、紫竹滨江、吴淞工业区等地区规划编制均在本规划总体指导下进行深化研究，沿线各区在规划指导下开展的公共空间节点、历史建筑活化、生态绿化空间等一系列项目行动得到社会各界充分肯定（图5-5-1、图5-5-2）。

（2）苏州河沿岸地区

吴淞江（苏州河）市域内总长约50km，宽度为50~120m，其中中心城段长约21km。苏州河沿线定位为特大城市宜居生活的典型示范区，根据发展为要、人民为本、生态为基、文化为魂的指导思想，从功能布局、公共空间、生态绿化、历史人文、空间景观五个方面提出规划原则，在实现两岸公共空间贯通的基础上，打造功能复合的活力城区、尺度宜人有温度的人文城区和生态效益最大化的绿色城区。沿线东斯文里、一纺机、长风西片、嘉定南四块等地块在规划指导下深化控详设计，相关各区启动贯通建设方案研究，其中长宁、普陀等区已开始开展重点项目建设，一系

城市更新理论与方法

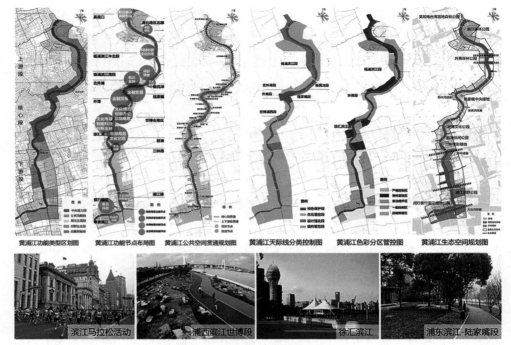

图 5-5-1　黄浦江沿岸地区建设规划

资料来源：上海市城市规划设计研究院，2019.

图 5-5-2　黄浦江沿岸地区实施成效

资料来源：上海市人民政府．黄浦江沿岸地区建设规划（2018-2035）[Z]. 2018.

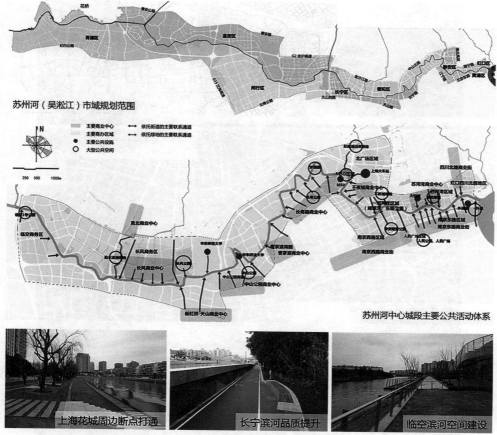

苏州河（吴淞江）市域规划范围

苏州河中心城段主要公共活动体系

上海花城周边断点打通　　　　　长宁滨河品质提升　　　　　临空滨河空间建设

图 5-5-3　苏州河沿岸地区建设规划

资料来源：上海市城市规划设计研究院 . 苏州河沿岸地区建设规划 [Z]. 2019.

列行动计划受到市民高度认同（图 5-5-3、图 5-5-4）。

5.5.4.2　立足工业遗产保护和公共开敞空间营造的滨水区更新

广州珠江后航道洋行码头仓库区形成于 20 世纪初，作为沙面地区各国洋行、公司的功能延伸，至今仍保存许多洋行码头、仓库和重要历史建筑，是特定历史时期广州乃至中国畸形对外经济关系和港口贸易发展的重要实物见证和历史遗存，具有很高的历史、文化、艺术和使用价值（图 5-5-5、图 5-5-6）。近年来，伴随着广州城市的迅速发展与急剧转型，后航道滨水工业及交通运输业出现严重的结构性衰退，使珠江后航道洋行码头仓库区保护工作面临着巨大压力与挑战，但同时也孕育着再发展的重要契机。广州珠江后航道洋行码头仓库区的保护与再发展在新的背景条件下，基于全面综合的历史文化保护和城市更新可持续发展思想，采取融入城市、延续历史、调整用地、优化交通等规划手段，抓住时机，充分挖掘其内在的潜力和开发的价值，复兴了老码头仓库区，保护了近现代工业遗产与风貌，选择适宜的保护

图 5-5-4　苏州河沿岸地区实施成效

资料来源：上海市人民政府 . 苏州河沿岸地区建设规划（2018-2035）[Z]. 2018.

图 5-5-5　广州珠江后航道洋行码头仓库现状情况

资料来源：东南大学建筑学院 . 广州珠江后航道洋行码头仓库区保护与再利用规划 [Z]. 2007.

图 5-5-6　广州珠江后航道洋行码头仓库分布与历史建筑现状图

资料来源：东南大学建筑学院 . 广州珠江后航道洋行码头仓库区保护与再利用规划 [Z]. 2007.

和发展模式，实现了工业遗产保护和地区活力复兴的整体最优目标。

（1）融入大的城市发展背景进行再发展的重新定位

该地区的复兴改造充分尊重后航道洋行码头仓库的历史文化价值，融入大的城市发展背景，深入挖掘其内在的潜力和开发的价值，从改善公共服务、基础设施以及空间环境出发，综合平衡后航道洋行码头仓库区的历史、文化、经济、环境效益，将其复兴改造为保存有大量近现代工业遗产，具有浓郁历史氛围，能够见证广州近代工业贸易史与港口发展史，同时又适应现代发展要求、优美宜人并且充满活力的城市重要历史地段、文化活动中心和滨江开放空间（图 5-5-7）。

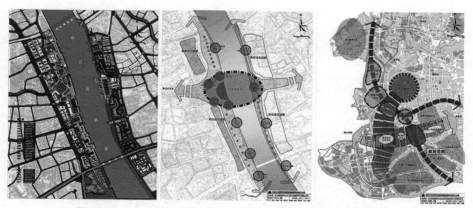

图 5-5-7　广州珠江后航道洋行码头仓库区的保护与再发展规划

资料来源：东南大学建筑学院 . 广州珠江后航道洋行码头仓库区保护与再利用规划 [Z]. 2007.

（2）调整布局结构实现保护与再发展的综合平衡

在保护与再发展综合平衡的基础上，融入更大范围的城市布局结构，形成"一核、两带、多节点"的空间格局，其中"一核"为由太古仓、渣甸仓、日清仓和协同和机械厂旧址及其中心文化广场组成的具有深厚历史文化内涵的核心滨水公共空间。"两带"为沿珠江两岸的滨江历史文化休闲带，形成集历史人文景观和沿江自然景观为一体的滨水休闲景观带。为洋行码头仓库区的复兴改造注入新的活力。

（3）精心进行城市设计营造高品质的历史空间环境

为了使老码头仓库区内的现代化建设建立在高质量的发展基础上，使适宜的开发利用和谐地融入老码头仓库区的历史环境之中，至为重要的是，将城市设计思想贯彻到近代洋行码头仓库区保护与发展的全过程，对洋行码头仓库区原有空间和特色进行有目的的梳理。老码头仓库区西岸的核心区集中了渣甸仓、日清仓、协同和机械厂、毓灵桥等文物古迹和 1949 年后建造的一批仓库，设计充分利用其拥有的历史资源形成近现代工业展示区、海事博物馆区、客运码头区以及商业娱乐综合区等功能区，中心广场以吊车、集装箱、机器设备等工业时代的标志性景观元素进行布置，并通过城市设计将一些近现代工业遗迹巧妙地联系起来，形成积极的城市开敞空间。太古仓是老码头仓库区东岸的精华，至今其建筑和码头原貌仍基本保留完整，规划按照历史真实性和完整性保护原则对太古仓建筑本体和码头进行修缮维护，而其内部功能则置换为广州近现代海事展示、商业购物、餐饮游乐等功能，与太古仓共同形成历史展示、休闲娱乐、旅游观光和商业购物的特色综合文化区（图 5-5-8、图 5-5-9）。

在保护与再发展规划的指导下，广州滨水区保护彰显了广州珠江后航道洋行码头仓库区独特的近现代工业遗迹历史风貌，使其成为广州富有吸引力并且充满活力的一个复兴地区。

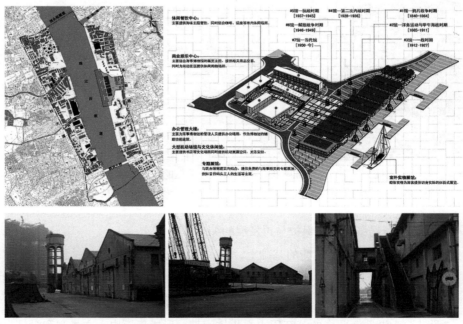

图 5-5-8　广州珠江后航道洋行码头仓库区太古仓地段城市设计

资料来源：东南大学建筑学院 . 广州珠江后航道洋行码头仓库区保护与再利用规划 [Z]. 2007.

图 5-5-9 广州珠江后航道洋行码头仓库区太古仓地段实施成效
资料来源：东南大学建筑学院.广州珠江后航道洋行码头仓库区保护与再利用规划 [Z]. 2007.

思考题

1. 有机构成型旧居住区与混合生长型旧居住区的各自特征有哪些相同的地方？区别又在哪？并请结合你熟悉的案例因地制宜提出具有针对性的更新措施。

2. 城市中心区是城市最具活力的地区，也是城市问题最集中、最严重的地区，请结合你熟悉的城市谈谈中心区的功能转型过程中面临的问题。

3. 请结合实际谈谈历史地区的保护与更新应注意哪些关键问题？

4. 老工业区更新与再开发途径有哪些？如何通过大事件来实现老工业区的转型更新？

参考文献

[1]   Hoyle B. Global and local change on the port-city waterfront[J]. Geographical Review, 2000, 90（3）: 395-417.

[2]   阳建强，吴明伟. 现代城市更新 [M]. 南京：东南大学出版社，2010.

[3]   吴良镛. 北京旧城与菊儿胡同 [M]. 北京：中国建筑工业出版社，1994.

[4] 方可 . 当代北京旧城更新：调查·研究·探索 [M]. 北京：中国建筑工业出版社，2000.

[5] 史建华，等 . 苏州古城的保护与更新 [M]. 南京：东南大学出版社，2003.

[6] 方可 . 当代北京旧城更新：调查·研究·探索 [M]. 北京：中国建筑工业出版社，2000.

[7] 何淼 . 再造"老城南"旧城更新与社会空间变迁 [M]. 北京：中国社会科学出版社，2019.

[8] 阳建强 . 城市中心区更新与再开发——基于以人为本和可持续发展理念的整体思考 [J]. 上海城市规划，2017（5）：1–6.

[9] 吴贝西 .1980 年代以来南京新街口中心区发展演变 [D]. 南京：东南大学，2017.

[10] 上海市人民政府 . 上海市城市总体规划（2017–2035 年）[Z]. 2018.

[11] 重庆市规划和自然资源局 . 重庆市主城区山城步道专项规划 [Z]. 2019.

[12] 庄少勤 ."新常态"下的上海土地节约集约利用 [J]. 上海国土资源，2015（3）：1–8.

[13] 韩列松，余军，张妹凝，等 . 山地城市步行系统规划设计——以重庆渝中半岛为例 [J]. 规划师，2016，32（5）：136–143.

[14] 仇保兴 . 风雨如磐：历史文化名城保护 30 年 [M]. 北京：中国建筑工业出版社，2014.

[15] 吴良镛 . 北京旧城与菊儿胡同 [M]. 北京：中国建筑工业出版社，1994.

[16] 广州市城市更新局 . 更新之路——广州旧城保护 [M]. 北京：中国建筑工业出版社，2017.

[17] 林林，阮仪三 . 苏州古城平江历史街区保护规划与实践 [J]. 城市规划学刊，2006（03）：45–51.

[18] 吴良镛 . 从"有机更新"走向新的"有机秩序"——北京旧城居住区整治途径（二）[J]. 建筑学报，1991（2）：7–13.

[19] 孙施文 . 现代城市规划理论 [M]. 北京：中国建筑工业出版社，2005.

[20] 刘伯英，冯钟平 . 城市工业用地更新与工业遗产保护 [M]. 北京：中国建筑工业出版社，2009.

[21] 阳建强，罗超 . 后工业化时期城市老工业区更新与再发展研究 [J]. 城市规划，2011（4）：80–84.

[22] 张杰，贺鼎，刘岩 . 景德镇陶瓷工业遗产的保护与城市复兴——以宇宙瓷厂区的保护与更新为例 [J]. 世界建筑，2014（08）：100–103，118.

[23] 刘岩 .DIBO，遗产活化的系统实现方式——以景德镇陶溪川为例 [J]. 建筑技艺，2017（11）：16–25.

[24] 王建国，吕志鹏 . 世界城市滨水区开发建设的历史进程及其经验 [J]. 城市规划，2001（07）：41–46.

第6章

城市更新规划与设计

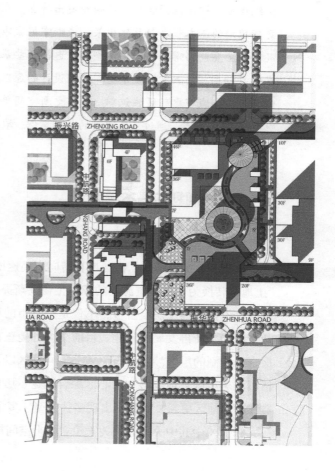

导读：城市更新规划涉及城市总体、片区以及具体单元等多个层面,具有整体性强、系统性强、综合性强和政策性强等突出特点。在学习本章时,首先需要学习了解城市更新规划的基本程序与总体框架,清晰掌握城市更新规划设计的主要内容,在一般情况下它主要包括哪些要素和类型? 应遵循哪些基本原则? 其目标体系包括哪些内容? 在此基础上,重点学习城市更新规划设计的原理与方法,应对城市更新的城市更新诊断与评价、城市更新区域识别、城市更新空间单元划分与管控等相关规划技术方法能够熟练掌握;最后,通过不同类型的示范案例,学习掌握城市更新规划设计的实际操作。

6.1 更新规划的基本程序

6.1.1 更新规划总体框架

　　伴随着我国城镇化从高速增长转向中高速增长,以及城市土地资源管制的加剧,"土地"转换为"土地资源"的成本正在逐渐提高,多数城市进入从增量用地到存量用地价值挖潜的发展新阶段,不仅是大都市的城区,部分发展较快区域的镇区,也开始面临更新再发展的问题。目前全国各地正在积极推进城市更新规划编制与实践探索,规划的层级涉及城市总体、不同片区以及具体单元等不同层面,更新内容包括旧城居住区环境改善、中心区综合改建、历史地区保护与更新、老工业区更新改造和滨水地区更新复兴等,出现多种类型、多个层次和多维角度探索的新局面。

　　根据《中共中央国务院关于建立国土空间规划体系并监督实施的若干意见》(中

发〔2019〕18号),国土空间规划体系的总体框架由"五级三类四体系"构成。其中"五级"是指在规划层级上由国家级、省级、市级、县级、乡镇级组成的五级国土空间规划;"三类"是指在规划类型上,由总体规划、详细规划、相关专项规划三种规划类型组成;"四体系"是指在规划运行体系上,由编制审批体系、实施监督体系、法规政策体系、技术标准体系这四个子体系组成。"三类"中的规划类型详细界定如下:"总体规划"是对一定区域内的国土空间在开发保护利用修复方面做出的总体安排,强调综合性,如国家级、省级、市县级、乡镇级国土空间总体规划。"详细规划"是对具体地块用途和开发建设强度等做出的实施性安排,强调可操作性,是规划行政许可的依据,一般在市县及以下编制。"专项规划"是指在特定区域、特定流域或特定领域,为体现特定功能,对空间开发保护利用做出的专门安排,是涉及空间利用的专项规划,强调专业性,专项规划由相关主管部门组织编制,可在国家、省和市县层级编制,不同层级、不同地区的专项规划可结合实际选择编制的类型和精度。

综合新形势下国土空间规划编制体系框架与我国目前正在开展的城市更新规划实践项目,城市更新专项规划的编制体系可由宏观—中观—微观三级体系构成(图6-1-1),其中宏观与中观层面的城市更新规划,主要从城市、区(县)、特定区域的整体视角进行目标指引与统筹协调,微观层面的城市更新规划则强调对具体更新单元的开发控制与引导。

6.1.1.1 宏观层面

宏观层面的城市更新,需要整体研究城市更新动力机制与社会经济的复杂关系、城市总体功能结构优化与调整的目标、新旧区之间的发展互动关系、更新内容构成

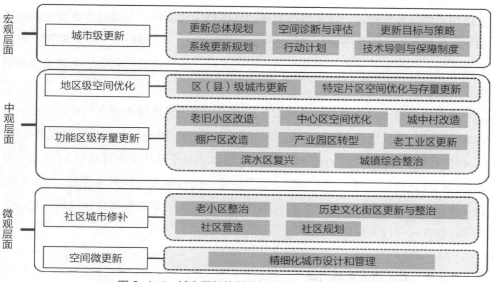

图6-1-1 城市更新编制规划层次与体系总体框架

资料来源:作者绘制.

与社会可持续综合发展的协调性、更新活动区位对城市空间的结构性影响、更新实践对地区社会进步与创新的推动作用等重大问题,以城市长远发展目标为先导,制定系统全面的城市更新规划,提出城市更新的总体目标和策略。

具体工作内容主要包括更新问题诊断与评估、再发展潜力分析、更新空间目标与策略制定、更新改造行动计划以及实施落地制度保障。宏观层面的城市更新一般是以城市更新总体规划的形式出现,如《深圳市城市更新专项规划(2010—2015)》《广州市城市更新总体规划(2015—2020)》《常州市城市更新规划》《海口市城市更新》《重庆市主城区城市更新专项规划》和《成都市"中优"区域城市更新总体规划》等。

6.1.1.2　中观层面

中观层面城市更新,按照特大或大城市的实际需要,包括区(县)层面的更新规划,特定片区的空间优化与存量更新。重点依据城市更新中长期规划,落实城市更新目标和责任,在衔接城市规划、土地规划、产业规划等多规融合基础上,根据不同区域的轻重缓急,针对各区(县),或城市中的重点片区,制定系统而全面的城市更新规划,着力于片区级的空间优化与功能区的存量更新。

中观层面更新规划主要类型涉及城市中心区空间优化、老旧小区改造、城中村改造、棚户区改造、产业园区转型、老工业区更新、滨水地区复兴、城镇综合整治等。如《南京市老城南地区历史城区保护与更新规划》《郑州西部老工业基地调整改造规划》《蚌埠西部工业区及周边地区更新规划》《深圳市上步片区城市更新规划》和《深圳市南山区大冲村改造专项规划》等。

6.1.1.3　微观层面

微观层面的社区城市修补与空间微更新,侧重于实施层面的城市更新规划设计,重点在于协调各方利益,落实城市更新的具体目标和责任,明确城市更新实施的详细规划控制要求,对某一区域或街坊更新的目标定位、更新模式、土地利用、开发建设指标、公共服务设施、道路交通、市政工程、城市设计、利益平衡以及实施措施等方面做出细化规定。

微观层面城市更新类型涉及老旧小区整治、历史街区保护更新与整治、社区营造、社区规划,以及精细化的城市设计和管理,如《上海15分钟社区生活圈规划导则》《上海中心城风貌区西成里小区的微更新》《苏州古城平江历史街区规划》《重庆市鲤鱼池片区社区更新规划》和《福田区福田街道水围村城市更新单元规划》等。目前在北京、上海、重庆、深圳、广州等城市,微观层面的更新规划往往以城市更新单元管控的方式进行实施操作。

6.1.2　更新规划主要内容

不同层级的城市更新规划,其侧重点与规划主要内容有所不同。其中市、区(县)

级的城市更新总体规划，应根据城市发展阶段与目标、土地更新潜力和空间布局特征，明确实施城市有机更新的重点区域与机制，结合城乡生活圈构建，系统划分城市更新空间单元，注重补短板、强弱项，优化功能结构和开发强度，传承历史文化，提升城市品质和活力，避免大拆大建，保障公共利益[①]。更新单元规划的主要内容侧重落实上级更新规划确定的要求，从城市功能、业态、形态等方面进行整体设计，明确具体更新方式，提出详细设计方案、实现途径等，对更新单元内的用地开发强度、配套设施等内容提出具体安排。

根据城市规模的大小与实际情况，选择在市级层面、区（县）级层面，或城市的特定功能区内划定城市更新单元，列出近期需要实施的更新项目计划清单。

6.1.2.1　市、区（县）城市更新总体规划（或功能区存量更新）

城市更新总体规划、区（县）更新总体规划、特定功能区存量更新规划，均属于中观层面以上的城市更新规划，规划主要内容包括以下六部分：基础数据调查、问题诊断与评价、更新目标与定位、更新区域的确定与模式选择、更新单元的划分与管控、更新实施保障体系。

（1）基础数据调查

开展城市更新规划的现状基础数据调查，一般包括更新范围内的现状土地、建筑、人口、经济、产业、文化遗存、古树名木、公共设施、市政设施等数据，通常通过政府部门的走访与现场踏勘等方式获取。

（2）问题诊断与评价

综合评估城市、区（县）、特定功能区的更新发展历程、现状特征、存在问题，评估城市更新内容构成与城市可持续综合发展的协调性，更新活动区位对城市空间的结构性影响等，识别更新资源的类型构成、空间分布、数量规模，提出更新规划需要解决的关键问题。

（3）更新目标与定位

城市更新作为城市发展过程中的调节机制，其积极意义在于阻止城市衰退，促进城市发展，其总的指导思想应是提高城市功能，达到城市结构调整，改善城市环境，更新物质设施，促进城市文明。依据城市总体功能优化与调整方向，提出城市更新发展的总体定位，以定位为指引，制定近远期更新发展全面性目标，构建涵盖经济发展目标、环境持续目标、生活舒适目标、社会发展目标、文化保护与发展目标等多个子目标系统（阳建强，1999）。

（4）更新区域的确定与模式选择

以老旧居住区、低效工业仓储区、低效商业区等更新对象的全面摸底排查为基

[①] 详见自然资源部 . 市级国土空间总体规划编制指南（试行）（征求意见稿）[R]. 2020.

础，建立多维度、多层级的综合评价体系，从宏观、中观层面识别更新区域。针对不同更新区域面临的问题不同，选取不同的更新发展模式。

（5）更新单元的划分与管控

城市更新单元作为落实城市更新目标和责任的基本管理单位，是协调各方利益、配建公共服务设施、控制建设总量的基本单位。更新单元的划定需要根据更新对象的特征，充分考虑和尊重所在区域的社会、经济、文化关系的延续性，在保证公共设施相对完整的前提下，同时考虑自然和产权边界等因素，将相对成片的区域划定为城市更新单元。

以更新单元的现状详细评估为基础，明确更新目标与方向，建立包括功能优化、业态提升、设施完善、文化传承、风貌引导、生态修复等在内的具体管控措施。

（6）更新实施保障体系

借鉴北京、上海、深圳等城市的经验做法，建立包括涵盖法规、制度、操作指引、技术标准等在内的城市更新实施保障体系，为宏观层面城市总体更新规划的编制、微观层面更新单元规划的制定与实施提供必要的制度保障与技术支撑。

6.1.2.2　城市更新单元详细规划

城市更新单元规划侧重于实施层面，规划主要内容包括更新单元的现状综合评估、更新目标制定、更新实施策略、更新管控要求、更新实施计划、经济测算共六个部分。

（1）现状综合评估

开展土地、人口、产权、产业、交通、建筑、文化遗存等现状基础数据的调查与分析。进行社区居民改造意愿调查，说明公众意见、规划设想及建议的收集情况，并对公众意见和建议进行总结和分析。

（2）更新目标制定

根据上层次规划要求，结合更新片区发展条件，综合分析更新单元与周边地区的关系，明确主导功能，提出更新单元的发展定位、发展方向和发展目标。

（3）更新实施策略

更新实施策略包括但不限于以下内容：根据定位与发展目标，提出功能优化提升的具体策略；根据产业特征，明确具体业态构成；落实保护规划要求，提出合理利用措施；提出环境整治、空间形态优化的具体措施；制定公共服务设施、市政公用设施的具体完善措施；提出公共交通优化、慢行空间构建等具体措施；提出生态空间修复的具体策略。

（4）更新管控要求

明确更新地块的具体划分、用地功能、公共设施、地下空间开发、规划与建设各类指标等的具体控制要求。

（5）更新实施计划

制定规划期限内更新单元的建设时序与分期计划，做出更新实施时序安排的具体内容，包括明确建设范围、建设项目，实施主体建议和资金安排等。

（6）经济测算

更新改造项目进行成本效益分析、产业空间绩效、空间改造价值判断以及土地增值测算，初步核算更新改造成本。

6.1.3 更新规划编制流程

城市更新规划的编制流程，主要由规划基础、规划构思、规划深化、成果表达四部分组成。在具体规划流程设计过程中，更加关注学科融合、综合技术、公众智慧的融合，在更为精准的空间研究与政策解读、规划衔接基础上，提出以目标与策略为导向的规划构思，通过空间体系与实施体系，共同构建城市更新规划的深化内容，最终以多规合一、多维控制的方式进行成果表达（图6-1-2）。

城市更新规划的编制，应结合国家部署的国土空间规划体系建立工作，在城市更新专项规划中划定城市更新单元、明确城市更新单元规划要求，统领城市更新工作有序开展。

规划基础：包括空间基础与规划基础。其中空间基础涉及现状地籍与房屋等复

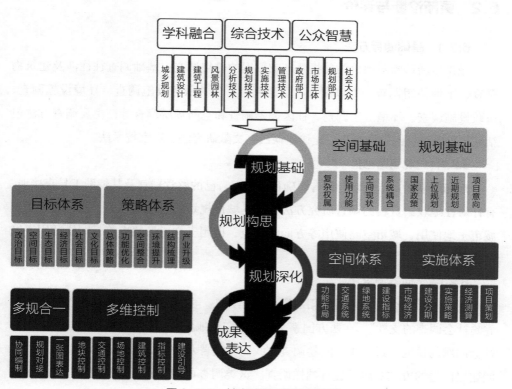

图6-1-2 城市更新规划编制流程

资料来源：作者绘制．

杂权属，现状各类用地与建筑的使用功能，现状社会、人口、产业、经济等空间特征，现状交通、市政设施、公共服务设施等各类系统的耦合情况等。相关规划基础包括国家政策背景、国土空间总体规划等上位规划衔接、近期城市规划重点、已有意向项目等相关内容。

规划构思：规划构思由目标体系和策略体系构成。其中目标体系为多元目标体系，包括政治目标、空间目标、生态目标、经济目标、社会目标、文化目标等；策略体系包括总体策略、功能优化策略、空间整合策略、环境提升策略、结构梳理策略、产业升级策略等。

规划深化：从空间体系和实施体系两个方面，将更新规划的目标和策略深化落实到更新规划中，其中空间体系方面的规划深化内容涉及用地功能布局、交通系统规划、绿地系统规划、建设指标控制等；实施体系方面的规划深化内容涉及市场经济政策引导、建设时序分期、实施策略、经济测算、项目策划等。

成果表达：需要体现国民经济和社会发展规划、城乡规划、土地利用规划、环境保护、文物保护、综合交通等规划对接与协同规划，通过地块控制、交通控制、场地控制、建筑控制、指标控制、建设引导等方式实现多维控制。

6.2 更新诊断与评价

6.2.1 基础调查方法 [①]

城市更新诊断与评价的前提是基础数据的收集调查，基础调查往往涉及建筑物调查、土地使用调查、人口调查、交通调查、公共服务设施调查、环境设施调查、市政设施调查、环境卫生调查、社区关系调查和空间场所调查等，主要调查方法包括现场踏勘法、问卷调查法、走访座谈法、文献研究法、数字技术法。

6.2.1.1 现场踏勘法

现场踏勘法是指观察者带有明确目的，用自己的感觉器官及其辅助工具直接地、有针对性地收集资料的调查研究方法，这是城市规划调查最基本的手段，主要用于城市土地使用、城市空间使用等方面的调查，也用于交通量调查等，同样适用于城市更新规划。

6.2.1.2 问卷调查法

问卷法是社会调查中最常用的资料收集方法。美国社会学家艾尔·巴比称"问卷是社会调查的支柱"。在西方国家，问卷被广泛地应用于民意测验、社会调查以及社会问题的研究。近几年，问卷调查在我国日益普及。城市更新规划中针对不同的问题以问卷的方式对居民进行抽样调查。这类调查可涉及许多方面，如针对居民对

---

① 城市更新调查方法重点参考吴志强，李德华 . 城市规划原理 [M]. 4 版 . 北京：中国建筑工业出版社，2010. 城市总体规划调查方法整理 .

其行为的评价，可包括居民对其居住地区环境的综合评价、改建的意愿、居民迁居的意愿、对公众参与的建议等。

6.2.1.3 走访座谈法

走访座谈性质上与问卷调查相类似，实际操作中则是调查者与被调查者面对面的交流。在规划中，这类调查主要运用于以下几种状况：一是针对无文字记载也难有记载的民俗民风、历史文化等方面的对历史状况的描述；二是针对尚未文字化或对一些愿望与设想的调查，如对城市中各部门、城市政府的领导以及广大市民对未来发展的设想与愿望等；三是在城市空间使用的行为研究中心的情景访谈。

6.2.1.4 文献研究法

文献研究法指文献资料的运用。在城市更新规划中所涉及的文献主要包括：历年的城市人口、建设用地等各类统计数据、历次的城市总体规划或规划所涉及的其他相关规划，各级政府相关政策文件，已有的其他相关研究成果等。

6.2.1.5 数字技术法

数字技术应用不仅包括土地遥感、地形测绘、房屋测量、土地勘界等传统数据采集方式，还包括无人机倾斜摄影、三维激光扫描等新技术的应用。其中土地遥感更多地应用于土地资源调查和更新监测。除地形测绘、房屋测量、土地勘界等传统测量数据采集方式外，无人机倾斜摄影、三维激光扫描等新技术，由于省时省力，作业效率高等优点，目前越来越多的应用于城市更新规划的数据采集中。

6.2.2 诊断与评价要点

城市更新规划的核心内容之一是对更新区域现状问题的诊断和未来更新潜力的评价，问题诊断与潜力评价是城市更新规划的研究基础。

6.2.2.1 现状问题诊断

问题诊断主要建立在对更新区域的现状综合分析基础上。现状综合分析的内容包括城市发展背景、区域发展动力、城市更新历程、社会人口构成、产业经济发展、历史文化遗产、现状土地利用、道路交通系统、公共服务设施、生态景观系统、市政基础设施等。在综合分析现状基础上，总结城市更新发展面临的关键问题和重点难点所在。

6.2.2.2 更新潜力评价

更新评价是对场地更新潜力进行的综合评价，是城市更新规划中特有的评价内容。影响地块更新潜力的因素有许多，根据评价对象具体情况不同，评价依据也不尽相同。如宏观、中观层面的更新潜力识别，主要从潜在更新对象的空间使用效率、环境品质、经济活力等方面进行评价；微观层面可从建设密度、建设强度、建筑质量、用地适宜度、产权集中度、区位价值等方面对各个地块进行评价，得出各个地块更新潜力的强弱程度，根据更新潜力强弱指导更新区域的划定与更新方案的制定。

6.2.3　评价指标体系构建

6.2.3.1　影响因素分析

影响城市更新的因素很多，诸如国家对旧城更新的政策，国家的经济实力，城市的整体结构和功能，社会对城市更新的期望值，以及更新区域的社会物质条件等。其中，对城市更新的规划控制最具直接影响的因素是更新区域的物质和社会状况，它是更新地区城市生活质量和衡量城市发展水平的尺度和标志，也是城市更新评价指标的原始素材。

旧城区的社会物质条件所包含的内容极为丰富，既包括土地使用、建筑建造、市政设施、道路交通等，也包括社会组织、历史文化、人文景观、居民收入等经济文化因素。对于不同的社会团体和个人来说，由于他们所处的社会经济地位不同，审视的角度不一，对于城市更新的期望和要求也存在一定差距，因而对城市更新的评价项目和评价标准也不尽相同。也就是说，对于同一个评价对象，不同的评价主体所关心的评价项目和标准并不一样，有的甚至有很大的差别。参与城市更新评价的主体有居住者、管理者、施工者以及经营者等，对于居民来说，他们关心的是居住环境的舒适、安全和方便；建设开发者则更多地考虑更新的效益；而规划管理者则需要全面掌握城市更新对于地区和城市的影响。

6.2.3.2　评价指标体系

合并提炼前述城市更新评价的主要影响因素，考虑评价指标对城市更新的规划控制应具有直接的影响力和同一评价指标对不同的评价对象来说应有明确的可比性这两个基本原则，城市更新潜力评价指标体系需涵盖社会发展、城市建设、文化传承、环境品质、经济活力等方面，构建多维度的城市更新评价指标体系（图6-2-1）。

社会发展评价指标主要涵盖社会可持续性发展相关的内容，如社会人口的分布、构成与变化情况，社会服务、基础设施、公共空间的均衡程度，社会文化特征等社会身份与归属感，原有居民的比例和社会结构的维持程度，社区公共参与率、满意

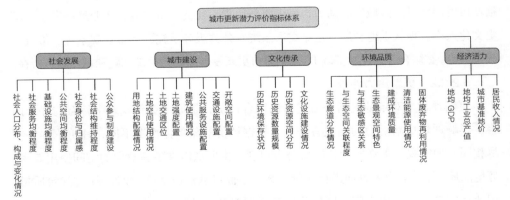

图6-2-1　城市更新潜力评价指标体系

资料来源：作者绘制．

度等公众参与的制度建设等。

城市建设评价指标主要涵盖现状用地结构配置情况，现状土地空间使用情况，现状土地的交通区位优劣程度，土地建筑高度、建设密度、容积率等强度配置情况，现状建筑的年代、质量、功能等使用情况，文教卫体等公共服务设施的配置情况，轨道交通站点、交通枢纽、公共交通等交通设施配置情况，公园绿地、广场等开敞空间的配置情况等。

文化传承相关指标主要涵盖历史环境的现状保存状况，文物保护单位、历史建筑、历史文化街区等各类历史文化资源的数量规模及其空间分布情况，艺术中心、文化展演等文化设施的建设情况等。

环境品质相关指标主要涵盖主要生态廊道的空间分布情况，评价用地空间与现状生态空间的关联程度，评价用地空间与生态敏感区的关系，现状环境视觉效果及生态景观空间特色，现状住房多样性、建筑与街道布局关系、住房质量、建筑维护程度等建成环境情况，清洁能源的使用情况，固体废弃物再利用情况等。

经济活力相关指标主要涵盖土地的产出率即地均 GDP（亿元 /km²），工业用地产出率即地均工业总产值（亿元 /km²），城市基准地价分布情况，居民收入情况等。

6.2.4 评价和分析方法

指标体系的建立只是为城市更新的评价提供了评价的项目，这种项目体系的完善和齐全，固然是有效评价的基础，但只有采用科学的评价和分析方法，才能使城市更新的评价能够得以圆满实现。

6.2.4.1 评价方法

（1）APHA 评价

APHA 评价又称为"罚分制评价"，它于 1944 年至 1950 年由美国公共卫生协会首先制定，在对城市居住质量的评价方面得到了广泛的运用。由于这种评价方法是以罚分数值来衡量居住质量的不良程度，所以又称为罚分制评价。一般情况罚分数值越大，表示评价项目的不良程度越高。对于住宅来说，理论上最大罚分为 600 分，实际最大罚分为 300 分。无论是住宅和环境分数的总和，还是住宅分数或者环境分数达到 200 分以上，这一种居住情况都被列入不适宜等级。为了使罚分制评价更为精确和客观，公共卫生协会根据美国人口和住房普查的有关资料规定了住宅的基本缺陷和适当的居住密度，以作为评价的依据。

APHA 方法自 20 世纪 50 年代以来，在欧美城市更新的现状评价中一直是一种主要的评价方法，并且在实践的运用中得到不断的发展和完善。最初，APHA 仅用于对旧城住宅以及居住环境的评定，20 世纪 70 年代以后，对于公共设施、社会文化和经济状况的现状评价也引入了 APHA 评价方法。由于我国城市更新改造的任务多、工作量大，而且缺乏许多先进的科学工具，因此，这种系统完善而且操作简易的评价方法在我国城市更新改造的现状评价中值得借鉴和应用。

（2）权值评价

确定指标权重的方法一般可分为主观赋权法和客观赋权法两类。主观赋权法是根据决策人对各属性的主观重视程度而对其进行赋权的一类方法，主要有层次分析法、综合评分法以及德尔菲法等。客观赋权法是根据决策问题原始数据之间的关系，并通过一定的数学方法而确定权重的一类方法，常用的客观赋权法有熵权法、相关系数法、主成分分析法等。

下面主要介绍指标权值评价中常用的层次分析法、德尔菲法和主成分分析法。

1）层次分析法

层次分析法是1980年由美国人萨得（T.L.Suaty）首创，20世纪90年代在我国迅速发展普及并一直延续至今的一种系统评价和决策方法。它较为完善地体现了系统工程系统分析和系统综合的思路，能够有效地处理那些难于完全用定量方法来处理的复杂问题。

层次分析法首先对评价对象所涉及的因素进行分类，按照各类因素之间的隶属关系把它们排成从高到低的若干层次，并建立起不同层次元素间的相互关系。然后根据对一定客观现实的判断就每一层次的相对重要性给出定量的表示，即构造比较判断矩阵。再通过求其最大特征根及其特征向量来确定出表达每一层次元素相对重要性次序的权值。通过对各个层次的分析，进而导出对整个问题的分析，即排序的权值，以此作为评价和决策的依据。

采用层次分析法进行旧城更新评价的程序为：首先建立各元素即评价指标的有序层次结构，其次构造判断矩阵，再次进行层次单排序，最后进行层次总排序。这种方法由于适用面广，灵活简便，并将定性分析和定量分析巧妙地结合起来，使评价过程条理化、系统化，因此是一种较为科学的旧城更新评价方法。

2）德尔菲法

德尔菲法（Delphi），美国兰德公司在20世纪50年代初研究如何通过控制的反馈使得专家的意见更为可靠时，以德尔菲为代号，因而得名。德尔菲法的关键是确定评价指标的权重，其要点是确定一定数量的有关专家（一般以10~50人为宜），将评价指标给他们，要求他们各自对评价指标的重要程度排序，赋予每个指标相应的权重，但总和应该是100。然后回收专家意见，对每个指标进行定量统计归纳。这一过程反复几次，意见逐渐趋于统一，最后确定每个评价指标的权重。由于不同的更新地区所要解决的问题不同，因此对于指标的权重分配也不相同。

德尔菲法可以应用于旧城更新的现状评价，也可用于规划方案的评价和优选，由于这种方法的评价过程比较科学和严密，因此可以用它对城市更新的现状和规划方案进行系统的定量分析。

3）主成分分析法

主成分分析（Principal Component Analysis，PCA），是一种统计方法，通过正交变换将一组可能存在相关性的变量转换为一组线性不相关的变量，转换后的这组变量叫主成分。

1846年，Bracais提出的旋转多元正态椭球到"主坐标"，使得新变量之间相互独立。皮尔逊（Pearson）（1901）、霍特林（Hotelling）（1933）都对主成分的发展做出了贡献，霍特林的推导模式被视为主成分模型的成熟标志。主成分分析被广泛应用于区域经济发展评价、各类标准制定以及满意度测评等，尤其是在指标权重的确定方面，具有突出贡献。

主成分分析的原理是设法将原来变量重新组合成一组新的相互无关的几个综合变量，同时根据实际需要从中可以取出几个较少的总和变量尽可能多地反映原来变量的信息的统计方法，也是数学上处理降维的一种方法。最经典的做法就是用F1（选取的第一个线性组合，即第一个综合指标）的方差来表达，即Va（rF1）越大，表示F1包含的信息越多。因此在所有的线性组合中选取的F1应该是方差最大的，故称F1为第一主成分。如果第一主成分不足以代表原来P个指标的信息，再考虑选取F2即选第二个线性组合，为了有效地反映原来信息，F1已有的信息就不需要再出现在F2中，用数学语言表达就是要求Cov（F1，F2）=0，则称F2为第二主成分，依此类推可以构造出第三、第四，……，第P个主成分。

用主成分分析筛选回归变量，是一种客观赋值确定权重的方法，具有重要的实际意义，可用于影响城市更新潜力评价的诸多指标的筛选与权重赋值。

6.2.4.2 分析方法

（1）形态环境分析

形态环境不只是由客观物质形象标准来判定，而且还由主观感受来制定。因此对形态环境的分析，可采取物质环境质量分析和环境意象分析。

物质环境质量分析已为人们所熟悉，它的目的在于通过分析找出原有环境中的有利条件和存在问题，涉及人口状况、建筑环境、配套设施、生态环境、自然环境等方面。环境意象分析尚不为人们所熟知。人们对环境的感知是一系列心理作用的结果，从意象的形成过程可以看出意象真实环境和心理感知两方面作用的结果，反映了心理形象与真实环境之间的联系。凯文·林奇在《城市意象》一书中，把构成意象的要素归纳为"道路、边缘、标志、结点、区域"五个方面。环境意象分析就是要发现这五个要素，并找出它们之间的相互关系，产生意象地图。其具体做法如下：

1）选择部分市民作为调查对象，与调查对象谈话，获得一些基本情况。

2）要求调查对象画一张城市环境印象的简图，并标注要点。

3）实地观察，并要求调查对象解释自己的认路方法及各认知要点。

4）专业人员现场踏看，找出意象五要素。

5）通过分析，画出城市意象地图。

环境意象分析方法把使用者（居民）放在重要角度，以避免设计者主观臆断。同时，反映了使用者的心理形象，把使用者的心理形象作为评价环境的标准。通过这种调查分析，不仅可以绘制出旧城意象图，而且能找出其存在的问题，以此作为旧城更新规划设计的依据。

（2）生活环境分析

人际关系所结成的社会网络，是旧城居民在生活中最重要的组成部分，它是看不见、摸不着的东西。但它却是场所精神的内涵，是居民认同和具有强大内聚力的纽带。社会网络包括社交网、活动网和购物网及认知点。旧城更新要彻底了解其社会网络，可采取主观观察（规划人员）和客观调查（对居民进行表格和面谈调查）两种方法进行分析，然后在调查分析的基础上，绘出旧城街坊的社会网络分析图，并找出一些社会网络活动规律。社会网络分析，在旧城更新时，还应对其生活环境的其他要素如邻里交往、认同感和私密性等进行分析。

（3）居民意向调查分析

对更新区域居民进行意向调查是一种综合的、信息可靠度较高的调查分析方法，可以了解一些规划者难以发现的潜在问题。居民意向调查可采取面谈和发调查表两种方式。调查表的内容是多方面的，如业余时间如何安排，活动范围和地点，对居住环境的满意程度及设想要求等。在居民意向调查过程中要注意覆盖面广，调查对象应是各个年龄组及不同层次的居民，避免以点代面，出现偏差。

（4）社会调查思维加工方法

对前期通过现场踏勘、问卷调查、走访座谈、文献研究、影像技术等各种调查方法收集到的图文资料与数据信息，运用社会调查思维加工方法进行信息处理，具体方法包括：比较法和分类法、分析法和综合法、矛盾分析法、因果关系分析法、功能结构分析法等，从而获得城市更新诊断与评价的所需分析结论（李和平，李浩，2004）。

6.2.5　实践应用案例

6.2.5.1　青岛市市北区历史文化记忆示范片区更新规划 [①]

（1）项目概况

青岛在国际上是 19 世纪末、20 世纪初现代城市规划思想的重要实践地，拥有

---

① 东南大学城市规划设计研究院 . 青岛市市北区历史文化记忆片区城市更新规划 [Z]. 2018.

国内现存最完整的近代历史城区，在中国近代史上具有重要地位。市北区历史文化记忆示范片区位于历史城区内，占地 14km²，是青岛历史文化资源类型最为丰富、最能体现其地域文化特色的历史片区。

（2）现状问题诊断

规划梳理了青岛与项目所在地的历史发展脉络。按照青岛城市发展的六个典型历史阶段，对每个阶段的建设特点和文化特征进行梳理，提炼出对市北区来讲，其沿胶济铁路分布的工业遗产和四方路周边的里院建筑片区，是区别于历史城区其他区域的特色资源（图 6-2-2）。综合时间、功能、产业、空间四个维度的发展脉络来看，市北区的发展与青岛城市历史发展一脉相承，均依托胶济铁路自西南向东北方向纵向延续，由最初的商贸和工业引领地区发展，逐渐向教育业、服务业等多方向发展演变，其中依托大港、因港而兴的历史片区一直以来是其重要的发展引擎。

项目调查分析了现状用地的构成，以及各类用地的建设及使用情况，现状人口的规模、空间分布、年龄结构、教育层次、职业层次、职住关系、活力分布等特征，现状交通的道路结构、道路功能、轨道交通、城市停车的特征与存在的问题，现状公共服务设施的空间布局、用地规模、服务半径等，现状公共空间的体系构成与空间布局，给水、污水、通信、电力、燃气、供热等市政设施的现状特征与存在问题，规划区内的历史文化街区、历史建筑、风貌道路、历史人物等历史资源的空间分布、现状保存与目前使用状况。

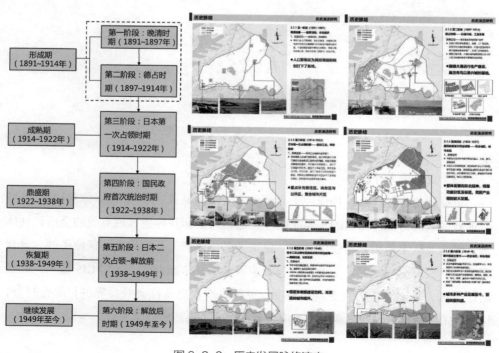

图6-2-2 历史发展脉络演变

基于现状综合调查分析，明确规划区域面临的核心问题，即价值体现不充分、遗产整体保护不足、功能发展品质低、历史资源缺乏系统串联、重点区域活力不足。同时初步判断识别十二大重点片区（图6-2-3），即：馆陶路片区、上海路—武定路片区、四方路片区、大港车站片区、黄台路—贮水山片区、无棣路片区、信号山片区、礼贤书院片区、毛奇兵营片区、青岛啤酒厂片区、台东商业片区、青岛卷烟厂片区。

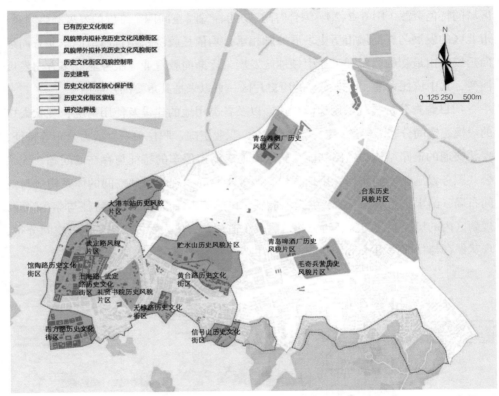

图6-2-3　十二大重点片区分布图

（3）更新潜力评价

依据评价指标体系的构成因子和评价方法（详见6.2.3评价指标体系构建），结合规划区域的特征与面临的具体问题，遴选相关指标并构建客观有效的全面评估体系，客观地从土地用途与使用功能、建筑质量与环境、开发强度、区位条件、景观环境条件、配套成熟度、土地价值等影响因素展开全面评估，运用GIS技术，以赋值评分法，对规划各地块更新难易度、更新成本、更新社会效益等进行综合打分，按照分值高低划分不同更新潜力地块，分值越高，更新潜力越大。

更新影响评价因子表　　　　　　　表 6-2-1

土地价值角度				更新成本角度			
评价因子	评价标准	评价说明	因子权重	评价因子	评价标准	评价说明	因子权重
轨道站点覆盖条件	站点100m内10分；100~200m内7分；200~300m内5分；300~500m内3分；500m以上1分	距离轨道站点越近，用地更新潜力越大	0.300	用地权属类型	更新类10~9分，城建公司产权等；可能更新类8~6分，房管、一般工厂；较难更新类5~4分，行政、个体产权等；难更新类3~2分，地产、特殊用地等；不更新类1~0分，学校、公园	土地储备、城建开发公司产权用地更新需求较高、更新难度较低。地产、政府、学校等用地更新难度较大、更新需求较低	0.350
道路交通条件	主次干道交叉口两侧200m内10分；主干道两侧100m内7分；次干道两侧50m内4分；其他1分	临近城市主干路的建设用地开发潜力高，主干道两侧100m、次干路两侧50m开发潜力较高	0.300	开发强度	5.0以上，1分；2.5~5.0，3分；1.5~2.5，5分；0.5~1.5，7分；0.5以下，10分	开发潜力与现状开发强度成反比，即现状开发强度越低，更新潜力越大	0.350
公共服务设施（医院、学校等）条件	公共服务设施100m内10分；100~300m内7分；300~500m内4分；500m以上1分	距离服务设施较近的用地更新潜力较大	0.200	建筑质量	质量较差10分；质量一般7分；质量良好4分；质量优秀1分；无建筑分布0分	建筑质量好、建成时间短的建筑更新需求较低。建筑质量差、建成时间长的建筑更新需求极高	0.150
景观条件	城市公园100m内10分；100~300m内7分；300~500m内4分；500m以上1分	位于城市公园300m范围内用地更新潜力较高，位于500m范围内更新潜力一般，位于500~1000m范围内更新潜力较弱	0.200	地价条件	地价低地区10分；地价一般地区7分；地价较高片区4分；地价高片区1分	根据2016年青岛市市内三区土地级别与基准地价表，叠合商服用地、住宅用地价格，总地价越高，更新成本越高，更新潜力越小	0.150

从土地价值角度考虑，主要选取轨道站点覆盖条件、道路交通条件、公共服务设施条件与景观条件 4 个对城市土地价值具有较大影响因素的因子作为评价因子（表 6-2-1）。

轨道站点层面，距离站点越近的土地因极其便利的公共交通可达性从而成为该因子影响下土地价值相对越高的区域。本案选择距离站点 100m 以内的范围土地价值最大，距离站点 500m 以上的范围相对土地价值较小且无差别。

道路交通层面以可达性作为衡量标准，认为主次干道交叉口周边用地的可达性相对最好、因此土地价值最高，价值第二高是主干路沿线土地，再次为次干路沿线土地，远离以上区域内的土地价值相对较小且认为无差别。

公共服务设施层面主要选取中小学校与医院等与市民生活息息相关的重要公共服务设施，距离以上设施越近的土地价值越高，本案选择距离服务设施 100m 以内的范围土地价值最大，距离 500m 以上的范围相对土地价值较小且无差别。

景观条件选取城市重要综合公园与山体，距离城市自然资源最集中的综合公园越近的土地其价值越高，本案选择距离公园 100m 以内的范围土地价值最大，距离公园 500m 以上的范围相对土地价值较小且无差别。

综合以上 4 个因子，根据其重要程度进行权重评价。土地价值影响评价如图 6-2-4 所示，价值较高区域为四方路—无棣路区域、辽宁路—泰山路—昌乐路区域、广饶路—延安一路区域以及台东区域等。

从更新成本角度考虑，主要选取用地权属类型、开发强度、建筑质量与建筑质量 4 个对现有城市建设更新具有较大影响因素的因子作为评价因子。

用地权属类型层面，更新可能性大的土地类型分值高，更新可能性小的土地类型分值低。本案选择城建公司等有意向更新的用地 10~9 分；房管产权和一般工厂等可能会更新的用地 8~6 分；行政办公、个体产权等较难更新的用地 5~4 分；特殊用地等难更新的用地 3~2 分；学校、公园保留现状的用地 1~0 分。

评价因子	评价标准	评价结果	评价说明	评价因子	评价标准	评价结果	评价说明
轨道站点覆盖条件	站点100m内10分；100-200m内7分；200-300m内5分；300-500m内3分；500m以上1分	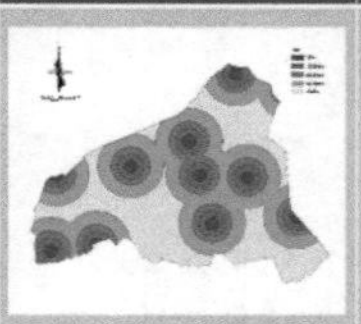	距离轨道站点越近，用地更新潜力越大	公共服务设施（医院、学校等）条件	公共服务设施100m内10分；100-300m内7分；300-500m内4分；500m以上1分		距离服务设施较近的用地更新潜力较大
道路交通条件	主次干道交叉口两侧200m内10分；主干道两侧100m内7分；次干道两侧50m内4分；其他1分		临近城市主干路的建设用地开发潜力高，主干道两侧100m、次干路两侧50m开发潜力较高	景观条件	城市公园100m内10分；100-300m内7分；300-500m内4分；500m以上1分	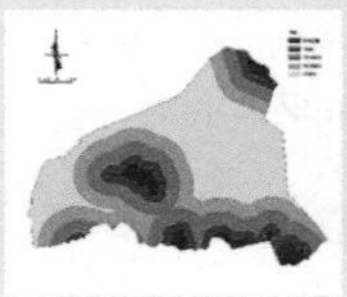	位于城市公园300m范围内用地更新潜力较大，位于500m内更新潜力一般，位于500-1000m范围内更新潜力较弱

图 6-2-4　土地价值影响评价图

开发强度方面，现状开发强度越高的街区未来的更新难度相对越大，开发强度越低的街区的更新难度相对较低。本案选择开发强度大于等于5的地区开发难度最大，开发强度0.5及以下的土地开发难度最小。

建筑质量方面，现状建筑质量越好的街区未来的更新难度相对越大，建筑质量越差的街区的更新难度相对较低。

地价条件方面，根据2016年青岛市市内三区土地级别与基准地价表，叠合商服用地、住宅用地价格，总地价越高，更新成本越高、更新潜力越小。地价最高区域集中在胶宁高架南侧的观象山、信号山、青岛山以及台东等地区，地价次高区域集中在上海路—泰山路—辽宁路—利津路以南区域，地价相对最低区域集中在大港社区、华阳路沿线等地。

综合以上4个因子，根据其重要程度进行权重叠加分析评价。更新成本影响评价如图6-2-5所示，更新难度最大即现状价值最大的区域主要集中在江苏路、贮水山周边、啤酒厂周边、青岛山信号山南等4处区域。

评价因子	评价标准	评价结果	评价说明	评价因子	评价标准	评价结果	评价说明
用地权属类型	会更新类10-9分；城建公司产权等；可能更新类8-6分；房管、一般工厂等；较难更新类5-4分；行政、个体产权等；难更新类3-2分；地产、特殊用地等；不更新类1-0分；学校、公园。		土地储备、城建开发公司产权用地更新需求较高、更新难度较低。地产、政府、学校等用地更新难度较大、更新需求较低	建筑质量	质量较差10分；质量一般7分；质量良好4分；质量优秀1分；无建筑分布0分		建筑质量好、建成时间短的建筑更新需求较低。建筑质量差、建成时间长的建筑更新需求极高
开发强度	5.0以上，1分；2.5~5.0，3分；1.5~2.5，5分；0.5~1.5，7分；0.5以下，10分		开发潜力与现状开发强度成反比，即现状开发强度越低，更新潜力越大	地价条件	地价低地区10分；地价一般地区7分；地价较高片区4分；地价高片区1分	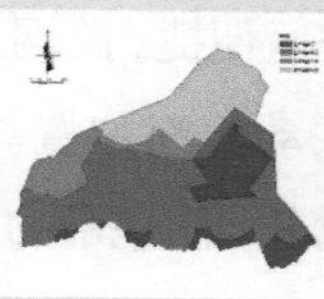	根据2016年青岛市市内三区土地级别与基准地价表，叠合商服用地、住宅用地价格，总地价越高，更新成本越高、更新潜力越小

图6-2-5　更新成本影响评价图

结合土地价值分析结果与更新难度分析结果，研究范围内最具潜力的土地呈现出"一带两片区五节点"的空间布局（图6-2-6），其中四方路—江苏路地铁站地区、泰山路地铁站地区呈现最高土地价值，热河路—辽宁路是高潜力用地集中区。

6.2.5.2　常州高新区商务区空间优化设计 [①]

（1）项目概况

新北区是常州市设立最早、发展最优的国家级高新区，其商务区在经历早期发展后，面临着需要重新审视周边环境的变化，由传统行政、商业中心向综合活力区转型，传统居住区向生态宜居生活区转型，传统产业片区向高端科研智造区转型，

---

① 东南大学城市规划设计研究院有限公司，常州市规划设计院．常州高新商务区空间优化设计 [Z]．2018．

引领高新区在绿色发展、创新发展、集约发展、区域合作、产城融合等方面树立典范，为常州市转型发展提供方向和全面引领的重任。

（2）现状问题诊断

规划调查分析了现状土地利用的构成与占比、工业用地的布局与产出效益、居住用地的空间分布与住区质量，公共服务设施的服务能级、空间分布、设施与居住用地的契合程度，道路交通系统的体系构成、路网结构、重点功能区可达性，绿地景观系统的规模、空间布局、使用现状等。

图 6-2-6　用地更新潜力综合评价图

在现状调查分析诊断基础上，总结规划场地的现状特征与更新面临的主要问题，即：总体上发展条件好、动力足，但空间和功能不能满足高品质生产生活的需要。现状特征与问题具体表现为：现状优势主要集中在产业方面，企业分布密集、历史悠久；生态方面，水网绿网资源充足；交通便捷，路网成型四通八达；人气集聚，公共中心初具规模；动力充足，地处跨江联动枢纽位置。现状主要存在五大问题：公共功能分布不均衡，东西产城融合不充分，用地潜力未充分发挥，水网绿网未充分利用，支路系统组织不充分。

（3）更新潜力评价

以挖掘用地的潜力为目的，以现状产权地块为单元，利用地理信息系统（GIS）平台，对规划范围内的用地潜力进行综合评估。遴选与规划区存量土地的发展潜力相关的要素，具体包含建设现状、地理位置、经济环境、生态要求、重大事件、发展理念等类别。根据评估对象的不同情况，结合规划区建设现状复杂、产权复杂的特点，选取"容积率、建筑密度、建筑质量、用地适宜度、区位价值和产权集中度"6 个因子作为评估要素（表 6-2-2、图 6-2-7），对用地潜力进行综合评估。

综合叠加容积率、建筑密度、建筑质量、用地适宜度、区位价值和产权集中度等多因子分析，得出规划区域用地更新潜力综合评价图（图 6-2-8），从图中可以看出，城市土地可提升使用价值的区域主要集中在规划区西部工业地区，东部地区整体更新潜力较低。

用地潜力综合评价   表 6-2-2

评估因子	因子权重	打分标准				
		5 分	4 分	3 分	2 分	1 分
容积率	0.270	0.5 以下	0.5~1.5	1.5~2.5	2.5~5	5 以上
建筑密度	0.082	20% 以下	20%~30%	30%~50%	50%~70%	70% 以上
建筑质量	0.149	无建筑	差	中	良	优
用地适宜度	0.270	消极	较消极	适中	较积极	积极
区位价值	0.149	低价值	中价值	较高价值	高价值	极高价值
产权集中度	0.082	非常集中	比较集中	适中	比较分散	非常分散

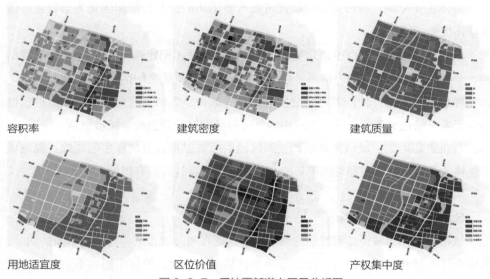

图 6-2-7 用地更新潜力因子分析图

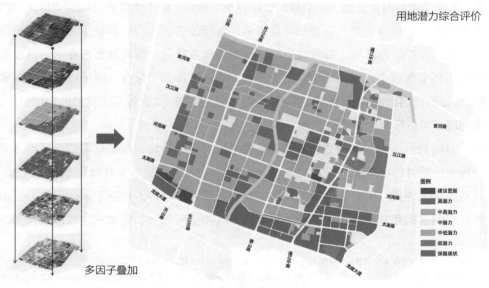

图 6-2-8 用地更新潜力综合评价图

6.3 更新目标与策略

6.3.1 更新原则

我国城市发展进入内涵提升和品质优先阶段，城市更新规划呈现出多维价值、多元模式、综合思维、空间治理等特征[①]。城市更新规划作为城市发展的一项重要公共决策，涉及城市社会、经济和物质空间环境等诸多方面，是一项综合性、全局性、政策性和战略性很强的社会系统工程[②]。综合城市更新的特点，城市更新规划应遵循"整体优先、系统协同、绿色发展、有机更新"原则。

整体优先原则：城市更新应以促进城市整体功能提升与结构优化为出发点，强调整体优先的原则。

系统协同原则：城市更新是复杂系统的现实反映（阳建强，2018），涉及功能结构、交通用地、空间结构等诸多子系统，需要各个子系统之间达到耦合协同。

绿色发展原则：伴随着可持续发展的理念成为世界的主流价值观，城市更新也相应引入了绿色更新的概念，强调用绿色可持续发展的理念指导城市更新。

有机更新原则：城市更新强调更新区域的原有肌理和有机秩序的延续，强调城市整体的有机性、细胞和组织更新的有机性以及更新过程的有机性。

6.3.2 更新总体目标

城市更新作为城市转型发展的调节机制，意在通过城市结构与功能不断的调节、城市发展质量和品质的提升，增强城市整体机能和魅力，使城市能够不断适应未来社会和经济的发展需求，以及满足人们对美好生活的向往，建立起一种新的动态平衡，从而建立面向更长远与更全局的更新目标。因此，城市更新的目标应该树立"以人为核心"的指导思想，以提高群众福祉、保障改善民生、完善城市功能、传承历史文化、保护生态环境、提升城市品质、彰显地方特色、提高城市内在活力以及构建宜居环境为根本目标，运用整治、改善、修补、修复、保存、保护以及再生等多种方式进行综合性的更新改造，实现社会、经济、生态、文化等多维价值的协调统一，推动城市可持续与和谐全面发展。

目前我国许多城市的更新实践均反映了这一目标趋向，如北京市结合城市基础设施建设适时提出"轨道+"的概念，提出"轨道+功能""轨道+环境""轨道+土地"等更新模式方式。上海新一轮的城市更新坚持以人为本，不仅限于居住改善，更加关注空间重构和功能复合、更加关注生活方式和空间品质、更加关注城市安全和空

---

① 同济大学建筑与城市规划学院. 城市更新与设计研究 [M]. 北京：中国建筑工业出版社，2010.

② 阳建强. 我国城市发展已进入内涵提升和品质优先新阶段 [EB/OL]. 中国建设新闻网，http://www.chinajsb.cn/html/201812/17/812.htm.

间活力、更加关注历史传承和特色塑造等，以城市更新为契机，实现提高城市竞争力、提升城市的魅力以及提升城市的可持续发展三个维度的总体目标，实现城市经济、文化、社会的融合发展。

6.3.3 更新目标体系

在"以人为核心"的指导思想下，城市更新将以实现社会、经济、生态、文化等多维价值的协调统一为最终目标，因此城市更新的目标应是在城市可持续发展这一总体目标下，涵盖产业经济、空间优化、环境提升、设施完善、文化传承、社会发展等多个子系统的更新目标体系（图 6-3-1）。

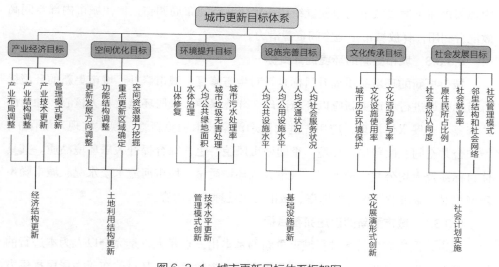

图 6-3-1　城市更新目标体系框架图
资料来源：作者绘制．

6.3.3.1　城市更新的产业经济目标

以经济发展为中心的城市更新归属于城市的经济更新，其涉及的更新内涵主要偏重经济因素，一般来说最先被考虑的因子为城市产业结构、产业技术、产业管理模式等能直接影响城市经济效益的几个重要方面，因为它们的变化会促使产业布局调整、更新以及为城市生产服务的城市道路、交通系统的更新重组，从而最终成为城市土地利用调整、城市结构变动的更新动因。

值得注意的是，城市以经济发展为目标进行的更新其根本目的是促进经济增长，但其副作用也较为明显，如控制引导不当可能造成城市开始建设的投机性、土地使用强度的超负荷、环境污染以及城市历史文化被破坏等难以避免的严重问题，直到城市更新注意从更高层次上探索，这些因城市更新而造成的"城市病"才会得到解决。

因此，城市在以经济发展为目标进行城市更新的同时，应考虑城市发展的可持续性，与此同时还应注意城市历史文化环境的保护和社会的公正的维持影响等，以保障城市发展的良性循环，使城市的经济发展建立在城市的可持续发展基础上。

6.3.3.2　城市更新的空间优化目标

城市更新的空间优化目标是针对解决城市更新发展方向与功能结构调整提出的，侧重更新政策指引。我国大多数城市经历了人口集聚和土地规模扩张的快速发展阶段，城市规模不断扩大，城市内部空间不断发生优化重组。存量规划背景下宏观层面要进行土地利用结构的优化与调整，不断挖掘空间资源潜力。

城市更新空间优化的目标，从宏观层面来讲在于实现判断城市更新总体目标，把握城市发展方向，功能结构更新方向，空间布局调整重点区（李子静，2019）；从中观来讲在于通过城市用地配置结构的优化、空间布局调整，促使城市内部空间高效混合利用，释放城市土地空间资源潜力。

6.3.3.3　城市更新的环境提升目标

城市更新的环境品质提升目标是针对生态修复、城市修补，城市更新的环境提升目标强调进行城市更新应以环境治理、环境保护、人居环境改善为核心，加快山体修复、开展水体治理，应用先进的治理污染技术和更新管理模式实现环境保护，增加公共空间、改善出行环境，重塑城市风貌特色，综合提升人居环境品质。其具体目标涉及人均公共绿地面积、城市大气环境质量、城市河流水质水况、城市噪声环境状况、城市垃圾无害处理率、城市污水处理率等内容。

6.3.3.4　城市更新的设施完善目标

城市以设施完善目标进行城市更新的基本出发点是人，是完全以人为本进行的城市更新行为，强调个人作为城市分子在城市中的感受，其目的在于为居民提供方便的社会服务和创造优美的物质空间，让居民生活便捷、出行通常。判断城市更新设施完善的指标一般为：人均交通状况（包括人均车辆数、车辆等级、人均道路面积、人均道路长度等）、人均公共设施（文化、教育、卫生、体育等）水平、人均公用设施水平等。城市更新中的设施完善目标的制定与城市土地利用、城市土地开发模式、城市基础设施等多方面相关联。在设施完善目标支配下，城市土地利用和开发不是以赢利为目的，也不仅仅是为了改善局部地段小环境，而是完全出自以人为核心，满足人的生活需求的目的。

6.3.3.5　城市更新的文化传承目标

城市更新中的文化传承目标受到越来越广泛的认同，其原因既有国家对历史文化的高度重视，也有地方因长期以来片面追求经济发展忽视文化传承的反思。城市更新中的文化保护与传承发展强调以体现城市的历史文化性为目标，与此同时，城市文化保护与传承目标亦强调将文化视为精神的引导与象征，并通过各种物质、社会手段使文化渗入城市居民心灵。其具体内容包括：尊重现有城市的历史价值，尊重现有居民的生活方式，尊重现有旧区的历史风貌，尊重现有旧区的景观特色等。

6.3.3.6 城市更新的社会发展目标

城市更新的社会发展目标是基于维持社会公正与安宁，促进社会环境健康持续性发展基础上提出的。具体内容一般为：提高社会就业率，改良社会管理模式，妥善处理好原有人际关系维持与空间重新置换的关系，完善社区邻里结构和社会网络，加强居民的社会归属感和社会身份的认同度、城市更新中维持原住民所占的比例等。

由此可见，城市更新目标涉及城市诸多内涵，这些目标各自有其特定更新内容，同时又具有内在的统一性与协调性。作为一个完整的系统，城市更新必须建立在多目标体系上，共同为城市综合社会功能的渐进提高服务。具体而言，在城市更新过程中，城市更新不仅要注意为经济发展目标服务，而且应注意城市环境的持续性，应坚持以人为本，进行以人均享有舒适度的标准更新城市生活环境，与此同时，还应注意城市的历史品质与文化内涵，坚持城市的社会公正，实现社会的全面发展。

6.3.4 更新策略

城市更新涉及城市社会、经济和物质空间环境等诸多方面，是一项综合性、全局性、政策性和战略性很强的社会系统工程。城市更新工作的主要对象是由功能、空间、权属等重叠交织形成的十分复杂的现状城市空间系统：功能系统涉及绿地、居住、商业、工业等方面，空间系统包括建筑、交通、景观、土地等，权属系统主要有国有、集体、个人等，在耦合系统方面则包括功能结构耦合、交通用地耦合、空间结构耦合等。城市更新需要适应国家经济发展转型和产业结构升级，注重旧城的功能更新与提升，需要关注弱势群体，同时也需要重视和强调历史保护与文化传承，为城市提供更多的城市公共空间、绿色空间，塑造具有地域特色、文化特色的空间场所，这些无不反映出城市更新的经济、社会、文化、空间、时间多个维度的属性。

鉴于城市更新系统的复杂性与更新涉及内容的多维性，城市更新策略应涵盖产业升级、空间优化、文化传承、环境提升、设施完善、社会和谐六大方面。

6.3.4.1 产业升级策略

以城市总体层面的发展目标战略为指引，从提升城市能级角度考虑，疏解更新区域内的非核心职能，落实区域空间潜力，加强城市发展高质量增长极和动力源的建设。依据城市能级与更新区域发展定位，提出大力发展的产业业态类型，明确需要强化与提升的产业功能区。

6.3.4.2 空间优化策略

在产业升级与区域功能提升为目标导向基础上，宏观层面主要从城市空间结构调整方向、用地布局优化措施、重点更新区域导引、城市风貌协调与城市形象提升等方面提出空间优化策略。中微观层面空间优化策略，需要体现土地集约使用，细化落实到具体用地，明确用地布局与结构调整的土地使用主导性质，为更新规划实施过程中的土地产权调整、土地整备提供规划指引。

6.3.4.3 文化传承策略

明确需要保护的各类历史文化遗产资源，既包括已经列入法定名录的历史文化遗产，也包括根据地方法规和保护规划确定的需要保护的历史文化遗产，提出活化利用历史文化遗产资源，体现文化传承的展示利用体系，并提出促进文化产业发展相关策略。

6.3.4.4 环境提升策略

深化和落实基本生态控制线及其管控要求，从生态保护、生态安全角度，提出重要功能区的生态恢复和整治复绿的措施，加大对生态环境敏感地区的保护，维护城市生态系统平衡，确保城市生态格局安全。提出通过城市更新，加强公园体系建设、生态水系恢复、城市绿道完善、公共空间改善、绿化覆盖率提高、丰富城市景观、实现人居环境提升的具体举措。

6.3.4.5 设施完善策略

设施完善策略包括公共服务设施、道路交通设施和市政基础设施的完善。其中公共服务设施完善策略，需包括旧区内现有大型公共设施的更新策略，以及根据区域发展需求，未来公共服务设施的空间的预留，同时需要体现公共服务体系的完善与均衡；制定系统全面、涵盖各类交通方式的道路交通系统完善策略；提出更新区域市政管网升级改造措施。

6.3.4.6 社会和谐策略

城市更新中涉及的人口疏解与平衡、低收入和人才等的保障性住房供给、文教卫体等公共服务设施的管理、社区管理与综合治理、本土文化与外来文化的融合等，从社会和谐角度出发，提出相应的引导策略。

6.4 更新区域确定与模式选择

6.4.1 更新区域界定

我国的深圳、广州、上海等城市最先启动了全面的城市更新工作，并结合各自城市的实际情况，制定了城市更新管理办法等相关地方法规，在法规中定性描述了城市更新区域的界定。具体如下：

《深圳市城市更新办法（2009）》中对城市更新区域的界定为，特定城市建成区（包括旧工业区、旧商业区、旧住宅区、城中村及旧屋村等）内具有以下情形

之一的区域：城市的基础设施、公共服务设施亟需完善；环境恶劣或者存在重大
安全隐患；现有土地用途、建筑物使用功能或者资源、能源利用明显不符合社会
经济发展要求，影响城市规划实施；其他依法或者经市政府批准应当进行城市更
新。这些区域内可根据城市规划和办法规定的程序进行综合整治、功能改变或者
拆除重建的活动。

《广州市城市更新办法（2015）》中规定，下列土地申请纳入广东省"三旧"（旧
城镇、旧厂房、旧村庄）改造地块数据库后，可列入城市更新范围：市区"退二进
三"产业用地；城乡规划确定不再作为工业用途的厂房（厂区）用地；国家产业政
策规定的禁止类、淘汰类产业以及产业低端、使用效率低下的原厂房用地；不符合
安全生产和环境要求的厂房用地；在城市建设用地规模范围内，布局散乱、条件落后、
规划确定改造的旧村庄和列入"万村土地整治"示范工程的村庄；由政府依法组织
实施的对棚户区和危破旧房等地段进行旧城区更新改造的区域。

《上海市城市更新实施办法（2015）》中，城市更新区域为市政府认定的旧区改造、
工业用地转型、城中村改造的地区，以及上海市建成区内城市空间形态和功能进行
可持续改善的区域。《上海市城市更新规划土地实施细则（试行）》进一步明确了城
市更新区域评估的具体要求、工作流程等。

综上可见，城市更新区域的缺点，更像是一种"为推行城市更新所必需界定的
权利范围，是受到赋权的更新地区的空间管制单位"（周显坤，2017），而我国目前
主要以上海和深圳的城市更新单元、广州的城市更新片区为代表的城市更新区域的
界定，通常是基于对几种不同类型的更新对象（一般涉及老旧住区、低效工业仓储
用地、低效商业区等），进行综合评价基础上的识别与划定。

6.4.2　更新区域识别方法

城市更新区域识别与划定的种类繁多，内容庞杂，但一般都可以归于加权评价
体系的方法框架。加权评价体系是一种应用广泛的评价结构，通过建立对分析区域
的评价因子选择，一般包括建筑、区位、生态、潜力、交通等因子，以及对评价因
子的量化、权重赋值、权重计算，最后加权叠加，综合计算结果，根据计算结果，
定性与定量分析相结合，识别与划定城市更新单元区，制定更新实施计划。

6.4.2.1　居住更新区域识别

居住更新区域的识别侧重空间效率维度和环境品质维度，主要依据建设强度、
使用情况、配套设施等内容进行评价，对于建设年代较久的旧居住区亦可考虑直接
纳入更新区域。居住更新区域识别的指标体系可参照表6-4-1，按照权属地块的相
关数据录入数据库后，对于容积率、设施覆盖等采用分级打分，然后进行主成分分
析与权重叠加计算地块得分，通过自然断点法筛选评价结果。

评估内容	评估指标
空间效率	容积率
	建筑密度
	建筑年代
	建筑结构
经济活力	人口密度
环境品质	人均住宅面积
	交通设施覆盖
	开敞空间覆盖
	商服设施覆盖
	文教卫体公共服务设施覆盖

居住用地评估指标表　　　　　　　　　　表 6-4-1

6.4.2.2　工业仓储更新区域识别

工业仓储更新区域识别侧重经济维度和环境维度，主要依据建设强度、经济效益、政策规定、环境污染等评价内容进行评价，对于不符合规划用地，即在工业园区之外的工业用地、存在环境污染的企业、不符合园区产业导向的企业均可以考虑直接纳入，其余用地按照表 6-4-2 进行各类单项评价指标分析后进行聚类分析，最终形成识别结果。

工业仓储用地评估指标表　　　　　　　　表 6-4-2

评估内容	评估指标
空间效率	容积率
	建筑密度
经济活力	单位用地固定资产总额
	经营状况
	国家产业规定中的禁止、淘汰类产业
环境品质	负面清单、准入门槛等导向
	环境污染水平

6.4.2.3　商业商务更新区域识别

商业商务更新区域识别侧重经济维度和环境维度，主要依据建设强度、产出效益、使用情况等评价内容进行评价。对于规划需要调整迁移的商业商品市场、空置率高的用地可以考虑直接纳入更新区域，其余用地按照表 6-4-3 进行各类单项评价指标分析后，最终形成识别结果。

商业商务用地评估指标表 表 6-4-3

评估内容	评估指标
建筑属性	容积率
	建筑密度
	建筑年代
经济活力	单位用地营业额
	空置率水平
	人气程度
环境品质	交通设施覆盖
	开敞空间覆盖

6.4.3 更新模式选择

面临城市更新的区域，往往出现一定程度的衰退，通常涉及建筑物超过使用年限、设施陈旧、自然老化等物质性空间的衰退，城市机能下降、城市超负荷运转等功能性空间的衰退，以及难以适应新经济等发展变化要求的结构性衰退。而城市更新的方式并非将整个规划场地推倒重建，而是进行有针对性的局部更新，根据不同区域面临的问题，采取不同的更新模式。在综合评价和衰退类型判断的基础上，可主要分为以下五种更新模式（图 6-4-1、表 6-4-4）。

保护控制：以保育、保护和修缮为主，用于功能不需要改变，物质环境也不需要改变的地区。

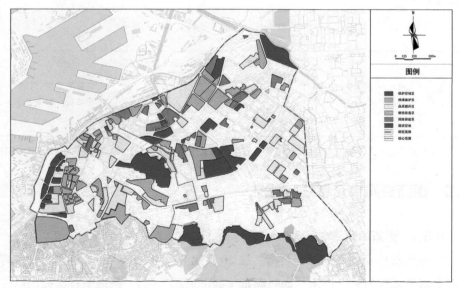

图 6-4-1 更新模式引导图

资料来源：东南大学城市规划设计研究院.《青岛市市北区历史文化记忆片区城市更新规划》[Z]，2018.

修缮维护：以保护和修缮为主，用于功能不需要改变、物质环境较好的地区。

品质提升：以修缮和整治为主，维持原有功能属性，用于功能不需要改变、物质环境一般的地区。

整治改造：以环境整治、建筑改造、功能提升为主，用于功能需要改变、物质环境一般的地区。

拆除新建：以拆除重建、改造开发、用地功能改变为主，用于功能需要改变、物质环境差的地区。

更新模式选择与更新内容引导　　　　　　　　表 6-4-4

更新模式	适用区域	更新内容引导	更新方式引导
保护控制	用地功能不变＋地段物质环境好	用地功能禁止调整，可改造度弱，必须严格控制，禁止一切与文化保护、生态培育无关的开发建设活动。一般不作为物质更新的对象	以保育、保护和修缮为主
修缮维护	用地功能不变＋地段物质环境较好	用地功能原则上不进行调整，以历史保护与文化展示为核心利用目标，保护历史风貌与历史建筑、历史街道。严格控制地块内容积率开发	以保护和修缮为主
品质提升	用地功能不变＋地段物质环境一般	对地段内的环境与有必要的建筑进行整治，梳理内部交通，改善环境，开辟必要的公共空间	以修缮和整治为主
整治改造	用地功能改变＋地段物质环境一般	基于对旧城整体功能提升的需要，用地功能需要调整，建筑可改造度较好。在尽量保持其现状建筑的基础上，对其建筑的使用功能进行调整，使其符合新的使用需要；对其地块进行整合，使其符合高端化的发展	以环境整治、建筑改造、功能提升为主
拆除新建	用地功能改变＋地段物质环境差	基于旧城整体功能提升、用地功能调整的需要，在开发密度高、空间趋于饱和的地区，对其现状建筑、环境进行整治改造，对地块进行整合更新，使其符合高端化的发展	以拆除重建、改造开发、用地功能改变为主

资料来源：东南大学城市规划设计研究院.青岛市市北区历史文化记忆片区城市更新规划 [Z]. 2018.

6.5　更新空间单元划分与管控

6.5.1　更新单元基本概念

城市更新单元制度起源于台湾，在 20 世纪 90 年代初至 2006 年期间，台湾对城市更新单元规划进行探索，期间颁布《都市更新条例》，条例中首次提出以"都市更新单元"为单位实施城市更新，并建设了一整套关于更新单元的划定、实施更新的门槛限制、容积奖励、融资制度等相关配套设施（严若谷，闫小培，周素红，2012）。深圳在 2009 年引进城市更新单元制度，2010 年，在城市更新年度计划制定中构建了以城市更新单元为核心、以城市更新单元规划制定计划为龙头、以更新项目实施计划为协调工具的计划机制，进一步强化了城市更新管理中的计划引导与统筹职能（刘昕，2010）。广州以更新片区来推动城市更新工作，依据更新规划和城市发展战略划定城市更新片区，更新片区编制更新策划方案。上海在地区评估基础上，按照公共要素配置要求和相互关系，对建成区中由区县政府认定的现状情况较差、改善需求迫切、近期有条件实施建设的地区，划定城市更新单元。

综上，从目前实施城市更新单元的地区和城市来看，城市更新单元（片区）是为实施城市更新活动而划定的相对成片的区域，是确定规划要求、协调各方利益、落实更新目标和责任的基本管理单位，也是公共设施配建、建设总量控制的基本单位。

6.5.2　更新单元划分原则

更新单元的划定通常需要考虑城市更新空间单元是否能够很好地维系原有社会、经济关系及人文特色，统筹城市整体再发展的社会、经济与环境的综合效益，保证城市公共设施配置的公平和公正，同时符合更新处理方式一致性的需求，兼顾土地权利整合的可行性和环境亟需更新的必要性。

深圳更新单元的划定应符合全市城市更新专项规划，充分考虑和尊重所在区域社会、经济、文化关系的延续性，并符合以下条件：城市更新单元内拆除范围的用地面积应当大于 $10000m^2$；城市更新单元不得违反基本生态控制线、一级水源保护区、重大危险设施管理控制区（橙线）、城市基础设施管理控制区（黄线）、历史文化遗产保护区（紫线）等城市控制性区域管制要求；城市更新单元内可供无偿移交给政府，用于建设城市基础设施、公共服务设施或者城市公共利益项目的独立用地应当大于 $3000m^2$ 且不小于拆除范围用地面积的 15%。城市规划或者其他相关规定对建设配比要求高于以上标准的，从其规定。

广州城市更新片区的划定，需要保证基础设施和公共服务设施相对完整，综合考虑道路、河流等自然要素及产权边界等因素，符合成片连片和有关技术规范的要求。此外，注意对接城市规划管理单元界线与土地规划的重要控制线，片区范围应结合土地整理的手段保持单元的完整性和独立性。

上海更新单元的划定，需符合下列情形之一：地区发展能级亟待提升、现状公共空间环境较差、建筑质量较低、民生需求迫切、公共要素亟待完善的区域；根据区域评估结论，所需配置的公共要素布局较为集中的区域；近期有条件实施建设的区域，即物业权利主体、市场主体有改造意愿，或政府有投资意向，利益相关人认同度较高，近期可实施性较高的区域。

综上，城市更新单元（片区）的划定原则，重点考虑以下几个方面：根据更新对象的特征，充分考虑和尊重所在区域社会、经济、文化关系的延续性，在保证公共设施相对完整的前提下，结合城市发展导向，同时考虑自然产权边界等因素，按照有关技术规范划定相对成片的区域作为城市更新单元。

综合目前执行城市更新单元的城市实践项目，城市更新单元的规模宜控制在 0.5~5km^2。其中以老旧居住区为主的更新单元，为有利于片区统筹配置公共要素，实现针对性更新，更新单元空间规模与社区规模一致，为 0.5~2km^2 左右。以低效工业仓储区为主的更新单元，借鉴"北改"，以连片低效工业仓储区规模为基础，以河流、道路等为界，考虑园区型产业社区规模、产权、边界规整等因素，面积 3~5km^2 为宜。以低效商业为主的更新单元，以连片低效商业区规模为基础，以河流、道路等为界，考虑楼宇型产业社区规模、产权、边界规整等因素，面积 0.5~3km^2 为宜。

6.5.3 更新单元管控

从单元范围、建设规模、功能业态、公共空间、公共服务、道路交通、市政公用设施、文化传承、风貌形态、公共安全等方面明确更新单元刚性管控要求与弹性引导要求，在编制每个更新单元实施规划的时候应将刚性管控要求通过法定图则落实，同时与法定控规进行有效衔接，实现一张蓝图管控到底，见表 6-5-1。

单元范围管控内容与要求：明确更新单元的规模与具体划定边界，以及规划范围内的土地权属、现状土地使用、各类资源统计等。

建设规模管控内容与要求：依据相关规划，通过详细城市设计，明确管理单元内的建筑规模总量、建筑密度、容积率、绿地率等控制指标。

更新单元管控指标表　　　　　　　表 6-5-1

管控方面	具体控制指标
单元范围	单元规模及四至边界
建设规模	建设总量、容积率、建筑密度等
功能业态	功能定位、用地性质及兼容性等
公共空间	绿线、蓝线、公园绿地，居住区绿地率、人均绿地指标等
公共服务	设施类型、规模、占地形式、千人指标等
道路交通	路网密度、市政道路、地下通道、机动车及非机动车停车场等
市政公用设施	设施类型、规模、占地形式、千人指标、管线走向等
文化传承	历史文化资源、紫线
风貌形态	空间形态、建筑色彩、特色空间等
公共安全	设施类型、规模、占地形式等

功能业态管控内容与要求：提出功能定位，明确发展方向与产业业态，以功能定位与产业为依据，确定更新单元内各地块的用地性质与兼容性。

公共空间管控内容与要求：落实并细化绿线、蓝线、公园绿地等公共空间控制线，提出居住区绿地率、人均绿地指标等管控指标。

公共服务管控内容与要求：明确单元内文教卫体等公共设施的类型、规模、占地形式、千人指标等。

道路交通管控内容与要求：明确规定单元更新的路网密度、市政道路线位、地下通道、机动车及非机动车停车场等的具体管控要求。

市政公用设施管控内容与要求：明确提出更新单元内水、电、气、暖等市政公用设施的类型、规模、占地形式、千人指标、管线走向等具体管控要求。

文化传承管控内容与要求：明确单元内历史文化遗产资源的保护要求，落实紫线线位及管控要求。

风貌形态管控内容与要求：从单元更新的空间形态控制、建筑色彩引导、特色空间营造等方面，提出风貌形态管控具体要求。

公共安全管控内容与要求：消防、避难场所等公共安全设施的类型、规模、占地形式等提出具体的管控要求。

6.5.4 实践应用案例

6.5.4.1 常州市清潭片区更新单元引导 [①]

（1）项目概况

清潭片区位于中心区西南侧，总面积 7.8km^2，现状总人口 14.4 万人，主要用地以居住和工业用地为主，其中居住用地多为 20 世纪 80 年代以来的旧居住区和城中村（图 6-5-1）。目前，片区与中心区之间交通联系主要依托怀德路、清潭路两条东西向道路，交通压力较大，由现状用地比例分析可以看出，该地区道路广场用地比例较低。随着常州市"一体两翼"格局的逐渐确立，清潭片区逐渐由城市的外围地区转变为城市中心地区，相对区位的变化对该地区土地利用方式、城市功能、结构都产生深远的影响。近年来常州推行实施的"退二进三"政策一定程度上促进了清潭片区城市改造的进行，但由于缺乏对城市更新的统一引导，造成该片区在开发改造中各自为政，一些交通区位较好、拆迁量小的地块首先得到开发，而地块内部交通可达性差、拆迁量大的地块却无人问津。在这种改造模式影响下，地块开发支离破碎，道路等配套设施建设严重不足，并且由于拆迁成本较低的地块已经开发，促使后续的开发成本增高，进一步阻碍了未开发地段的改造。

---

① 东南大学城市规划设计研究院，常州市规划设计院 . 常州市旧城更新规划研究 [Z]. 2009.

图6-5-1　清潭片区区位图

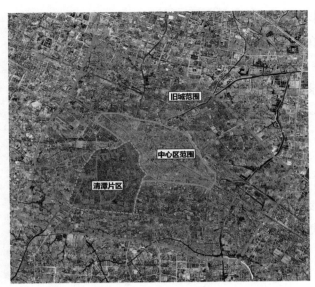

（2）现状评价

基于旧城整体更新引导的内容，结合对清潭片区的初步调查，通过对旧工业区、旧居住区、城中村的评价，针对具体问题，按照旧城整体更新引导的要求划定更新范围、制定相应的更新改造措施及更新时序。

1）旧工业区现状评价

基于对清潭片区现状工业的生态、经济、社会、政策等方面影响的评价，综合提出最终针对其工业用地的更新策略及更新时序。清潭片区旧工业区大多建筑质量较差、厂区和周边环境急需改善，其问题表现为：部分工厂环境污染较大，对周边居住区产生较大影响；工厂总体规模较小且布局分散；部分工厂经济效益较差、土地利用强度低等（图6-5-2）。

工业用地更新将在功能上采取优化和提升的方法、在更新措施上采取整治和改造的方法，使其符合城市进一步发展的需要（图6-5-3）；在更新时序上分为近期搬迁、远期搬迁、整合发展三类，以逐步实现工业用地有序更新的目标。

2）旧居住区、城中村现状评价

对旧居住区和城中村的现状评价主要从物质空间状况和人口状况进行评价（图6-5-4~图6-5-7）。基于物质空间的评价主要是用于更新方式的选择判断，从社区建筑质量、外部环境质量、市政设施状况以及道路状况等几个方面对社区的物质空间状况进行综合评价，以判断具体的更新措施。基于人口状况的调查主要从常住及外来人口密度、人口年龄结构、教育状况、就业状况、收入水平等几个角度，判断针对具体的人口问题，应在更新的社会保障方面做出何种对应措施，同时，根据社区居民的更新意愿状况判断更新的时序，同时对更新方式进行修正。

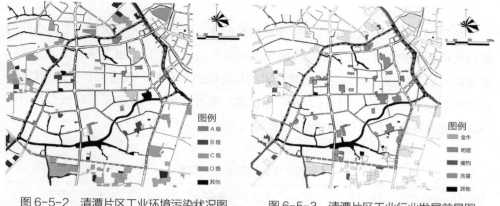

图 6-5-2　清潭片区工业环境污染状况图　　　图 6-5-3　清潭片区工业行业发展前景图

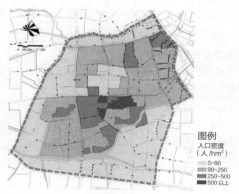

图 6-5-4　清潭片区现状人口密度分析图

图 6-5-5　清潭片区现状流动人口居住分布图

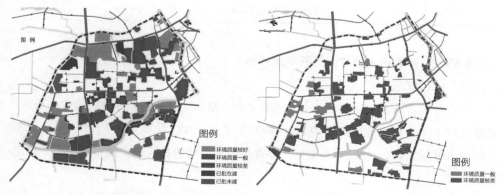

图 6-5-6　清潭片区现状居住区环境质量评价图　图 6-5-7　清潭片区现状城中村环境质量评价图

（3）更新引导分区

根据清潭片区旧城更新的目标指引以及产业、用地、交通、居住、公共空间的规划建设和保护需要，依据清潭片区旧城未来空间结构定位、重大项目建设、现状用地的可更新状况、公共空间的建设对用地的改造可行性和改造必要性进行评价，按照保护控制区、整治优化区、改造优化区、整治提升区、改造提升区五大类对清潭片区进行划分，具体更新区域与更新模式见表6-5-2、图6-5-8。

更新引导区划定要求一览表　　　　　　表6-5-2

更新分区类别	划分标准	更新内容	更新方式
保护控制区	用地功能不变＋地段物质环境好	用地功能禁止调整，可改造度弱，必须严格控制，禁止一切与文化保护、生态培育无关的开发建设活动。一般不作为物质更新的对象	以保护和修缮为主
整治优化区	用地功能不变＋地段物质环境一般	对地段内建筑及外环境进行整治，完善其基础配套设施，保持其原有功能的良性运转	以修缮、改造、整治为主
改造优化区	用地功能不变＋地段物质环境差	对地段内建筑及外环境进行整治，必要的情况下考虑拆除重建，梳理内部交通，改善环境，开辟必要的公共空间	以拆除重建为主，但维持原用地功能属性
整治提升区	用地功能改变＋地段物质环境好	基于对旧城整体功能提升的需要，用地功能需要调整，建筑可改造度较好。在尽量保持其现状建筑的基础上，对其建筑的使用功能进行调整，使其符合新的使用需要；对其地块进行整合，使其符合高端化的发展	以环境整治、建筑改造、功能提升为主
改造提升区	用地功能改变＋地段物质环境一般	基于旧城整体功能提升需要，用地功能需要调整，有改造意象或发展方向有冲突的地区在对其现状建筑、环境进行整治改造，对地块进行整合更新，使其符合高端化的发展，主要是现状开发密度过高、空间趋于饱和、空间功能趋于退化的地区	以拆除重建、改造开发、用地功能改变为主

6.5.4.2　深圳市上步片区更新单元规划 [①]

（1）项目概况

上步片区占地1.45km²，位于深圳市中心区，是由工业区转型而来的商业中心区，相继制定了《上步工业区调整规划》（1999）、《上步片区发展规划》（2004）、《上步片区城市更新规划》（2008）等规划。体现了由满足功能置换的空间布局调整，到定

---

① 深圳市城市规划设计研究院.深圳市上步片区城市更新规划[Z].2008.

图6-5-8 清潭片区整体更新引导图

图例
新建区
改造提升区
整治提升区
改造优化区
整治优化区
保护控制区

图6-5-9 上步片区规划范围图

位转型条件下的空间环境整治，再到全面考量地方特征综合发展环境，建立适合多方利益主体协调发展的规划思路的演进（图6-5-9）。

（2）更新目标与规划原则

1）更新目标

更新目标注重多重价值体系兼顾并重，促进政府、业主、市民多方利益互惠式发展。其中社会价值方面，探索地方特征语境下的可持续更新模式，创造城市再发展的典范；经济价值方面，通过科学统筹指引和高附加值的设计，合理资源利用开发，实现投入和产出的最优化选择配置；文化价值方面，尊重城市文脉肌理，塑造彰显城市景观风貌和体现人文生活关怀的特征性场所环境。

2）更新原则

上步片区的更新主要遵循以下原则：合理整体容量以控制空间密度，容量分配侧重重点产业发展需求；提供适应功能业态发展，体现资源集约利用和促进多方利益互惠的开发模式；重视步行与公交出行方式的组织引导，重点改善电子市场物流交通效率；延续街区脉络结构，塑造地域场所特征魅力；根据不同业态的运作规律，弹性组织功能结构；优先改善市政基础配套设施系统，创造多元化、人性化的空间环境以提升商业活力；结合地铁建设周期排序工作计划，有序引导城市更新保障商业生态环境的稳定繁荣。

（3）更新规划主要内容

1）评估合理的空间容量

借鉴深圳既往建设经验，地铁站点周边 500m 影响范围内地块的平均毛容积率在 3.0 以上。借鉴国内外同类型建设经验，地铁站点周边市级零售商业中心地块的平均毛容积率一般控制在 4~6 左右；地铁站点以交通接驳和换乘功能为主的地块平均毛容积率一般控制在 5 左右。综合以上开发经验判断，华强北北片区即上步片区的合理开发强度，毛容积率宜控制在 4 左右。

在市政基础设施供给的弹性条件之下，基于轨道公共交通对密度分区的影响关系开展片区的开发容量规模研究，初步确定片区合理的空间容量规模约 600 万 m² （毛容积率约为 4）（图 6-5-10）。

2）制订科学的空间容量分配原则

按照以下原则，制定科学合理的空间容量分配：地铁站点 200m 核心区、城市重要入口节点及区段遵循市场价值规律，电子产业功能发展组团重点优先配置空间增量，划分城市更新单元以统筹和控制更新规模（图 6-5-11）。

3）控制适宜的空间密度分区

规划围绕轨道交通引导控制合理的空间密度分区，基于维护公共安全和公众利益尝试建立密度开发弹性奖励机制（图 6-5-12）。

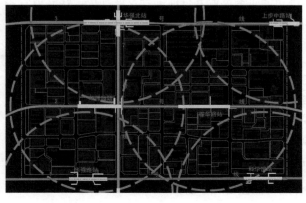

图6-5-10　上步片区轨道站点影响分布图

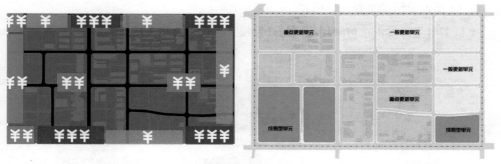

图 6-5-11 开发价值差异化分布与更新单元统筹控制

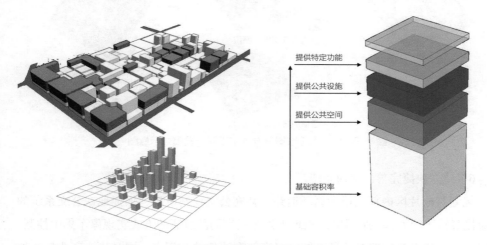

图 6-5-12 基于轨道交通引导与公共利益维护的密度分区模型

4）延续并优化城市空间结构

片区采取小地块、密路网的街区结构，既能延续原有城市空间肌理，同时也更有助于形成网络化的商业体系结构，实现"商业街道"向"商业街区"的转变，创造更多的商业机会，巩固商业氛围和提升人气（图 6-5-13）。

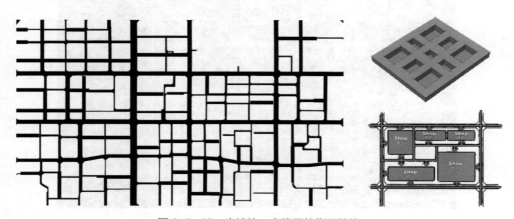

图 6-5-13 小地块、密路网的街区结构

5）采取灵活的更新开发模式

同等容量开发需求可采用不同的开发模式实现，具体模式如图 6-5-14 所示。

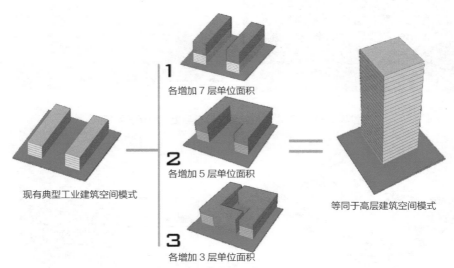

图 6-5-14　同等容量开发需求不同开发模式示意图

6）建立快捷完善的交通系统

规划打通片区内部交通微循环道路，补充公交场站设施，加强地铁公交系统的快速接驳转运能力，鼓励立体停车、地下停车场库局部贯通的方式实现停车集中控制、有序引导，建设片区停车诱导系统，提高停车泊位的利用率，同时建议商业核心地段项目降低停车配建标准，引导出行公交化，不同交通地段统一相应停车收费标准，通过价格差异控制和引导停车空间组织（图 6-5-15）。

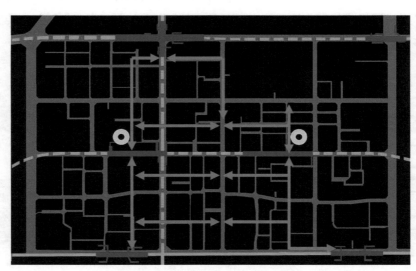

图 6-5-15　交通微循环改善示意图

7）立体混合功能组织促进单元土地价值的最优化

依据不同产业类型灵活组织运作空间，其中百货零售、文娱等生活及通用服务业强调低层高密度，而办公服务等基础服务业则强调品质环境和高层低密度（图6-5-16）。

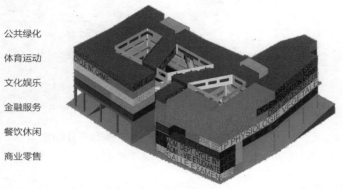

公共绿化

体育运动

文化娱乐

金融服务

餐饮休闲

商业零售

图6-5-16 立体混合功能组织模型示意图

8）创造富有地域特色、操作性强的城市景观环境

强调片区重要边界和入口等区段节点的秩序改善，塑造城市特征风貌（图6-5-17）。

（4）更新实施

规划以试点更新单元为示范，带动整个片区逐渐更新，试点单元如图6-5-18所示。

下面以单元三为例，解读更新单元划分与管控措施的具体落地规划。

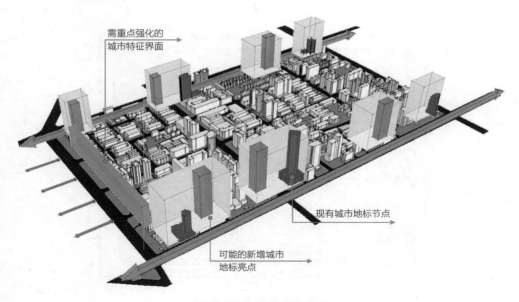

需重点强化的
城市特征界面

现有城市地标节点

可能的新增城市
地标亮点

图6-5-17 空间形态示意图

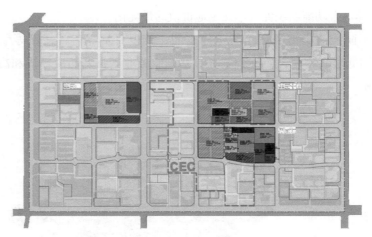

图 6-5-18　近期启动的试点更新单元分布图

1）现状概况

单元东部为茂业百货与两栋公寓塔楼，南部为深纺大厦和华强宾馆，西南部为中航北苑居住社区，西北部为供电局收费网点，中部为嘉年小商品市场以及通宝旧货市场。

现状权属为 5 家单位所有，整个更新单元内共涉及 8 宗用地。其中有两宗地 10 年内到期，分别为嘉年南部宗地和深纺的西部宗地。

现状宗地的使用功能为工业、住宅和商业。其中嘉年的南侧宗地和深纺的西侧宗地为工业；其余为住宅和商业（图 6-5-19）。

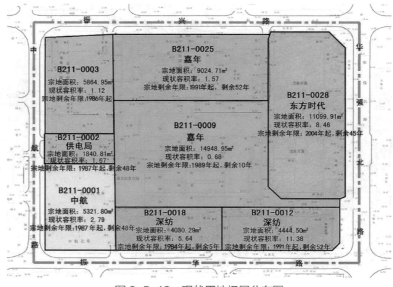

图 6-5-19　现状用地权属分布图

图6-5-20 单元改造策略分区图

2）改造策略分区

单元分为综合整治区、拆除重建区和规划落实区三大区域，其中综合整治区包括茂业、深纺 AB 座、南方电网宿舍区域，拆除重建区包括嘉年、深纺 C 座区域，规划落实区为中航北苑住宅区（图 6-5-20）。

3）空间增量分配

根据地块是否提供宗地用于修建道路和市政设施，是否提供规定比例建筑面积用于创新型产业用房，是否提供城市公共绿地和城市公共空间，用地单位是否合并宗地改造，是否拥有地铁站点的地铁口物业等情况，划定调剂增量。单元总体增量扣除调剂增量后作为基础增量，按照单元内参与改造的宗地面积比例进行分配（图 6-5-21）。

4）环境影响评价

环境影响评价主要包括交通影响评价、市政设施影响评价、公共服务设施影响评价三项内容。其中针对项目建设新增的大量交通需求，进行交通影响评价。针对项目建设对周边水、电、气供应源的影响，以及周边管网的建设与输配能力等，进行市政影响评价。针对新增居住人口，开展文教卫体等公共服务设施影响评价。

5）规划方案

道路交通：延续上层次规划要求，在现状基础上拓宽内部通道，在单元内部建设支路网系统，分别为南北向的 8 号路和嘉华路；东西向的莱茵达路和中航北苑北侧支路。

功能组织：深纺及嘉年项目裙房的绝大部分区域用于布置商品交易职能。政府公共服务用房窗口职能布置于嘉年裙房的最上层，办公部分布置在嘉年及深纺塔楼的下层。嘉年返建住宅及配套公寓布置于嘉年宗地的西部边缘，面向中心公园，具有良好的对景。深纺纺织品交易中心的商务办公职能布置在现状塔楼的位置。

空间布局：单元更新后嘉年容积率 6.7，深纺容积率 11.5。

公共设施：单元共需提供非独立占地公共设施 12800m²，其中嘉年公司提供 10900m²，深纺公司承担 1900m²。

地下空间：整体性地下空间开发，地下商业空间与地下车库无缝连接，共用出入口与车道，提升使用效率（图 6-5-22）。

图 6-5-21　嘉年和深纺贡献宗地情况分布图

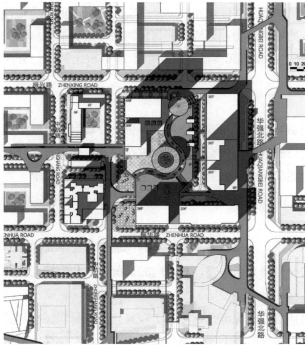

图 6-5-22　规划总平面图

6）保留整治区规划

对既有南方电网宿舍进行屋顶改造，采取种植绿化、太阳能、雨水回收等技术，打造生态绿化建筑屋面，一方面通过增加绿化改善了片区环境，发挥"上人屋面"的空间效能；另一方面也塑造了华强北的城市景观风貌标识特征。

疏导目前已经十分繁忙的人流与货流，建议在市场建筑之间加建2~3层架空联系廊道，增加直通路径以改善其往来运输对城市道路交通的压力。

针对现有深纺、茂业等建筑物立面整体时代感不强、趣味性差、缺乏特色的局面，规划提出几种立面改善的措施。

单元内缺乏必要的街道设施，现有的少量设施仅能满足人们最低程度的使用需求，缺乏多样性的功能设计。规划在华强北路、振兴路以及振华路等几条主要的商业街补充完善环境设施，提供更多的绿化、座椅、遮阳棚、垃圾桶、电话亭等，塑造更为生动有趣的步行环境（图6-5-23）。

有针对性地建设二层连廊

现状闲置、破旧的建筑屋顶空间

更新改造美化后的建筑屋顶空间

图 6-5-23 屋面整治示意图

思考题

1. 城市更新规划一般分哪几个层次？

2. 请结合某一案例，谈谈如何开展城市更新诊断与评价？

3. 城市更新目标体系包括哪些内容？在实践工作中又如何统筹这些目标？

4. 请结合某一案例，谈谈如何识别城市更新区域。

5. 城市更新空间单元划分与管控需注意哪些方面？

参考文献

[1]   陈荣 . 旧城更新的规划控制及其系统方法初探 [D]. 南京：东南大学，1992.

[2]   东南大学城市规划设计研究院有限公司,常州市规划设计院 .常州高新商务区空间优化设计[Z].
       2018.

[3]   东南大学城市规划设计研究院 . 青岛市市北区历史文化记忆片区城市更新规划 [Z]. 2018.

[4]   李和平，李浩，城市规划社会调查方法 [M]. 北京：中国建筑工业出版社，2004.

[5]   李子静 . 基于潜力评价的城市更新方法研究 [D]. 南京：东南大学，2019.

[6]   刘昕 . 城市更新单元制度探索与实践——以深圳特色的城市更新年度计划编制为例 [J]. 规划师，
       2010（11）：66-69.

[7]   深圳市城市规划设计研究院 . 深圳市上步片区城市更新规划 [Z]. 2008.

[8]   阳建强，吴明伟 . 现代城市更新 [M]. 南京：东南大学出版社，1999.

[9]   阳建强 . 走向持续的城市更新——基于价值取向与复杂系统的理性思考 [J]. 城市规划，2018
       （06）：68-78.

[10]   严若谷，闫小培，周素红 . 台湾城市更新单元规划和启示 [J]. 国际城市规划，2012（01）：99-
       105.

[11]   吴良镛 . 从"有机更新"走向新的"有机秩序"——北京旧城居住区整治途径（二）[J]. 建筑学
       报，1991（02）：7-13.

[12]   吴志强，李德华 . 城市规划原理 [M]. 4 版 . 北京：中国建筑工业出版社，2010.

[13]   周显坤 . 城市更新区规划制度之研究 [D]. 北京：清华大学，2017.

[14]   周舜珏 . 从旧城改造迈向城市更新——以杨浦区 228 街坊为例 [C]. 2017 年中国城市规划年会
       论文集，2017.

第 7 章

城市更新规划设计
课程作业案例精选

导读：城市更新规划设计教学通常融入城市设计与详细规划教学之中，是城乡规划专业本科教学的主干课程，具有课时长、涉及面广、实践性强、参与教师多和学生投入大的特点。本章简要介绍了城市更新规划设计教学的目的、思路、体系与组织等内容，并选取不同类型的优秀学生作业作为示范。学生在对本书系统学习的基础上，可以通过课程设计的教学训练，将城市更新与城市设计知识转化为综合设计实践能力。

7.1　教学目的与思路

7.1.1　教学目的与要求

7.1.1.1　教学目的

1）了解和掌握城市更新规划设计的基本概念、理论及一般编制程序、内容和方法。

2）提高对旧城整体保护和有机更新的意识。

3）掌握场地土地利用、公共设施、开敞空间、综合交通等系统规划方法。

4）培养学生对城市更新复杂性和系统性的综合把握能力。

5）提高学生对城市建筑群体空间的塑造和整体形态的把握能力。

6）培育学生对城市历史文脉、自然资源等问题的发掘、观察和分析能力。

7.1.1.2　教学要求

1）进行土地利用状况、建筑状况、环境状况以及用地权属状况等方面的调查分析与诊断，找出城市更新面临的实际情况及存在的主要问题。

2）注意把握规划地区和城市乃至区域的整体关系，从城市经济系统、环境系统、交通系统、公共服务系统等多元角度入手，正确处理好规划地区与周边用地之间的联系与整合。

3）注意把握整体与局部的关系，正确处理好城市公共空间设计以及城市公共空间体系、周边自然环境及城市原有空间结构之间的联系与整合。

4）在综合考虑基地现状利用状况、资源环境的基础上，合理安排基地土地利用的性质和布局，划定更新空间单元，科学选取城市更新方式，实现土地的集约利用和有序控制。

5）结合土地利用性质、环境条件以及其他开发和保护要求，合理控制土地开发的各项指标。

6）把握人的行为模式和活动规律，展现公共空间场所精神和安全保障，从历史、环境、文化等角度入手，确定清晰合理的功能结构，塑造富有特色的建筑群整体空间形态。

7）优化道路系统，组织基地内外有效的交通系统，尤其是慢行体系与机动车组织问题的解决。

8）建构安全宜人的开放空间与绿地系统，营造有序活跃的景观界面。

7.1.2 教学基本思路

7.1.2.1 加强综合规划设计能力的培养

通过规划设计与规划理论教学的互动加强专业课程的系统整合，引导学生更多地关注物质空间后面的社会经济动因和人的活动需求，在强调学生基本功与设计动手能力的同时，促进学生价值观意识培养、思维分析能力提升和设计技能训练的整体融合，使学生具有宽阔的专业视野，掌握先进的空间分析技术，具备解决城市更新复杂问题的综合实践与研究能力。

7.1.2.2 突出学生在课程教学中的主体地位

在课程设计教学中处理好教与学的关系，明确教师的引领作用和学生的学习主体地位，通过更为开放和灵活的教学，突出学生的自主学习，强调学生用自己的眼睛观察问题，用自己的大脑思考问题，以培养学生的独立工作能力，使其在走上工作岗位后具有不断充实自我、适应社会需求的能力。

7.1.3 能力培养要求

城市更新规划设计是一项系统性、工程性、专业性和综合性强的创造思维活动，在教学过程中，以城市更新规划设计能力培养目标为导向，根据学生认知学习和设计教学的一般规律，要求学生进行相关城市系统的延伸学习，突出学生对社会问题、经济问题和工程技术问题的高度关注和意识培养，树立学生正确的规划设计观念和系统的规划设计思维，在各阶段对设计所需要的调研、分析、表达、合作、交流等基本能力的要求反复锤炼，不断提升城市更新规划设计所需的研究能力、策划能力、创新能力、协调能力和设计能力。

7.2 教学组织与安排

7.2.1 教学组织

城市更新规划设计课程作为城乡规划专业的一门必修专业课，通过前期研究、实地调研、策划分析、概念构思、方案优化和深度表达等一整套教学过程，帮助学生建立一套集综合性、系统性和开放性于一身的研究策略和技术路线，同时培养职业性与创造性、思维能力与操作能力、分析能力与综合能力、自主能力与合作能力协调统一的多维能力，以突出人才培养的多元复合化目标。

围绕城市更新规划设计核心课程，建构系统完善的"课程群"，其主线课程是专业设计课"城市设计"和基础理论课"城市规划原理"，其支撑课程是专业设计课"控制性详细规划"和相关理论课"城市更新理论与方法""城乡文化遗产保护""城市中心区规划""社区规划理论与方法"和"产业布局与规划"等。通过课程群的系统教学，帮助学生建构城市更新规划设计理论和实践的知识体系。

将城市更新规划设计的综合训练分为"基地认知分析——规划概念建构——专项系统规划——空间形态设计"四个阶段展开课程设计教学，并按照不同阶段的教学重点统一安排设计教学内容和时段，建构由即时互动的课堂辅导教学、同步接入的设计专题课系列和相应理论课程群所构成的多维知识模块，形成重点突出并有机关联的总体教学组织框架，使学生可以循序渐进地、由被动到自主地掌握各种相关规划知识和规划设计程序，逐步提高城市更新规划设计能力（图7-2-1）。

7.2.2 课程内容设置

紧密结合国家、部省级重要科研和规划项目，选择城市旧居住区、老工业区、旧中心区、城市重点地段、历史地段、产业区、滨水地区以及步行街等真实教学场景，以问题为导向，将规划设计课程与工程技术、规划理论及相关知识等课程结合起来，引导学生积极思考，激发学生的创新意识和学习兴趣，培养学生发现问题、分析问题和解决问题的综合能力。

1）选择适宜的规划基地；

2）规划基地现状、社会经济活动、规划环境与背景调研；

3）总平面规划与形体设计；

4）专业系统规划；

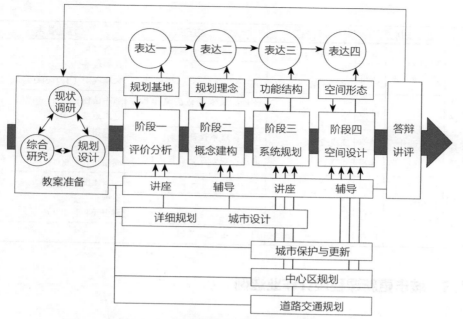

图 7-2-1　城市更新规划设计教学组织与安排

5）规划控制指标与相关概念的表述；

6）规划方案的表现；

7）规划成果绘制与规划说明的编写。

7.2.3　教学进度安排

	进度安排		课程内容	讲座	作业要求
阶段一：整体城市设计	STEP1：基础研究	1 周	基地调研；文献研究；	课程概述，任务书讲解；讲座：规划调研	调研报告；基地模型（1：1000～1：2000）
		2 周	规划解读；专题切入	讲座：城市设计概论	
	STEP2：定位与系统方案	3 周	总体定位；土地利用；	讲座：城市更新的专题研究 讲座：交通与土地利用	系统规划方案；专题研究；中期模型（1：1000～1：2000）；中期答辩（第五周周四）
		4 周	交通规划；	讲座：案例分析	
		5 周	开敞空间规划；形态初步方案	讲座：详细规划的交通组织	
	STEP3：系统优化与形态控制	6 周	空间布局；	讲座：社区规划概论	总平面图；高度、密度、强度控制；空间形态设计；模型（1：1000～1：2000）
		7 周	总体形态设计；	讲座：详细规划的导则编制	
		8 周	更新方式选择；用地开发控制；系统深化	—	
	STEP4：阶段成果	9 周	优化与汇总	周四：阶段一答辩	设计文本；专题报告；模型（1：1000～1：2000）；汇报 PPT

续表

进度安排		课程内容	讲座	作业要求
阶段二：详细城市设计	STEP1：初步方案	10周	补充调研；项目策划；初步方案	讲座：城市更新案例	概念深化；策划报告；基地模型（1 : 500）
		11周		—	
	STEP2：深入设计	12周	建筑群组合；场地设计；流线设计；活动设计	讲座：城市更新获奖作品分析	总平面图；重点地段平面；表现图；分析图；模型（1 : 500）
		13周		讲座：城市设计导则	
		14周		讲座：规划设计成果表现	
	STEP3：综合表现	15周	设计优化；排版	—	A1×4图纸；图则；模型（1 : 500）
		16周		—	
		17周	—	周一：阶段二答辩	

7.3 城市更新课程设计作业选例

选例一：南京太平南路商业中心复兴改造与城市设计

选例二：南京新街口中心区更新与再开发规划设计

选例三：南京山西路—湖南路地段商业中心更新与城市设计

选例四：南京金陵船厂地区更新改造与城市设计

选例五：无锡清明桥沿河历史街区保护与更新整治规划设计

选例六：扬州老城中心区城市更新规划设计

选例七：青岛台东地区更新改造规划设计

选例八：青岛四方路历史街区保护与利用规划设计

以上选例请扫描二维码阅读。